镜鲤“龙科 11 号”

红罗非鱼“中恒 1 号”

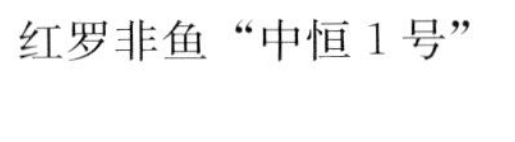

鳙“中科佳鳙 1 号”

软鳍新光唇鱼“墨龙 1 号”

乌鳢“玉龙 1 号”

大黄鱼“富发 1 号”

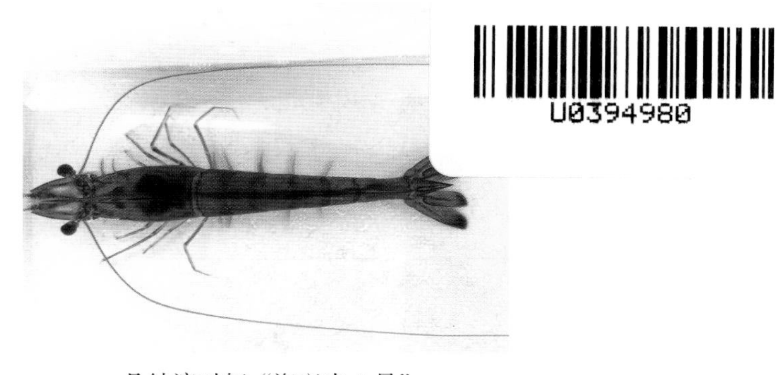

凡纳滨对虾“海兴农 3 号”

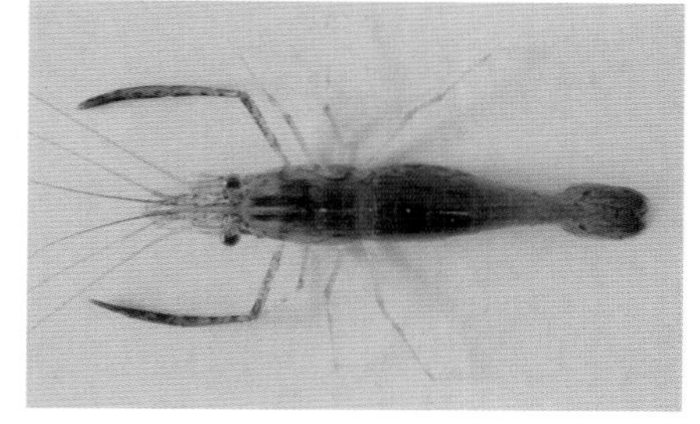

雄

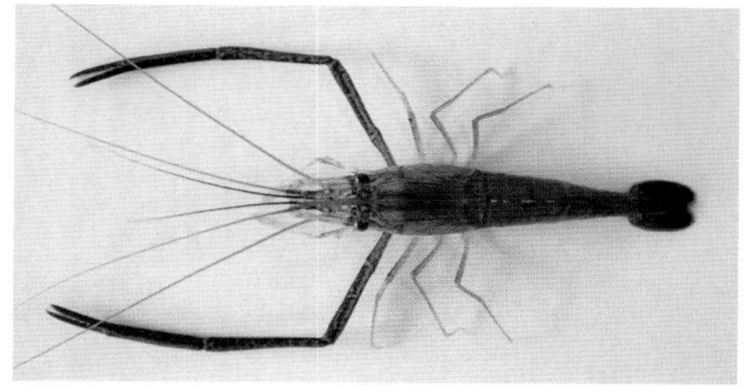
雌

青虾"太湖 3 号"

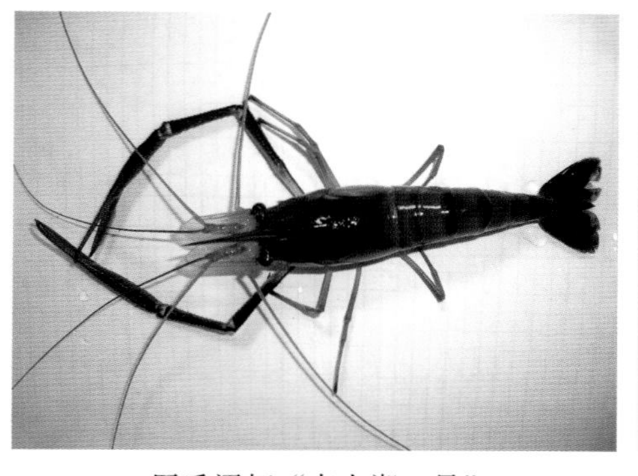

罗氏沼虾"南太湖 3 号"

拟穴青蟹"东方 1 号"

栉孔扇贝"蓬莱红 3 号"

海湾扇贝"海益丰 11"

刺参"鲁海 2 号"

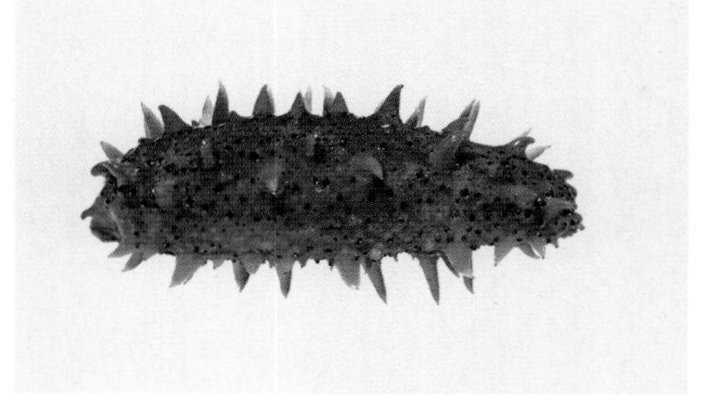

刺参"华春 1 号"

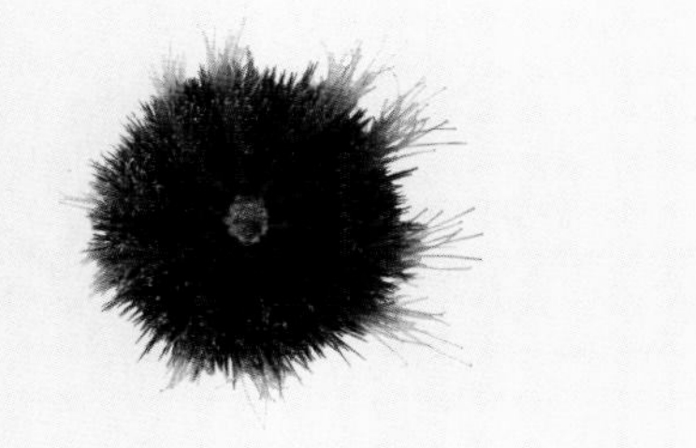

中间球海胆“丰宝1号”

合方鲫2号

杂交鲟“京龙1号”

杂交鳢“雄鳢1号”

大菱鲆“多宝2号”

金鲳“晨海1号”

凡纳滨对虾“渤海1号”

凡纳滨对虾“海茂1号”

长牡蛎“海大 4 号”

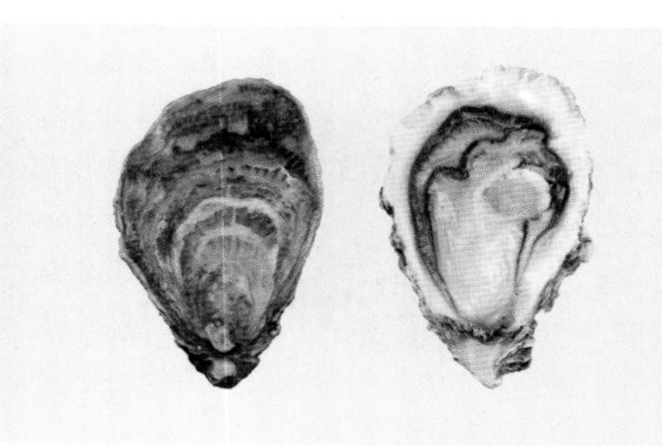

长牡蛎“前沿 1 号”

翘嘴鳜“武农 1 号”

虹鳟“全雌 1 号”

2022水产新品种推广指南

2022 SHUICHAN XINPINZHONG TUIGUANG ZHINAN

全国水产技术推广总站　编

中国农业出版社
北　京

《2022水产新品种推广指南》
编　委　会

主　　任： 崔利锋

副 主 任： 胡红浪

主　　编： 王建波

副 主 编： 韩　枫　孙广伟　刘　铭　史　博

编审人员：（按姓氏笔画排序）

马爱军　马凌波　王　健　王建波
孔　杰　史　博　邢　强　刘　铭
刘少军　刘招坤　孙广伟　李　琪
李成林　李晓喻　李富花　杨　凯
杨建敏　吴　俊　冷晓飞　陈昆慈
陈雪峰　郑圆圆　赵　明　胡红霞
胡晓丽　胡超群　俞小牧　贾智英
徐革锋　彭瑞冰　董在杰　韩　枫
傅洪拓　蔡春有　潘晓赋

前言

2022年7月9日，农业农村部第578号公告公布了第六届全国水产原种和良种审定委员会第四次会议审议通过的26个水产新品种。为促进这些新品种在水产养殖生产中的推广应用，我们组织相关单位的苗种培育和养殖技术专家编写了本书。

本书重点介绍了新品种的培育过程、品种特性、人工繁殖及养殖技术等，提供了良种供应单位信息，可供水产科研、推广、养殖技术人员和养殖生产者参考。

需要说明的是，水产新品种不适宜进行增殖放流，须在人工可控的环境下养殖。

本书的编写得到了新品种培育单位育种科技人员的大力支持，在此表示衷心感谢！因编者水平有限，书中不妥之处，敬请广大读者批评指正。

编　者

2022年7月

目录

中华人民共和国农业农村部公告
第578号

镜鲤“龙科11号”等26个水产新品种，业经全国水产原种和良种审定委员会审定通过，且公示期满无异议。根据《中华人民共和国渔业法》有关规定，现予公告。

附件：1.2022年审定通过的水产新品种
　　　2.水产新品种简介

农业农村部
2022年7月9日

附件1

2022年审定通过的水产新品种

序号	品种登记号	品种名称	育种单位
1	GS-01-001-2022	镜鲤“龙科11号”	中国水产科学研究院黑龙江水产研究所、丹东英波鸭绿江生态科技股份有限公司、辽宁省淡水水产科学研究院
2	GS-01-002-2022	红罗非鱼“中恒1号”	中国水产科学研究院淡水渔业研究中心、山东恒兴渔业发展有限公司、南京农业大学无锡渔业学院
3	GS-01-003-2022	鳙“中科佳鳙1号”	中国科学院水生生物研究所、黄石市富尔水产苗种有限责任公司
4	GS-01-004-2022	软鳍新光唇鱼“墨龙1号”	中国科学院昆明动物研究所、云南省水产技术推广站、云南华大基因研究院、文山州水产技术推广站、西畴县养殖业服务中心
5	GS-01-005-2022	乌鳢“玉龙1号”	四川省内江市农业科学院、中国水产科学研究院淡水渔业研究中心、四川省浙新农业科技发展有限公司、四川省农业科学院水产研究所

（续）

序号	品种登记号	品种名称	育种单位
6	GS-01-006-2022	大黄鱼“富发1号”	宁德市富发水产有限公司、宁德市水产技术推广站、厦门大学、集美大学
7	GS-01-007-2022	凡纳滨对虾“海兴农3号”	湛江海兴农海洋生物科技有限公司、中国水产科学研究院黄海水产研究所、中山大学、广东海兴农集团有限公司
8	GS-01-008-2022	青虾“太湖3号”	中国水产科学研究院淡水渔业研究中心、南京农业大学无锡渔业学院
9	GS-01-009-2022	罗氏沼虾“南太湖3号”	浙江省淡水水产研究所、中国水产科学研究院黄海水产研究所
10	GS-01-010-2022	拟穴青蟹“东方1号”	中国水产科学研究院东海水产研究所、宁波市海洋与渔业研究院
11	GS-01-011-2022	栉孔扇贝“蓬莱红3号”	中国海洋大学、威海长青海洋科技股份有限公司
12	GS-01-012-2022	海湾扇贝“海益丰11”	中国海洋大学、烟台海益苗业有限公司
13	GS-01-013-2022	刺参“鲁海2号”	山东省海洋科学研究院、山东黄河三角洲海洋科技有限公司、威海圣航水产科技有限公司
14	GS-01-014-2022	刺参“华春1号”	鲁东大学、山东华春渔业有限公司、山东省海洋资源与环境研究院、烟台海育海洋科技有限公司
15	GS-01-015-2022	中间球海胆“丰宝1号”	大连海宝渔业有限公司、大连海洋大学
16	GS-02-001-2022	合方鲫2号	湖南师范大学、湖南岳麓山水产育种科技有限公司
17	GS-02-002-2022	杂交鲟“京龙1号”	北京市农林科学院、北京鲟龙种业有限公司
18	GS-02-003-2022	杂交鳢“雄鳢1号”	中国水产科学研究院珠江水产研究所、佛山市南海百容水产良种有限公司、中国科学院水生生物研究所、海南百容水产良种有限公司、广东海大集团股份有限公司
19	GS-02-004-2022	大菱鲆“多宝2号”	中国水产科学研究院黄海水产研究所、烟台开发区天源水产有限公司、威海市中孚水产养殖有限责任公司
20	GS-02-005-2022	金鲳“晨海1号”	海南晨海水产有限公司、湖南师范大学、海南热带海洋学院、中国海洋大学三亚海洋研究院、海南大学
21	GS-02-006-2022	凡纳滨对虾“渤海1号”	渤海水产育种（海南）有限公司，中国科学院海洋研究所，渤海水产股份有限公司

（续）

序号	品种登记号	品种名称	育种单位
22	GS-02-007-2022	凡纳滨对虾“海茂1号”	海茂种业科技集团有限公司、中国科学院南海海洋研究所、广东金海角水产种业科技有限公司、青岛卓越海洋集团有限公司
23	GS-02-008-2022	长牡蛎“海大4号”	中国海洋大学
24	GS-02-009-2022	长牡蛎“前沿1号”	青岛前沿海洋种业有限公司、中国科学院海洋研究所、乳山市海洋经济发展中心
25	GS-04-001-2022	翘嘴鳜“武农1号”	武汉市农业科学院、中国科学院水生生物研究所
26	GS-04-002-2022	虹鳟“全雌1号”	中国水产科学研究院黑龙江水产研究所

附件2

水产新品种简介

一、水产新品种登记说明

全国水产原种和良种审定委员会审定通过的水产新品种登记号说明如下：

（一）“G”为“国”的第一个拼音字母，“S”为“审”的第一个拼音字母，以示国家审定通过的品种。

（二）“01”“02”“03”“04”分别表示选育、杂交、引进和其他类品种。

（三）“001”“002”……为品种顺序号。

（四）“2022”为审定通过的年份。

如：“GS-01-001-2022”为镜鲤“龙科11号”的品种登记号，表示2022年国家审定通过的排序1号的选育品种。

二、水产新品种简介

（一）镜鲤“龙科11号”

水产新品种登记号：GS-01-001-2022

亲本来源：德国镜鲤选育系

育种单位：中国水产科学研究院黑龙江水产研究所、丹东英波鸭绿江生态科技股份有限公司、辽宁省淡水水产科学研究院

简介：该品种是以2004年从辽宁丹东鸭绿江网箱养殖的德国镜鲤选育系群体中挑选的500尾个体为基础群体，以成活率和无鳞为目标性状，采用群体选育结合分子标记辅助选育技术，经连续4代选育而成。在相同养殖条件下，

与德国镜鲤选育系相比，24 月龄池塘和网箱养殖成活率分别提高 14.8%和 31.5%；无鳞个体比例提高 23.3%，占比达 60.0%；生长速度无显著差异。适宜在全国水温 12～30 ℃的人工可控的淡水水体中养殖。

（二）红罗非鱼“中恒 1 号”

水产新品种登记号：GS－01－002－2022
亲本来源：红罗非鱼马来西亚群体
育种单位：中国水产科学研究院淡水渔业研究中心、山东恒兴渔业发展有限公司、南京农业大学无锡渔业学院

简介：该品种是以 2010 年从马来西亚引进的红罗非鱼后代群体中挑选出的体表粉红色且无红斑和黑斑的 2 000 尾个体为基础群体，以体色和体重为目标性状，采用群体选育技术，经连续 5 代选育而成。体表粉红色且无红斑和黑斑个体比例达 97.0%。在相同养殖条件下，与未经选育的红罗非鱼马来西亚群体相比，5 月龄体重提高 20.1%；与红罗非鱼中国台湾群体相比，6 月龄体重提高 19.1%。适宜在全国罗非鱼主养区水温 16～35 ℃的人工可控的淡水水体中养殖。

（三）鳙“中科佳鳙 1 号”

水产新品种登记号：GS－01－003－2022
亲本来源：鳙长江武汉—黄冈段野生群体
育种单位：中国科学院水生生物研究所、黄石市富尔水产苗种有限责任公司

简介：该品种是以 1993 年从长江武汉—黄冈段收集的 20 000 余尾野生鳙为基础群体，以体重和头长为目标性状，采用群体选育、雌核发育和分子标记辅助选育技术，经连续 4 代选育而成。在相同养殖条件下，与未经选育的鳙相比，18 月龄体重提高 14.5%，头长提高 5.5%。适宜在全国水温 10～30 ℃的人工可控的淡水水体中养殖。

（四）软鳍新光唇鱼“墨龙 1 号”

水产新品种登记号：GS－01－004－2022
亲本来源：软鳍新光唇鱼云南鸡街河野生群体
育种单位：中国科学院昆明动物研究所、云南省水产技术推广站、云南华大基因研究院、文山州水产技术推广站、西畴县养殖业服务中心

简介：该品种是以 2007 年从云南鸡街河收集的 600 尾野生软鳍新光唇鱼为基础群体，以体重和肌间刺为目标性状，采用群体选育技术，经连续 4 代选

育而成。在相同养殖条件下，与未经选育的软鳍新光唇鱼相比，24 月龄体重提高 30.3%；肌间刺弱化，复杂型肌间刺占比下降 16.4%。适宜在云南、广东和广西等地区水温 13～26 ℃的人工可控的淡水水体中养殖。

（五）乌鳢“玉龙 1 号”

水产新品种登记号：GS－01－005－2022

亲本来源：白乌鳢四川乌龙河野生群体

育种单位：四川省内江市农业科学院、中国水产科学研究院淡水渔业研究中心、四川省浙新农业科技发展有限公司、四川省农业科学院水产研究所

简介：该品种是以 2008 年从四川乌龙河收集的 966 尾野生白乌鳢为基础群体，以体重和体色为目标性状，采用群体选育技术，经连续 5 代选育而成。在相同养殖条件下，与野生白乌鳢相比，24 月龄体重提高 24.8%；体表白色无黑斑且鳍条金黄色的个体比例提高 13.7%，占比达 96.7%。适宜在全国水温 15～30 ℃的人工可控的淡水水体中养殖。

（六）大黄鱼“富发 1 号”

水产新品种登记号：GS－01－006－2022

亲本来源：大黄鱼福建霞浦养殖群体

育种单位：宁德市富发水产有限公司、宁德市水产技术推广站、厦门大学、集美大学

简介：该品种以 2007—2008 年从福建霞浦收集的 2 121 尾养殖大黄鱼为基础群体，以体重为目标性状，采用群体选育技术，经连续 5 代选育而成。在相同养殖条件下，与未经选育的大黄鱼相比，18 月龄体重提高 23.6%。适宜在浙江、福建和广东等地区水温 10～32 ℃和盐度 22～32 的人工可控的海水水体中养殖。

（七）凡纳滨对虾“海兴农 3 号”

水产新品种登记号：GS－01－007－2022

亲本来源：凡纳滨对虾“海兴农 2 号”选育群体和凡纳滨对虾泰国群体

育种单位：湛江海兴农海洋生物科技有限公司、中国水产科学研究院黄海水产研究所、中山大学、广东海兴农集团有限公司

简介：该品种是以 2014 年从凡纳滨对虾“海兴农 2 号”选育群体和凡纳滨对虾泰国群体中分别挑选的 2 600 尾和 200 尾个体为基础群体，以体重和成活率为目标性状，采用家系选育技术，经连续 5 代选育而成。在相同养殖条件下，与凡纳滨对虾“海兴农 2 号”相比，110 日龄体重提高 13.5%，成活率提

高 10.0%；与泰国进口一代虾苗相比，110 日龄体重提高 11.7%，成活率提高 12.0%。适宜在全国水温 18～32 ℃和盐度 2～35 的人工可控的水体中养殖。

（八）青虾“太湖 3 号”

水产新品种登记号：GS－01－008－2022
亲本来源：青虾长江、淮河和珠江野生群体
育种单位：中国水产科学研究院淡水渔业研究中心、南京农业大学无锡渔业学院
简介：该品种是以 2013 年从长江、淮河和珠江收集的 124 千克野生青虾为基础群体，以体重为目标性状，采用群体选育技术，经连续 5 代选育而成。在相同养殖条件下，与未经选育的长江青虾相比，150 日龄体重提高 28.7%；与青虾“太湖 2 号”相比，150 日龄体重提高 5.0%，其中雌虾体重提高 33.3%。适宜在全国水温 8～35 ℃和盐度 0～6 的人工可控的水体中养殖。

（九）罗氏沼虾“南太湖 3 号”

水产新品种登记号：GS－01－009－2022
亲本来源：罗氏沼虾“南太湖 2 号”核心育种群体与罗氏沼虾孟加拉国群体
育种单位：浙江省淡水水产研究所、中国水产科学研究院黄海水产研究所
简介：该品种是以罗氏沼虾“南太湖 2 号”的核心育种群体和 2007 年从孟加拉国引进的罗氏沼虾后代群体中分别挑选 366 尾和 73 尾个体为基础群体，以体重和成活率为目标性状，采用家系选育技术，经连续 4 代选育而成。在相同养殖条件下，与罗氏沼虾“南太湖 2 号”相比，150 日龄体重提高 21.2%，成活率相对提高 5.1%。适宜在全国水温 22～32 ℃和盐度 0～3 的人工可控的水体中养殖。

（十）拟穴青蟹“东方 1 号”

水产新品种登记号：GS－01－010－2022
亲本来源：拟穴青蟹海南文昌野生群体
育种单位：中国水产科学研究院东海水产研究所、宁波市海洋与渔业研究院
简介：该品种是以 2013 年从海南文昌海域采捕的拟穴青蟹野生群体中挑选的 540 只已完成交配的雌性个体为基础群体，以体重为目标性状，采用群体选育技术，经连续 5 代选育而成。在相同养殖条件下，与未经选育的拟穴青蟹相比，6 月龄体重提高 15.2%。适宜在浙江、福建等沿海地区水温 18～28 ℃

和盐度 5～35 的人工可控的水体中养殖。

（十一）栉孔扇贝“蓬莱红 3 号”

水产新品种登记号：GS-01-011-2022
亲本来源：栉孔扇贝“蓬莱红 2 号”群体
育种单位：中国海洋大学、威海长青海洋科技股份有限公司

简介：该品种是以 2009 年从栉孔扇贝“蓬莱红 2 号”群体中挑选的 5 360 枚个体为基础群体，以闭壳肌重和壳高为目标性状，采用全基因组选择育种辅以闭壳肌性状高通量活体测定技术，经连续 4 代选育而成。在相同养殖条件下，与未经选育的栉孔扇贝相比，18 月龄闭壳肌重和壳高分别提高 52.3%和 13.5%；与栉孔扇贝“蓬莱红 2 号”相比，18 月龄闭壳肌重和壳高分别提高 20.3%和 4.5%。适宜在我国栉孔扇贝主产区水温－1.5～26 ℃和盐度 23～34 的人工可控的海水水体中养殖。

（十二）海湾扇贝“海益丰 11”

水产新品种登记号：GS-01-012-2022
亲本来源：海湾扇贝山东莱州和青岛胶南养殖群体
育种单位：中国海洋大学、烟台海益苗业有限公司

简介：该品种是以 2011 年从山东莱州和青岛胶南海湾扇贝养殖群体中收集的 1 000 枚个体为基础群体，以壳色、壳高和耐温性为目标性状，采用群体选育和全基因组选择育种技术，经连续 7 代选育而成。壳色为紫色。在相同养殖条件下，与未经选育海湾扇贝相比，8 月龄壳高和成活率分别提高 16.8%和 15.3%；与海湾扇贝“海益丰 12”相比，8 月龄壳高和成活率分别提高 10.7%和 8.2%。适宜在山东、河北和辽宁等沿海地区水温 5～28 ℃和盐度 25～33 的人工可控的海水水体中养殖。

（十三）刺参“鲁海 2 号”

水产新品种登记号：GS-01-013-2022
亲本来源：刺参山东丁字湾野生群体
育种单位：山东省海洋科学研究院、山东黄河三角洲海洋科技有限公司、威海圣航水产科技有限公司

简介：该品种是以 2006 年从山东丁字湾海域采捕的野生刺参群体自繁后代中挑选的 460 头个体为基础群体，以体重和耐低盐为目标性状，采用群体选育技术，经连续 4 代选育而成。在盐度 16～34 的相同养殖条件下，与未经选育的刺参相比，24 月龄体重和成活率分别提高 22.5%和 26.8%；与刺参“鲁

海 1 号”相比，24 月龄体重和成活率分别提高 12.1%和 10.8%。适宜在我国刺参主养区水温 2～30 ℃和盐度 20～34 的人工可控的水体中养殖。

（十四）刺参“华春 1 号”

水产新品种登记号：GS－01－014－2022
亲本来源：刺参山东崆峒岛、海阳、荣成和青岛胶南野生群体
育种单位：鲁东大学、山东华春渔业有限公司、山东省海洋资源与环境研究院、烟台海育海洋科技有限公司
简介：该品种是以 2007—2008 年从山东崆峒岛、海阳、荣成和青岛胶南海域收集的 796 头野生刺参个体为基础群体，以高温耐受力和体重为目标性状，采用群体选育技术，经连续 4 代选育而成。在相同养殖条件下，与未经选育的刺参和刺参“崆峒岛 1 号”相比，12 月龄 32 ℃下养殖 7 天成活率提高 33.3%和 30.0%；19 月龄成活率分别提高 49.5%和 47.0%，体重分别提高 29.0%和 5.7%。适宜在我国刺参主养区水温 2～31 ℃和盐度 24～34 的人工可控的水体中养殖。

（十五）中间球海胆“丰宝 1 号”

水产新品种登记号：GS－01－015－2022
亲本来源：中间球海胆大连旅顺养殖群体、大连凌水和山东荣成杂交后代养殖群体
育种单位：大连海宝渔业有限公司、大连海洋大学
简介：该品种是以 2010 年分别从大连旅顺养殖群体、大连凌水和山东荣成杂交后代养殖群体中挑选的 650 只和 160 只个体为基础群体，以体重为目标性状，采用群体选育技术，经连续 4 代选育而成。在相同养殖条件下，与未经选育的中间球海胆和中间球海胆“大金”相比，19 月龄体重分别提高 25.8%和 10.9%。适宜在我国辽宁、山东、福建等地水温 4～20 ℃和盐度 28～35 的人工可控的海水水体中养殖。

（十六）合方鲫 2 号

水产新品种登记号：GS－02－001－2022
亲本来源：（日本白鲫♀×红鲫♂）♀×日本白鲫♂
育种单位：湖南师范大学、湖南岳麓山水产育种科技有限公司
简介：该品种是以 20 世纪 70 年代从日本引进并以体重为目标性状经连续 5 代群体选育的日本白鲫（♀）与从湘江采捕并以体重为目标性状经连续 5 代群体选育获得的红鲫（♂）的杂交子代为母本，以 2008 年湖南师范大学保存

并以体重为目标性状经连续5代群体选育获得的日本白鲫为父本，杂交获得的F_1，即为合方鲫2号。在相同养殖条件下，与“合方鲫”相比，12月龄体重提高55.8%。适宜在我国水温5～34℃的人工可控的淡水水体中养殖。

（十七）杂交鲟“京龙1号”

水产新品种登记号：GS-02-002-2022

亲本来源：西伯利亚鲟♀×施氏鲟♂

育种单位：北京市农林科学院、北京鲟龙种业有限公司

简介：该品种是以1999—2004年从欧洲引进并以体重为目标性状经连续2代群体选育获得的西伯利亚鲟为母本，以1998—2002年从黑龙江流域收集并以体重为目标性状经连续2代群体选育获得的施氏鲟为父本，杂交获得的F_1，即为杂交鲟“京龙1号”。在相同养殖条件下，与母本和父本相比，12月龄体重分别提高22.0%和26.0%。适宜在我国水温4～28℃的人工可控的淡水水体中养殖。

（十八）杂交鳢“雄鳢1号”

水产新品种登记号：GS-02-003-2022

亲本来源：乌鳢（XX）♀×超雄斑鳢（YY）♂

育种单位：中国水产科学研究院珠江水产研究所、佛山市南海百容水产良种有限公司、中国科学院水生生物研究所、海南百容水产良种有限公司、广东海大集团股份有限公司

简介：该品种是以2007年从山东微山县南四湖渔业有限公司引进并以体重为目标性状经连续2代群体选育获得的乌鳢雌鱼（XX）为母本，以2005年从广东珠江水系收集并以体重为目标性状经连续4代群体选育的斑鳢雄鱼（XY）与通过性别控制技术诱导产生的生理雌鱼（XY）交配获得的超雄斑鳢（YY）为父本，经杂交获得的F_1，即为杂交鳢“雄鳢1号”。在相同养殖条件下，与“乌斑杂交鳢”相比，7月龄体重提高26.2%，雄性率为93.0%。适宜在我国水温12～30℃的人工可控的淡水水体中养殖。

（十九）大菱鲆“多宝2号”

水产新品种登记号：GS-02-004-2022

亲本来源：大菱鲆生长快群体♀×大菱鲆耐高温群体♂

育种单位：中国水产科学研究院黄海水产研究所、烟台开发区天源水产有限公司、威海市中孚水产养殖有限责任公司

简介：该品种是以2002—2003年从英国、法国、丹麦和挪威引进的大菱

鲆为基础群体，以体重为目标性状，经 1 代群体选育和 3 代家系选育获得的大菱鲆生长快群体为母本；以耐高温为目标性状，经 1 代群体选育和 3 代家系选育获得的大菱鲆耐高温群体为父本，杂交获得的 F_1，即大菱鲆“多宝 2 号”。在水温 10～25 ℃的相同养殖条件下，与未经选育的大菱鲆相比，15 月龄体重提高 30.6%，成活率提高 26.7%；与大菱鲆“多宝 1 号”相比，15 月龄体重提高 16.2%，成活率提高 11.3%。适宜在我国大菱鲆主养区水温 10～23 ℃和盐度 20～35 的人工可控的海水水体中养殖。

（二十）金鲳“晨海 1 号”

水产新品种登记号：GS－02－005－2022

亲本来源：（卵形鲳鲹♀×布氏鲳鲹♂）♀×卵形鲳鲹♂

育种单位：海南晨海水产有限公司、湖南师范大学、海南热带海洋学院、中国海洋大学三亚海洋研究院、海南大学

简介：该品种是以 1996 年从广东收集并以体重为目标性状、经 3 代群体选育获得的卵形鲳鲹（♀）与 1995 年从中国台湾收集并以体重为目标性状、经 4 代群体选育获得的布氏鲳鲹（♂）杂交获得的子一代为母本，以体重为目标性状经 3 代群体选育获得的卵形鲳鲹为父本，经杂交获得的 F_1，即为金鲳“晨海 1 号”。在相同养殖条件下，与母本和父本相比，4 月龄体重分别提高 14.9%和 23.6%。适宜在我国沿海地区水温 21～31 ℃和盐度 18～32 的人工可控的海水水体中养殖。

（二十一）凡纳滨对虾“渤海 1 号”

水产新品种登记号：GS－02－006－2022

亲本来源：凡纳滨对虾“广泰 1 号”选育系♀×凡纳滨对虾厄瓜多尔选育系♂

育种单位：渤海水产育种（海南）有限公司、中国科学院海洋研究所、渤海水产股份有限公司

简介：该品种是以 2015 年从渤海水产育种（海南）有限公司保存的凡纳滨对虾“广泰 1 号”和从厄瓜多尔引进的群体为基础群体，分别经连续 4 代家系选育获得的生长快速兼耐高盐和耐高盐兼生长快速的群体为母本和父本，经杂交获得的 F_1，即为凡纳滨对虾“渤海 1 号”。与母本和父本相比，仔虾盐化（盐度从 30 升至 55）成活率分别提高 15.8%和 21.2%；在盐度 50～60 养殖条件下，140 日龄成活率分别提高 14.5%和 18.6%，体重分别提高 10.8%和 15.8%。适宜在我国水温 18～32 ℃和盐度 30～60 的人工可控的水体中养殖。

（二十二）凡纳滨对虾“海茂 1 号”

水产新品种登记号：GS－02－007－2022
亲本来源：凡纳滨对虾美国 PRIMO 选育系♀×凡纳滨对虾美国 SIS 选育系♂
选育单位：海茂种业科技集团有限公司、中国科学院南海海洋研究所、广东金海角水产种业科技有限公司、青岛卓越海洋集团有限公司
简介：该品种是以 2016 年从美国普利茅种虾（PRIMO）公司引进和美国虾改良系统夏威夷有限责任公司（SIS）引进的凡纳滨对虾群体为基础群体，分别经连续 2 代家系选育获得的抗哈氏弧菌（*Vibrio harveyi*）和生长快选育系为母本和父本，杂交获得的 F_1，即凡纳滨对虾“海茂 1 号”。在相同养殖条件下，与母本相比，110 日龄体重提高 18.5%，成活率无显著差异；与父本相比，成活率提高 15.8%，体重无显著差异。适宜在我国水温 18～32 ℃和盐度 2～35 的人工可控的水体中养殖。

（二十三）长牡蛎“海大 4 号”

水产新品种登记号：GS－02－008－2022
亲本来源：长牡蛎壳橙选育系♀×长牡蛎“海大 1 号”选育系♂
育种单位：中国海洋大学
简介：该品种是以 2011 年从紫壳色与黑壳色长牡蛎杂交后代中获得的橙色突变体并以橙壳色和壳高为目标性状、经连续 3 代家系选育和 5 代群体选育获得的壳橙选育系为母本，自 2014 年以长牡蛎“海大 1 号”为基础群体并以壳高为目标性状、经连续 6 代群体选育获得的选育系为父本，杂交获得 F_1，即为长牡蛎“海大 4 号”。在相同养殖条件下，与母本相比，10 月龄体重提高 62.5%，成活率提高 11.5%；与父本相比，10 月龄体重提高 12.2%，成活率提高 16.6%。适宜在我国黄渤海区域水温 5～28 ℃和盐度 20～35 的人工可控的水体中养殖。

（二十四）长牡蛎“前沿 1 号”

水产新品种登记号：GS－02－009－2022
亲本来源：长牡蛎二倍体选育系♀×长牡蛎四倍体选育系♂
育种单位：青岛前沿海洋种业有限公司、中国科学院海洋研究所、乳山市海洋经济发展中心
简介：该品种是以 2011 年从青岛鳌山湾收集的 2 150 粒长牡蛎个体为基础群体，以壳高为目标性状、经连续 6 代群体选育获得的二倍体长牡蛎选育系

为母本；以采用细胞工程育种技术制备四倍体后并以壳高为目标性状、经连续6代群体选育获得的长牡蛎四倍体选育系为父本，经杂交获得的三倍体 F_1，即为长牡蛎“前沿 1 号”。在相同养殖条件下，与母本相比，14 月龄壳高提高 15.4%，体重提高 16.8%；与父本相比，14 月龄壳高提高 20.2%，体重提高 22.4%；三倍体倍化率为 100%。适宜在我国黄渤海区域水温 5～28 ℃和盐度 20～35 的人工可控的水体中养殖。

（二十五）翘嘴鳜“武农 1 号”

水产新品种登记号：GS-04-001-2022

亲本来源：翘嘴鳜长江湖北嘉鱼江段野生群体

育种单位：武汉市农业科学院、中国科学院水生生物研究所

简介：该品种是以 2010 年从长江湖北嘉鱼江段采捕并以体重为目标性状、经连续 4 代群体选育和 1 代异源雌核发育获得的翘嘴鳜子代雌鱼（XX）为母本，以性别控制技术诱导雌核发育翘嘴鳜子代获得的生理雄鱼（XX′）为父本，经交配繁殖获得的 F_1，即为翘嘴鳜“武农 1 号”。在相同养殖条件下，与未经选育的翘嘴鳜相比，7 月龄体重提高 22.0%，雌性率为 99.7%。适宜在我国水温 22～30 ℃的人工可控的淡水水体中养殖。

（二十六）虹鳟“全雌 1 号”

水产新品种登记号：GS-04-002-2022

亲本来源：虹鳟朝鲜和美国群体

育种单位：中国水产科学研究院黑龙江水产研究所

简介：该品种是以 1959 年和 1983 年从朝鲜和美国引进并以体重为目标性状、经连续 2 代家系选育和 2 代雌核发育获得的虹鳟子代雌鱼（XX）为母本，以性别控制技术诱导雌核发育虹鳟子代获得的生理雄鱼（XX′）为父本，经交配繁殖获得的 F_1，即虹鳟“全雌 1 号”。在相同养殖条件下，与未经选育的虹鳟和虹鳟“水科 1 号”相比，22 月龄体重分别提高 19.3%和 10.2%，雌性率为 96.7%。适宜在全国水温 7～20 ℃和溶解氧 6 毫克/升以上的人工可控的淡水水体中养殖。

镜鲤“龙科11号”

一、品种概况

（一）培育背景

鲤（*Cyprinus carpio*）是世界范围内最重要的养殖鱼类之一。作为世界上第一个成功驯化的鱼类养殖品种，鲤具有适应能力强、生存受气候条件影响小、在不同的水域环境（池塘、水库、河流）中均可以进行人工养殖的优势。鲤全球养殖年产量高达400多万吨，无论产量还是产值，均连续多年稳居养殖鱼类的前四位。鲤产业的快速发展离不开良种的选育及其推广应用。目前，我国已培育经全国水产原种和良种审定委员会审定的鲤新品种31个，这些新品种的优良性状主要集中在生长性状上。作为重要的大宗淡水养殖鱼类，鲤在养殖过程中存在病害频发的问题，严重制约了产业的发展。针对鲤产业中造成大规模死亡的病原开展抗病新品种选育，有助于推动产业绿色发展。

鲤疱疹病毒（Cyprinid herpesvirus 3，CyHV－3）病是近年来在主要鲤养殖区暴发的一种病毒性疾病，该病具有高度传染性，药物治疗效果甚微，发病率和死亡率可高达60%～100%，其中镜鲤发病率和死亡率较高，给产业造成了巨大的经济损失。基于上述背景，本团队利用已开发的鲤基因组资源，采用分子标记辅助选育和群体选育手段，开展了镜鲤养殖成活率新品种选育研究，旨在降低鲤养殖中的发病率和死亡率，从而推动鲤产业的健康、稳定和可持续发展。

（二）育种过程

1. 亲本来源

德国镜鲤选育系来源于2004年丹东英波鸭绿江生态科技股份有限公司养殖存活下来的2龄个体。

网箱养殖的德国镜鲤选育系约有10%存活下来，从15 000尾存活个体中挑选500尾个体大、鳞片少、健康、无畸形的个体作为基础选育群，雌雄比为1∶1。

2. 技术路线

自2004年起开始进行选育工作，每2～4年选育一代。2004年，以丹东英波鸭绿江生态科技股份有限公司通过自然养殖存活下来的生长快、健康、鳞片少、无畸形的个体构建育种基础群。2006年，对育种基础群进行了群体繁殖，形成第一代。2007年，筛选相关基因标记，并在标记指导下对第一代核心选育群分组。2009年进行繁殖，受当时试验条件限制，鱼苗培育未成功。2010年采用家系单元构建、群体选育方法获得第二代，并在2010年、2011年冬季采取电厂温水养殖，加快第二代性成熟，第二代在2012年达到性成熟。2012年，在第二代选育基础上，通过家系单元构建，形成第三代选育群，并在此基础上，开展全基因组关联分析，获得4个与抗病性状相关的标记。2015年，利用第三代成活率较对照组高20%以上的家系进行群体繁殖，获得第四代，并利用4个标记对后备亲鱼进行了分组。2018年，在第四代标记分组的基础上，群体繁殖获得第五代，即镜鲤“龙科11号”，目前已繁殖到第六代。镜鲤“龙科11号”培育技术路线见图1。

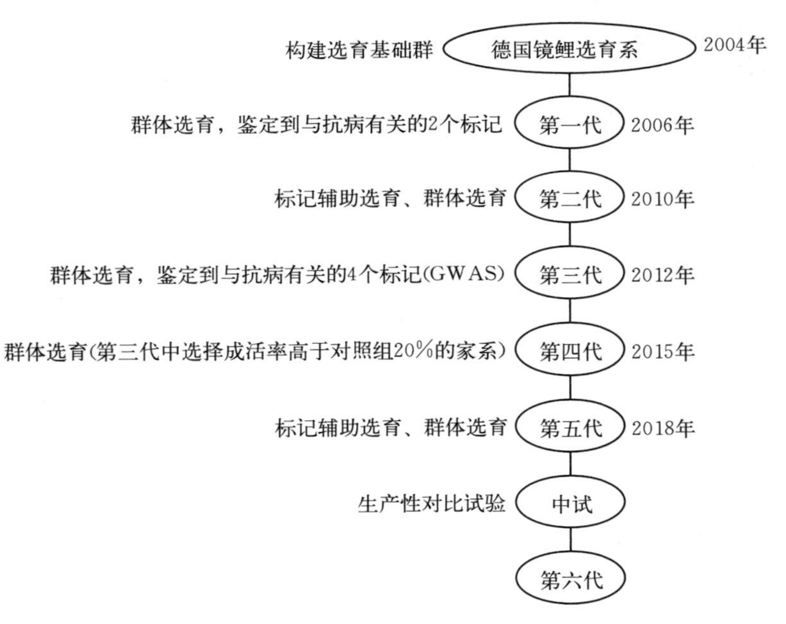

图1　镜鲤“龙科11号”选育技术路线

3. 选育过程

第一代：2006年对基础选育群进行群体繁殖，成活率为15%，比对照组提高2.7%。从5万尾CyHV－3感染后存活个体中选出500尾作为核心选育群，鉴定到2个抗病相关标记并对核心选育群分组。选择压力为0.21%。

第二代：2010 年利用第一代标记分组结果，构建 15 个家系和 3 个群体。第一个标记构建 5 个家系，第二个标记构建 4 个家系，具有 2 个标记构建 6 个家系，相对应 3 个群体。在 15 个家系中，8 个家系成活率比对照组高，其中 5 个家系成活率比对照组高 20%以上；3 个群体成活率均比对照组高，提高率在 1.9%～8.9%。将成活率比对照组高 20%以上的家系与 3 个群体中存活的个体作为下一代核心选育群，家系每组选留 200 尾、群体每组选留 500 尾。选择压力为 0.04%。

第三代：2012 年构建 75 个家系。在第二代中选择成活率比对照组高 20%以上的 5 个家系，每个家系分别挑选了 5 对雌雄个体配组，共构建了 25 个家系；剩余 50 个家系平均来自 3 个群体。在 75 个家系中，43 个家系成活率比对照组高，其中 29 个家系成活率比对照组高 20%以上。利用成活率比对照组高 20%的家系个体 1 500 尾构建核心选育群，鉴定出 4 个抗病性状相关标记。选择压力为 0.01%。

第四代：2015 年利用第三代核心选育群进行群体繁殖，成活率为 90.4%，比对照组提高 41.6%。从 5 万尾 CyHV－3 感染后存活的个体中选出 1 000 尾作为核心选育群，利用第三代鉴定出的 4 个标记进行分组，并对分组结果进行繁殖，组 2、组 4 成活率较第四代高，将组 2、组 4 个体作为下一代繁殖亲本。选择压力为 0.11%。

第五代：2018 年利用第四代标记分组结果，指导群体繁殖。成活率达到 93.7%，比对照组提高 49.7%。

经每个选育世代相同条件养殖对比试验，第四代性状已基本稳定。2018—2020 年连续三年养殖对比试验、第三方性能测试以及生产性对比试验表明，选育的第五代比选育前抗病性强、成活率高，定名为镜鲤“龙科 11 号”。

（三）品种特性和中试情况

1. 品种特性

在相同养殖条件下，与德国镜鲤选育系相比，24 月龄鱼池塘养殖和网箱养殖成活率分别提高 14.8%和 31.5%；无鳞个体比例提高 23.3%，占比达 60.0%；生长速度无显著差异。适宜在全国水温为 12～30 ℃的人工可控的淡水水体中养殖。

2. 中试情况

2018—2020 年连续三年在辽宁、吉林、陕西开展生产性对比试验，池塘养殖总面积 1 170 亩*、网箱养殖水体共计 25 320 米^3。

* 亩为非法定计量单位，1 亩=1/15 公顷，下同。——编者注

在鸭绿江网箱养殖条件下，镜鲤“龙科 11 号”养殖成活率比德国镜鲤选育系提高 43.9%～600%，养成规格比德国镜鲤选育系提高 2.3%～14.6%。在池塘养殖条件下，镜鲤“龙科 11 号”在辽宁省养殖成活率比德国镜鲤选育系提高 10.0%～24.4%、比建鲤提高 16.5%～23.8%，产量比德国镜鲤选育系提高 11.1%～24.4%、比建鲤提高 8.8%～32.0%；在陕西省养殖成活率比松浦镜鲤提高 10.7%～16.7%，产量比松浦镜鲤提高 5.0%～21.4%；在吉林省养殖成活率比松浦镜鲤提高 12.8%～16.9%、比建鲤提高 13.9%～16.6%，产量比松浦镜鲤提高 19.1%～23.1%、比建鲤提高 18.5%～29.4%。

二、人工繁殖技术

（一）亲本选择与培育

1. 亲本选择

镜鲤“龙科 11 号”亲本由中国水产科学研究院黑龙江水产研究所提供。苗种场引进的亲本应符合镜鲤“龙科 11 号”种质标准，严禁苗种场将自行繁殖的后代作为亲鱼使用。亲鱼允许使用年限为 8 龄，应定期从原种场引进新的亲鱼。

2. 亲本培育

亲鱼的饲养管理以投喂精饲料和调解好水质，使其发育良好并在下一年度能产出数量多、质量好的卵为准。春季出池后，当水温上升到 10 ℃以上时即可开始投喂，饲料蛋白质含量应在 32%以上。亲鱼产前和产后及越冬前 1 个月应投喂蛋白质含量为 28%～32%的全价配合饲料。良好的水质环境对亲鱼的发育和产卵都至关重要，冲水可以改善水质，并可满足亲鱼对流水的要求，为亲鱼性腺的发育提供良好的生态环境。经常补加新水可以调节水中的溶解氧，满足鱼类对溶解氧量的需求，对鱼类的摄食强度亦有所提高。

（二）人工繁殖

镜鲤“龙科 11 号”的产卵季节为春季，水温上升到 16～18 ℃时开始产卵。但要注意受寒流侵入而降温，因此要控制在水温较稳定时产卵或利用日光大棚温室提早产卵。产卵可分自然产卵和人工催情产卵。自然产卵就是将亲鱼按一定雌雄比例放入产卵池让其自行交配产卵。人工催情产卵是指注射催情药物，提高产卵效果及成批获得健康整齐的鱼苗。

1. 亲鱼选择

严格按良种标准逐尾选择。亲鱼要选择体质健壮、体表完整无伤、体形较好的个体，雌鱼 3～6 龄、体重 2.0 千克以上，雄鱼 3～4 龄、体重 1.5 千克以上。每次催产必须严格选择成熟度好的亲本，以保证催产率、受精率、孵化率以及鱼苗的成活率。亲鱼成熟度好的标准是：雌鱼腹部膨大，卵巢轮廓明显，腹部软而富有弹性，泄殖孔稍凸，微红；雄鱼胸鳍、腹鳍有追星，手感粗糙，轻压腹部泄殖孔有乳白色精液流出。

2. 人工催产

（1）*催产药物和剂量*　每千克雌鱼用 LRH－A 3.0～4.5 微克＋HCG 150～400 国际单位＋DOM 0.8～2.0 微克，或每千克雌鱼用鲤、鲫脑垂体（PG）4～6 毫克。雄亲鱼剂量减半。

（2）*注射方式、部位和时间*　雌鱼采用一针或两针注射，一针注射为全部剂量；两针注射，第一针为全剂量的 1/5，间隔 8～10 小时，第二针将余量注入鱼体。

3. 受精和产卵

亲鱼注射药物后，雌、雄鱼以 1∶（1～1.5）的比例放入产卵池，加注新水，流水刺激，有助亲鱼发情产卵。效应时间与亲鱼性腺成熟程度和水温密切相关，性腺发育成熟度好、水温高，效应时间短，一针注射方式的水温与注射后效应时间见表 1。

表 1　水温与效应时间

水温（℃）	效应时间（小时）
18～19	18～20
20～21	16～18
22～23	14～16

亲鱼注射催产剂后，让其在产卵池中自行产卵、受精，有一定的水流刺激。可采用鱼巢黏卵或产卵池黏卵。产卵池黏卵要求产卵池墙壁、底部光滑，受精卵可自然脱黏，粘连卵粒可在水中搓开后进入孵化桶或孵化环道孵化。

4. 鱼苗孵化

受精卵的孵化水温通常为 20～25 ℃。鱼巢孵化方式：待孵出的鱼苗能平游时，取出鱼巢，转入鱼苗培育。孵化桶或孵化环道孵化方式：水流速度应以底部的受精卵能够冲起为准，待孵出的鱼苗能平游时，转入鱼苗培育。鱼苗孵化平游后，要及时投喂熟蛋黄悬液，一天 3 次，每 100 万尾鱼苗一次投喂 4 个蛋黄，喂 1～2 天后，鱼苗体壮可过数下塘或出售。

（三）苗种培育

1. 鱼苗培育

（1）*鱼苗培育池*　鱼苗培育池要求池底平坦，淤泥适中、以 10～15 厘米为宜，注排水方便，池塘面积在 0.15～0.4 公顷为宜。鱼苗下塘前 5～10 天，用生石灰彻底清塘消毒。清塘消毒是鱼苗培育的一项重要措施，切不可疏忽。清塘后施基肥，发酵粪肥 2 250～3 000 千克/公顷或使用肥水肽生物肥 9 千克/公顷。施肥后池水逐渐变成茶褐色或淡绿色，其目的是培养轮虫作为鱼苗下塘后的生物饵料。

（2）*鱼苗放养*　鱼苗平游后，能摄食小型浮游动物（轮虫等），可下塘。下塘时要求孵化池（容器）水温与池塘水温差不超过 3 ℃，并选择池塘背风处下塘，遇上大风天气，推迟放养或在背风处放置人工鱼巢或草帘等，一是降低风浪，二可使鱼苗附着以避风浪。放养密度为 50 万～450 万尾/公顷，依池塘条件适当调整。每个池塘放养的鱼苗应是同批繁殖的，要一次放足。另外，在鱼苗放养前需用鱼苗网拉网检查并彻底清除池中水生昆虫、杂鱼等有害生物。

（3）*饲养管理*　鱼苗下塘 3～5 天后要适时追肥，或泼洒豆浆，每天用黄豆 30～45 千克/公顷，浸泡磨浆后全池泼洒，每日分 2 次投喂；同时，每隔 1～2 天追肥一次，使池水保持褐绿色或油绿色。部分地区采用利饵多 1.5～2.4 千克/公顷和水产诱食酵母 1.5 千克/公顷合用，每天分 2 次泼洒。10 天后随鱼体长大，适当调整投喂量或增加投喂微粒饵料，同时要分期注水。鱼苗下塘时池水一般在 50～70 厘米，以后每隔 5 天注水一次，每次注水 15～20 厘米，改善水质，促进生物饵料的繁殖和鱼苗的生长。注水时要在注水口安装密网以防野杂鱼和其他敌害随水混入。坚持每天早、中、晚巡塘，观察水色变化及鱼苗活动情况，以决定施肥量和投饵量。要随时清除池边的杂草、杂物及蛙卵等。

（4）*分池*　北方地区鱼苗经 15～25 天饲养，全长达 1.5～3 厘米即可分池、出售。为提高出塘成活率，要进行鱼体锻炼。方法是：选晴天上午 10:00 左右拉网密集锻炼，拉网前要停食，操作要细，鱼苗开始出现轻微浮头则立即放回原池。

2. 鱼种培育

（1）*鱼种培育池*　鱼种培育池条件与鱼苗培育池要求基本相同。面积以 0.4～0.8 公顷为宜，水深 1.5～3 米，夏花放养前，要认真清整，彻底清塘消毒，并施肥、注水。夏花鱼种还需摄食大型浮游动物，因此要肥水下塘，方法与鱼苗饲养阶段相似。

（2）*夏花放养*　夏花放养时间尽可能提早，以延长鱼种生长期。鱼苗要健壮，规格整齐。放养密度因不同地区的气候、生产条件、养殖方式和技术水平以及预期鱼种达到的规格不同而有很大差异，北方地区养殖密度为 4.5 万～7.5 万尾/公顷，依实际养殖条件适当调整，并搭配适量鲢鱼苗。

（3）*饲养管理*　投喂充足的饲料和保持良好的水质是该饲养阶段的关键。

夏花入池后即应采用驯化养殖技术，投喂粗蛋白含量为 32%～35%的配合颗粒饲料，饲料的粒径必须随鱼的生长发育逐步调整，做到适口。投饲应坚持执行“四定”原则。①定点：投喂饲料应有固定的位置——投料点；②定时：天气正常时，每天投饲时间应固定；③定量：投喂饲料应做到适量、均匀，避免过多或过少；④定质：所投饲料必须新鲜，不可投喂腐败的饲料，以免发生鱼病。日投饵量为鱼体重的 5%～12%，但要根据天气、水温和鱼摄食情况灵活调整。定期加注新水，在 7—9 月生长高峰期依水质状况换水 2～15 次，每次 20～30 厘米，一是补充渗漏和蒸发的水分，二是调节鱼池的水质，防止池水过肥。该阶段历时数月，经历多个季节的气候变化，防止浮头、泛塘和其他事故发生亦十分重要。采用增氧机进行机械增氧，密度较大的池塘晴天中午使用多功能涌浪机或叶轮式增氧机，每次开启 2～3 小时。坚持每天早晚巡塘，注意观察水色、水质以及鱼的摄食情况，及时调节水质和投喂量，尤其是在天气闷热的情况下。

三、健康养殖技术

（一）健康养殖（生态养殖）模式和配套技术

1. 池塘条件

鱼池面积视各自养殖场的情况，最好在 0.4 公顷以上，但超过 2 公顷操作起来也不方便。水深 2.0～3.5 米，水源要充足，水质要良好。池埂要牢固，不漏水、不倒塌。放养鱼种前要清整消毒。

2. 鱼种放养

鱼种放养规格、数量应依预期达到的成鱼产量指标、商品鱼规格以及池塘和生产的实际条件而定。提早放养鱼种是生产的重要措施之一。放养的鱼种要体质健壮，同塘放养的鱼种要求是同一品种，规格要整齐，一次放足。

3. 放养规格和密度

北方地区放养密度为 1.2 万～2.25 万尾/公顷，实际依池塘养殖条件进行适当调整，放养规格为 50～150 克/尾，再套养 10%～30%的鲢、鲫等鱼种。饲养管理的重点是抓好投饵和水质管理等管理工作。

4. 养殖模式

可采用单养、主养、混养和套养等多种养殖模式。在北方，养殖周期一般为 24～36 个月。投喂饲料对加速镜鲤“龙科 11 号”生长进而提高产量非常重要。因此要保证饲料的品质，同时改进投饲技术。生产中现多采用投饵机供饵，但应勤检查，以保证饲料不被浪费。日投喂量一般掌握在鱼体重的 1%～3%，可根据水温、天气、水质、鱼的活动（鱼病）情况灵活调节。4—5 月水温较低，应减少投饲量；6—8月是鱼类摄食旺盛期，生长快，可增加投饲量。在投饲技术上，与鱼种养殖一样应坚持定点、定时、定量、定质的“四定”原则。

5. 饲养管理

在日常管理上要做到经常巡塘，一般每天早、中、晚巡塘三次。特别是8—9月阴雨天的黎明时分，鱼池非常容易缺氧使鱼浮头甚至死亡，一旦发生浮头现象，应及时开增氧机，无增氧机可用水泵循环增氧。

经常适量加注新水调节水质，每次加注20～30厘米，且要定期检查鱼体生长情况，判断饲养效果，调节投饲量。如发现鱼病，应及时采取防治措施。

（二）主要病害防治方法

1. 水霉病

【病症及病因】病原体为水霉菌。水温较低时，鱼体受伤，也易发生此病。在感染初期，肉眼观察不到症状；当肉眼看到时，菌丝已向鱼体伤口侵入，并向肌肉内部蔓延扩展。向外生长的菌丝为灰白色棉毛状。

【防治方法】①鱼池用生石灰清塘，可以减少此病发生。②在捕捞、搬运和放养过程中要尽量仔细，勿使鱼体受伤，同时注意设置合理的放养密度。③受伤的鱼体应用碘附涂抹。④用0.04%的食盐和0.04%的小苏打合剂全池遍洒。

2. 肠炎病

【病症及病因】病原体为肠型点状气单胞菌。病鱼发病不久即失去食欲，随着病情发展，腹部膨大，体色变黑，离群缓游，一般腹部有红斑，肛门红肿，用手轻压腹部，常有脓血流出，不久死亡。

【防治方法】①1克/米^{3}漂白粉全池泼洒。②生石灰全池泼洒，平均水深1米用量为225.00～400.05千克/公顷。③每10千克鱼用大蒜50克，每天一次，连续投喂3天。

3. 烂鳃病

【病症及病因】病原体为柱状屈挠杆菌。发病时体色发黑，鳃丝腐烂，鳃表面有黄色黏液和污物。严重时，鳃丝软骨裸露，末端缺损，鳃丝内面的皮肤往往发炎充血，中间部分常被腐蚀成一透明小窗。

【防治方法】①放养时用2%～2.5%的食盐水浸洗10～15分钟；养殖期间每15天全池泼洒一次正离子铜（0.7毫克/升）和聚维酮碘溶液（1毫克/升）。②用饲料拌服烂鳃灵，每100千克干饲料中加250～500克，每天1～2次，连用3天。

4. 车轮虫病

【症状及病因】车轮虫寄生在鱼的皮肤和鳃组织吸取营养，刺激组织分泌过多黏液，严重影响呼吸。主要危害稚鱼和鱼种，大量感染时鱼体消瘦、发黑，游泳迟缓至死亡。

【防治方法】①放鱼前，用生石灰彻底清塘。②用2%的食盐水浸洗鱼体2～10分钟，车轮净0.5克/米^{3}全池泼洒。

5. 锚头鳋病

【症状及病因】锚头鳋在水温12℃以上时都可繁殖，故流行季节较长，虫体用头部钻入鱼的肌肉组织，引起慢性增生性炎症，在伤口处出现溃疡。对小鱼危害较大，少量寄生对成鱼伤害较小，大量寄生可使鱼死亡。

【防治方法】①用生石灰清塘杀死锚头鳋的幼虫。②用0.3～0.5克/米^{3}晶体敌百虫全池泼洒，以杀死水体中锚头鳋的幼虫。

6. 孢子虫病

【症状及病因】孢子虫主要寄生在鱼体的头部、鳍、鳃和肠等部位，形成肉眼可见的很多乳白色孢囊，为豆粒状或米粒状，孢囊堆聚在一起，寄生的部位往往会充血、出血。大多在春、秋季较为严重。

【防治方法】①清除池底过多淤泥，并用生石灰或漂白精彻底清塘，杀死休眠的孢子；下塘前用聚维酮碘或高效的苗种浸泡剂浸泡消毒，以切断传染源。②每千克饲料加孢虫克10克，连喂3～5天；同时用0.5克/米^{3}晶体敌百虫全池泼洒。

四、育种和种苗供应单位

（一）育种单位

1. 中国水产科学研究院黑龙江水产研究所

地址和邮编：黑龙江省哈尔滨市道里区河松街232号，150070

联系人：贾智英

电话：13664600364

2. 丹东英波鸭绿江生态科技股份有限公司

地址和邮编：辽宁省丹东市宽甸县南工业园区石湖沟乡四组，118200

联系人：罗志成

电话：18642581111

3. 辽宁省淡水水产科学研究院

地址和邮编：辽宁省辽阳市白塔区卫国路103号，111010

联系人：闫有利

电话：13384199991

（二）种苗供应单位

中国水产科学研究院黑龙江水产研究所
地址和邮编：黑龙江省哈尔滨市道里区河松街 232 号，150070
联系人：贾智英
电话：13664600364

五、编写人员名单

贾智英，石连玉，李池陶，胡雪松，葛彦龙，姜晓娜，程磊，彭宏宇

红罗非鱼“中恒1号”

一、品种概况

（一）培育背景

红罗非鱼（*Oreochromis* spp.）一般认为是由突变型红色莫桑比克罗非鱼（*O. mossambicus*）与其他罗非鱼种类如尼罗罗非鱼（*O. niloticus*）杂交，经多代选育而成的优良品种，是世界性的重要经济鱼类。因其体色艳丽、腹腔无黑膜、适应性强、口感清新以及市场价格高等优点，近年来在我国的养殖面积不断增大，市场空间巨大。2010 年 8 月，中国水产科学研究院淡水渔业研究中心从马来西亚引进红罗非鱼进行遗传育种和养殖示范。然而在遗传选育和养殖过程中出现了体色分化，主要表现为体表出现散点状或大面积的黑斑和红斑，遗传性状还不是很稳定，从而使得消费者接受度低而市场价格偏低，成为其产业化发展的瓶颈。并且，目前我国的红罗非鱼品种来源复杂，加上未采取有效的保种育种措施，使得红罗非鱼种质退化和体色分化问题日趋严重。为满足广大养殖户对红罗非鱼良种的需求，促进产业升级，确保红罗非鱼产业可持续发展，对红罗非鱼进行良种选育工作迫在眉睫。

（二）育种过程

1. 亲本来源

红罗非鱼马来西亚品系。

2. 技术路线

红罗非鱼“中恒 1 号”的选育技术路线见图 1。

3. 选育过程

2012 年 11 月，从红罗非鱼马来西亚品系中挑选体色为粉红色且全身无红斑和黑斑，具有明显生长优势的成鱼 2 000 尾，雌雄比 3∶1，建立选育基础群体。

2013 年 5 月，从选育基础群体中挑选出 1 000 尾（雌雄比 3∶1）全身粉红色、生长优势显著且性腺发育良好的成鱼，雌鱼个体大于350克，雄鱼个体

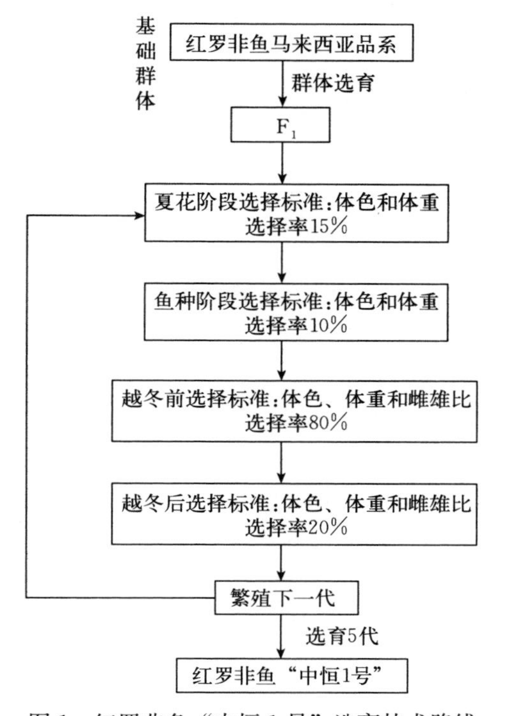

图 1　红罗非鱼“中恒 1 号”选育技术路线

大于 500 克，在室外 5 亩池塘中进行繁殖获得 F_1。在每个世代的选育过程中，对选育系进行 4 次选择，分别为夏花阶段、鱼种阶段、越冬前和次年越冬后亲本挑选阶段。在 1 000 尾亲本中，雌鱼约 750 尾，其中约 700 尾可产苗，每尾雌鱼产苗 1 200 尾，共计 84 万尾。苗种培育阶段成活率按 85%计，养至夏花阶段，得苗 71.4 万尾。进行第一次挑选，挑选标准为全身粉红色、无红斑和黑斑、具有显著生长优势，按 15%选择率，约挑选 10.7 万尾进行鱼种培育。养至 100 克左右的鱼种，成活率为 90%，共得到鱼种约 9.6 万尾。进行第二次挑选，挑选标准为全身粉红色、无红斑和黑斑、具有显著生长优势，选择率为 10%，约挑选 9 600 尾鱼种，在一个 5 亩池塘中养至成鱼。这一阶段的养殖成活率在 95%以上，至越冬前可获得性成熟的成鱼约 9 000 尾。进行第三次挑选，选择标准除了体色和体重外，雌雄比要求为 3∶1，选择率为 80%，共计挑选 7 200 尾。越冬期的成活率约为 80%，越冬后，成鱼有 5 000 余尾。繁殖前，进行第四次挑选，即下一代亲本挑选，选择率为 20%，挑选全身粉红色、无红斑或黑斑、体重大的个体，雌雄比 3∶1，得到下一代亲本群体 1 000 尾，其中雌鱼 750 尾、雄鱼 250 尾。按照相同的方法在 2014 年、2015 年、2016 年和2017年分别获得F_2、F_3、F_4和F_5，F_5即为红罗非鱼“中恒1号”。

（三）品种特性和中试情况

1. 品种特性

（1）体色稳定一致　红罗非鱼“中恒1号”体色为稳定一致的粉红色，全身粉红色个体比例达97.0%，比基础群体提高45.5%。

（2）生长速度快　与未经选育的红罗非鱼马来西亚品系相比，“中恒1号”5月龄鱼体重提高20.1%；与红罗非鱼中国台湾品系相比，“中恒1号”6月龄鱼体重提高19.1%。

2. 中试情况

为了检验选育效果，于2018年和2019年，在江苏宜兴对红罗非鱼“中恒1号”进行了2种模式的小试试验；并于2018—2020年，在广东养殖区2个试验点（茂名市茂南区和高州市）、江苏养殖区2个试验点（镇江市丹徒区和扬中市）以及云南养殖区1个试验点（红河州红河县），连续3年开展红罗非鱼“中恒1号”的生产性对比试验。累计试验面积1 860亩。试验结果表明，红罗非鱼“中恒1号”体色性状能够稳定遗传，与未经选育的红罗非鱼马来西亚品系、红罗非鱼中国台湾品系相比，生长速度分别提高21.05%、23.28%，增产效果明显。

二、人工繁殖技术

（一）亲本选择与培育

1. 亲本选择

红罗非鱼“中恒1号”亲本从育种单位引进。要求亲本雌鱼腹部臀鳍前方有肛门、生殖孔和泌尿孔，成熟个体的生殖孔突出；雄鱼腹部臀鳍前方有肛门、泄殖孔，成熟个体的泄殖孔大而突出，用手轻压鱼体腹部有白色精液流出。繁殖亲本雌鱼应在350克/尾以上，雄鱼应在500克/尾以上。

2. 亲本培育

（1）培育环境　亲鱼宜专池饲养，池塘面积2～5亩，水深2米。池塘水温回升并稳定在18℃以上时，即可放养亲鱼。水温在26～32℃时为适合繁殖时期，28～30℃时最佳。

（2）饲养管理　每亩水面放养亲鱼800～1 000尾。雌、雄亲鱼的放养比例约为2∶1或3∶1。建立亲鱼档案，严禁混入其他品种的红罗非鱼。早晚各巡塘一次，观察池水水色和透明度变化，严防缺氧浮头；观察亲鱼活动情况，及时清除病鱼。饲料以配合饲料为主，可搭配饼粕、糠麸，日投喂量为鱼体重的3%～5%。一般日投喂2次，上午、下午各1次。

（二）人工繁殖

1. 产卵

亲鱼放养后，水温达到20℃以上，亲鱼即开始发情产卵，雌鱼产卵后，雄鱼随即排精，雌鱼立即将受精卵吸入口腔中。受精卵的孵化和幼苗的发育是在雌鱼的口腔内进行的，从产卵到鱼苗脱离母体独立生活需要8～14天，因此，在放养亲鱼7天后，要坚持每天观察产卵池中是否有鱼苗活动，并及时捞苗，提高鱼苗存活率。

2. 孵化

红罗非鱼的受精卵一般都是在雌鱼口腔内孵化，由于口腔内环境适宜，受精卵在雌鱼口中随着雌鱼的呼吸而翻动，可有效提高孵化率。受精卵在雌鱼口腔内经过3～4天可孵化出苗，出苗后的幼鱼仍会被雌鱼含在口中，偶尔让幼鱼在水中游动，遇到敌害立即将幼鱼含入口中，直至幼鱼能独立生活。

（三）苗种培育

1. 培育池消毒

鱼苗池要求注排水方便，水质清新，通风向阳，堤围牢固，保水性好，池底平坦，壤土或沙壤土。面积2～5亩，水深0.8～1.5米，淤泥厚度小于10厘米。放苗前1～2周，将池水基本排干，仅留0.1～0.2米深水，每亩用50～80千克生石灰全池泼洒，也可用15千克漂白粉化水泼洒，消灭野杂鱼、虾、敌害生物和病菌等。

2. 注水、调水

鱼苗投放前5～7天，将池水加深至0.5米，进水口用60目纱绢过滤，防止野杂鱼等进入。进水后亩施肥水膏20～40千克，以培肥水质，为鱼苗提供开口饵料。

3. 鱼苗放养

当水温回升并稳定在20℃以上时，即可放苗。鱼苗放养时，需进行严格消毒，可用3%～5%的食盐水浸泡5分钟或者20毫克/升高锰酸钾溶液浸泡10分钟。培育2～3厘米的鱼苗，放养鱼苗规格为1～1.5厘米，每亩可以放养鱼苗8万～10万尾；培育3～5厘米的鱼种，每亩可放3万～5万尾；培育5～10厘米的鱼种，每亩可放1万～2万尾。

4. 饲养管理

鱼苗入池后，第一周投喂豆浆，每万尾鱼每天喂0.1～0.2千克黄豆制成的豆浆；第二周开始投喂配合饲料等，每万尾鱼每天喂0.25～0.30千克。以后根据鱼苗生长和水温变化情况每3～5天增加投喂量，增加量为上一阶段的30%～50%。每天投喂2次，分别在上午8:00和下午3:00。3厘米以下苗种投喂粗蛋白含量高于40%的粉料，3厘米以上苗种投喂粗蛋白含量35%以上的幼鱼配合饲料。培育期间，每5～7天注水一次，使池水深在最后培育阶段达到1米。

三、健康养殖技术

（一）健康养殖模式和配套技术

1. 池塘健康高效养殖技术

（1）池塘选择　池塘条件因地理区域而异，要求水源充足，排灌方便，通常单个池塘面积为5～10亩，水深为1.5～2.5米，池底淤泥厚度在0.2～0.4米为宜。

（2）放养前的准备　放养前每亩用生石灰50～100千克消毒，确保池塘中没有野杂鱼、敌害生物等。消毒后进水0.5米，进水口使用60目纱绢过滤，进水后根据池塘条件安装水车式增氧机或叶轮式增氧机，配备功率为0.75～1千瓦/亩。

（3）鱼种放养　鱼种要求健壮、无伤、无病。同塘放养的同种鱼种要求规格整齐，并且一次放足。全长8～12厘米的越冬鱼种每亩放1 500～2 500尾（次年养成模式），8月即可达上市规格；全长3～5厘米的夏花鱼种每亩放2 500～3 000尾（当年养成模式），10—11月可达上市规格。起捕鱼种时用密网拉网，放养时带水操作，避免鱼种受伤，每亩可套养50～100克/尾的鲢100～200尾、鳙50～100尾。

（4）饲养管理

① 投喂管理。鱼种放养后即可开始投喂膨化饲料罗非鱼0号料，饲料蛋白质水平在28%～30%。养殖期间根据鱼口径调整投喂的颗粒饲料粒径，投喂时尽量在投喂范围内均匀泼洒，使罗非鱼摄食一致、规格整齐。投饵20分钟后观察鱼的摄食情况，确保每次投料能在20分钟左右吃完；每次不可投喂过多，前一次投喂太多、吃食时间过长，则下次投喂时不抢食。灵活掌握投饵量，天气晴朗有风、水温适宜、水质良好、抢食激烈、生长旺季要多投，反之则少投。

② 水质管理。鱼种放养后养殖前期保持较低水位，维持在1米左右，使水温较快升高，促进罗非鱼生长。气温稳定在25 ℃以上后每7～15天注水10～20厘米，池水增加到2米后，每15～20天换水10%～20%，养殖中后期每15～20天换水30%～40%。每月全池泼洒生石灰一次，根据池水情况适当

追肥。保持池水“肥、活、嫩、爽”，透明度为 25～40 厘米。

③ 增氧机管理。养殖期间加强夜间巡塘，及时开启增氧机，使池塘溶解氧大于 4 毫克/升，防止鱼缺氧浮头。通常情况下，养殖前期水质较好、鱼类摄食量少，可在晴天中午开启增氧机 1～2 小时，每天凌晨开机 2～3 小时；养殖中后期水质偏肥、鱼类摄食量大，应在晴天中午开机 2～3 小时，每天夜间开机 4～10 小时，天气恶劣时全天开启增氧机。

④ 出池。放养体长 5 厘米以上的鱼种，经过 4～6 个月饲养，平均体重可达 500 克以上，可作为商品鱼出售。

2. 网箱养殖技术

（1）网箱设置　根据养殖水域和养殖规模设置网箱规格，网箱面积以 20～50 米^2 为宜。网目大小根据鱼体大小设置，一般在 1.5～3 厘米，按照生产计划合理设置鱼种箱和成鱼箱的比例。网箱一般采用封闭式浮动结构，网箱框架要制作牢固，能抗击风浪和便于日常管理操作，沉子定位要稳固，不能随风浪漂移。网箱箱体悬挂在框架上，箱底离水底 2～3 米，保持箱内水质清新，并随水位变化升降和移动。网箱的设置为偶数个箱体扎成一排，间距 5 米，南北向分布。

（2）放养前的准备　新购置的网箱要认真检查，确保无破损、断线，并在鱼种进箱前 10 天下水，让网衣上长满青苔等附着物。旧网箱要提前清洗、检查、加固、消毒。

（3）鱼种放养　适宜高密度养殖，每平方米可放养 200～400 尾，放养规格以 50 克/尾以上为宜。放养前鱼种需用 3%～5%的食盐水浸泡消毒。

（4）饲养管理　鱼种进箱后第二天即可投喂浮性料进行驯食，驯养时间为 2～3 天，训练鱼种到制作好的饵料台上进食。鱼种进箱后可进行吊瓶消毒，消毒剂可选用漂白粉、二氧化氯、强氯精等，将消毒剂装入打好眼的塑料瓶内，挂在网箱周围或网箱中部鱼分布较多的区域。

坚持少吃多餐原则，红罗非鱼肠道细小，能吃、贪吃，生长快，要勤喂，一般每天投喂次数应不少于 3 次。越冬前加强投喂，11 月后，随着水温下降，摄食能力减弱，生长速度减缓，体内开始储存脂肪过冬，这一阶段应加强投喂，确保成鱼出箱前不退膘。

红罗非鱼生长速度快，如投喂量不足或投喂方法不科学，易造成摄食不均，个体差异大，因此要根据鱼的生长情况，及时进行分级分箱工作，保证同一箱中的鱼规格基本整齐一致。

每天巡箱，注意气候变化和养殖水体溶解氧量高低，以免鱼类缺氧死亡，可采用水车式增氧机在网箱外增氧。定期检查网箱，避免网箱破损导致鱼类逃走，尤其是大风或大雨天气后，需对网箱进行全面检查。定期清除附着在网箱上的污物，保持网箱清洁和水流畅通，从而提高产量。

3. 越冬期养殖技术

（1）越冬池的选择　可在室外池塘自然越冬或池塘搭建塑料大棚保温越冬。选择背风向阳、可蓄水3～4米的池塘作为越冬池，越冬前清理池底污物，进行消毒和肥水。

（2）越冬时间　冬季室外水温降至18℃前，转入越冬池，春末室外水温回升并稳定在18℃以上后，将鱼移出越冬池。越冬时间一般为12月至次年3月。

（3）越冬鱼的选择　选择体质健壮、体形匀称、无伤病、肥满的个体。

（4）放养密度　体长5～10厘米的鱼种，每亩放养5万～8万尾；体重0.25～1千克/尾的亲鱼，每亩放养800～1 200千克。

（5）越冬期饲养管理　水温保持在18℃以上，池水溶解氧保持在3毫克/升以上。温室每15～20天换水一次，水温差不得超过2℃。

投喂配合颗粒饲料，日投饵量是鱼体重的0.5%～1%，每日投喂1～2次。

（二）主要病害防治方法

1. 链球菌病

细菌性疾病，病原为链球菌，该病主要发于夏秋两季。症状表现为离群独游、身体弯曲打转、游动缓慢、体色发黑，眼球突出、出血甚至脱落，肠道发炎，肠胃空、有积水或黄色黏液。

防治方法：养殖过程中，定期消毒，避免养殖密度过大；发病时，减少投喂，采用消毒剂如碘制剂、二氧化氯等进行全池泼洒消毒，配合内服氟苯尼考等进行治疗，按说明书施用。

2. 水霉病

真菌性疾病，由水霉和绵霉引起，10月至次年3月为发病高峰期，低温或移池时造成的鱼体损伤是该病的主要诱因。症状表现为体表菌丝大量繁殖呈絮状，寄生部位充血，患病处肌肉腐烂，鱼行动迟缓，不吃食，鱼体消瘦，最后死亡。

防治方法：在运输、捕捞过程中避免机械损伤。越冬期移池前对越冬池进行严格消毒，每亩用15千克生石灰消毒；越冬期水温保持在18℃以上；发病时，可用水霉净0.3克/米^{3}全池泼洒，每天1次，连续2～3天。

3. 指环虫病

寄生虫性疾病，多发于夏秋及越冬期，常与车轮虫病并发。症状表现为鱼鳃部浮肿，贫血，体色变黑，不吃食，离群独游。大量寄生时严重影响鳃的呼吸作用，使鱼窒息死亡。

防治方法：放养鱼种前，用20毫克/升高锰酸钾浸泡15分钟；发病时，用90%晶体敌百虫0.3毫克/升全池泼洒，每天1次，连续2～3天。

4. 小瓜虫病

寄生虫性疾病，俗称白点病，多发于12月至次年6月，易在高密度养殖池中发生。症状表现为鱼体黏液增多，鳃丝充血呈暗红色，可见明显的白色小点。

防治方法：每立方米水体用0.2千克生石灰消毒；适当降低放养密度；发病时，鱼体用1%～2%的食盐水或0.5～1.0毫克/升高锰酸钾溶液浸泡5～10分钟。

5. 气泡病

非感染性疾病，水中气体过饱和引起，多发于春末夏初。症状表现为鱼游动混乱无力，失去平衡，尾上、头下浮于水面，严重时失去游动能力。

防治方法：不使用含有气泡的水，充分曝气；不使用未经发酵的肥料；发病时，立即加入溶解气体在饱和度以下的清新水，同时排出老水。

四、育种和种苗供应单位

（一）育种单位

1. 中国水产科学研究院淡水渔业研究中心

地址和邮编：江苏省无锡市山水东路9号，214081

联系人：董在杰

电话：0510－85558831

2. 山东恒兴渔业发展有限公司

地址和邮编：山东省潍坊市寿光市双王城生态经济园区山东恒兴智慧渔业产业园，262700

联系人：邓传燕

电话：15876375307

3. 南京农业大学无锡渔业学院

地址和邮编：江苏省无锡市薛家里69号，214128

联系人：朱文彬

电话：0510－85390351

（二）种苗供应单位

山东恒兴渔业发展有限公司

地址和邮编：山东省潍坊市寿光市双王城生态经济园区山东恒兴智慧渔业

产业园，262700

联系人：邓传燕

电话：15876375307

五、编写人员名单

董在杰，朱文彬，王兰梅，傅建军，罗明坤，邓传燕

鳙“中科佳鳙1号”

一、品种概况

（一）培育背景

鳙（*Hypophthalmichthys nobilis*），隶属于鲤形目、鲤科、鲢属，滤食性，以浮游动物为食，也可摄取人工饵料碎屑。鳙是我国传统的“四大家鱼”之一，也是大宗淡水鱼类中的大型种类之一（性成熟个体体重可达10～20千克），近年来的年产量均超过300万吨。鳙主要分布在长江、珠江和黑龙江水系，以长江流域的种群数量和种质质量相对较好。然而，随着长期的大规模人工繁殖和养殖，鳙的生长和体形等经济性状有所退化。尽管现代生物育种技术被越来越多地应用到鱼类育种，选择育种仍是野生动物驯化和良种培育最基本和最有效的手段之一。雌核发育等细胞工程手段加快基因组纯合化，是野生鱼类驯化和新品种培育的有效技术之一；分子标记辅助育种是指利用与经济性状关联的基因或分子标记辅助进行选择育种，在许多鱼类的品种培育中得到应用。在我国中、东部地区，鳙的性成熟时间为4～5年，人工养殖长期依赖野生种质作为繁殖亲本。为改变鳙长期缺乏优良品种的现状，中国科学院水生生物研究所和黄石市富尔水产苗种有限责任公司合作，将群体选育、雌核发育和分子标记辅助育种等技术相结合，以长江野生鳙为基础群体开展选育和生产性对比养殖及中试养殖，培育出优质高产的选育品种“中科佳鳙1号”，为我国鳙养殖产业的进一步壮大和提质增效提供种业支持，助力乡村振兴。

（二）育种过程

1. 亲本来源

鳙“中科佳鳙1号”原始雌性和雄性亲本均是来自长江武汉—黄冈江段的野生鳙群体，原始雌、雄性亲本形态符合长江中游野生鳙特征，体侧扁、稍高，头部占身体的比例较大，体色灰黑色。

2. 技术路线

鳙“中科佳鳙1号”新品种培育技术路线见图1。

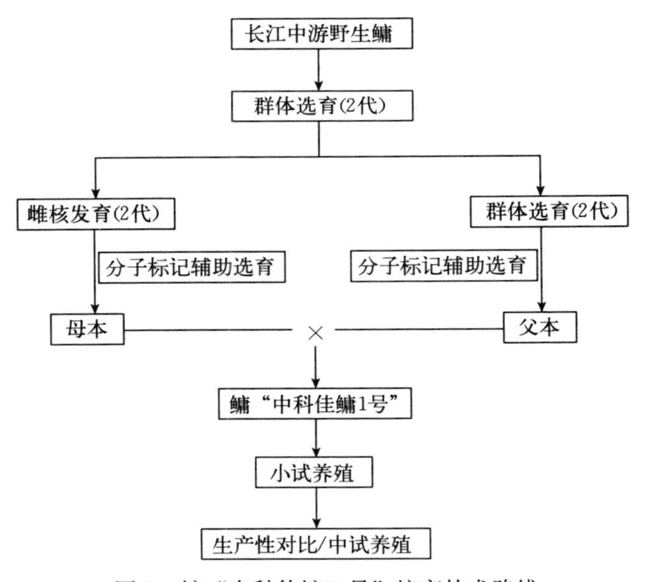

图1　鳙“中科佳鳙1号”培育技术路线

3. 培（选）育过程

1993年以长江武汉市新洲区至黄冈市团风县江段采集的20 000尾野生鳙鱼苗为原始群体，以生长和头部大小为选育指标，在中国科学院水生生物研究所试验基地进行连续4代群体选育以及2代雌核发育。每一代群体选育和雌核发育分别在6月龄、18月龄和24月龄进行3次选育，选育后期还引入分子标记辅助选育。具体选育节点是：1993—1996年，群体选育 F_0，留存率2%。1997—2001年，群体选育 F_1，留存率0.04%。2002—2006年，群体选育 F_2，留存率0.04%。2007—2011年，群体选育 F_3，留存率0.03%；雌核发育 GF_1，留存率1%。2012—2016年，群体选育 F_4，留存率0.08%；雌核发育 GF_2，留存率1%。以群体选育 F_4 雄性作为父本，雌核发育 GF_2 雌性成熟个体作为母本，进行交配繁殖获得鳙“中科佳鳙1号”新品种。2017—2018年进行小试养殖试验，2018—2020年在湖北养殖区和江苏养殖区共7个试验点进行鳙“中科佳鳙1号”生产性对比试验和中试养殖，与未经选育的对照组鳙相比，鳙“中科佳鳙1号”生长速度平均快14.5%～16.9%，头长平均增加5.5%～8.9%。

（三）品种特性和中试情况

1. 品种特性

（1）生物学特性　体侧扁，稍高，腹棱自腹鳍基部至肛门。头肥大，头长为体长的 34%～36%，口宽大，吻圆钝，侧线完全。鳃耙排列紧密，但不愈合，有黏膜褶（腭褶/鳃上器）。尾鳍深分叉。胸鳍末端远超过腹鳍基部。头、背部灰黑色，间有浅黄色泽，体两侧散布有黑色斑点，腹部银白色或有淡黑色斑点。背鳍鳍式 D. iii - 7～8，臀鳍鳍式 A. iii - 11～15。鳞式 83 $\frac{22\sim28}{13\sim18}$121。左侧第一鳃弓外侧鳃耙数 217～293。鳔 2 室。下咽齿扁平，齿式 4/4。脊椎骨总数 38～40。滤食性鱼类；自然条件下以浮游动物为食；养殖条件下主要摄食浮游动物，也摄食人工饵料碎屑或浮性饲料、腐屑、细菌及溶解有机物。

（2）优良性状　在相同养殖条件下，鳙“中科佳鳙 1 号”与未经选育的鳙相比，18 月龄商品鱼体重提高 14.5%，头长增加 5.5%。适宜在全国水温 10～30 ℃人工可控的淡水水体中养殖。

2. 中试情况

2017—2020 年，在湖北进行池塘养殖模式的养殖小试，并在湖北养殖区 5 个试验点（黄石港区、枝江和武汉新洲 3 个连片池塘）以及江苏养殖区 2 个试验点（南京江宁连片池塘和扬州高邮连片池塘），连续 2 年开展鳙“中科佳鳙 1 号”与当地鳙养殖群体完整周期的生产性对比试验和中试养殖试验，累计试验面积 8 144 亩。试验结果表明，鳙“中科佳鳙 1 号”生长性状能够稳定遗传，与未经选育的鳙相比，生长速度平均提高 14.5%，头长平均增加 5.5%，增产效果明显。

二、人工繁殖技术

（一）亲本选择与培育

1. 亲本选择

在经过选育而获得的鳙母本群体和父本群体中，挑选性腺发育良好、体形好、体质健壮、无病无寄生虫的成熟个体，作为人工繁殖的雌性和雄性亲本。

2. 亲本培育

（1）培育环境　亲鱼培育池应有独立完善的进、排水系统，池塘四周开阔，向阳通风，环境安静，水深 1.5～2 米，以面积 3～5 亩为宜，以靠近繁殖设施为佳。放养亲本前，鱼池需用生石灰或漂白粉进行清塘消毒。

（2）饲养管理　鳙“中科佳鳙 1 号”性成熟的雌、雄亲本可分池或混合培育；繁殖前的冬季按照雌雄比 1∶1 或 1∶1.5 的比例配组，进行强化培育。每亩放养 10～20 尾（每尾 10～20 千克），搭养少量草鱼、鲢。放养前应先施好基肥，培育过程中还应该根据季节和池塘具体情况追加施肥，采取“产后看水少施肥、秋季正常施肥、冬季施足肥、春季投喂精料和肥料并经常冲水”的措施。产前15～20天减少或停止施肥并加强冲水和增氧，使溶解氧不低于5毫克/升。

（二）人工繁殖

一般情况下，一个亲本培育池中的亲本一次全部进行催产繁殖。鳙“中科佳鳙1号”可用注射催产激素［促黄体素释放激素类似物（LRH－A）、绒毛膜促性腺激素（HCG）］的方式进行催产，人工催情后可自然产卵、受精，也可进行人工干法或湿法授精。受精卵孵化密度为120万～200万个/米^3，采用孵化环道、孵化槽或孵化桶（缸）流水孵化，溶解氧不低于5毫克/升，孵化时间根据水温不同而不同，一般为18～60小时。原肠期一般在受精后6～9小时出现，此时统计受精率为宜。

（三）苗种培育

1. 鱼苗培育

（1）*培育池准备*　选择3亩左右的长方形鱼苗池，塘形整齐，深度以1.5米左右为宜。鱼苗池应有充足水源且注、排水方便，池底平坦、淤泥适中，阳光充足。用生石灰或漂白粉彻底清塘后，在鱼苗下塘前5～7天注水，注水深度以50～60厘米为宜。注水后，立即在池塘施基肥200～300千克/亩培育鱼苗适口的饵料生物。在鱼苗放养前一天清除短期内繁殖的大型枝角类、有害水生昆虫、蛙卵和蝌蚪等。

（2）*放养和饲养管理*　鳙“中科佳鳙1号”鱼苗的放养密度一般为每亩投放水花鱼苗20万尾左右。鱼苗下塘时水温差一般不超过3℃。鳙“中科佳鳙1号”苗种培育一般采用以投喂豆浆为主的培育方法，每天2～3次，全池泼洒。后期可施肥30～40千克。坚持每天早、中、晚巡塘，观察池塘水色和鱼苗活动情况，以决定投喂量，发现问题及时解决。鱼苗经15～20天培育至全长2.5～3厘米的夏花苗种时，应及时拉网锻炼并准备出池。

2. 鱼种培育

（1）*培育池准备*　鱼种池面积一般2～5亩，水深1.5～2.0米。池底平坦、淤泥厚度小于20厘米，池塘土质最好为壤土。池塘边设有进、排水口。每4～5亩水面配一台1.5千瓦增氧机。鱼种塘在放苗前需进行清塘，一般以生石灰清塘效果较好。清塘1周左右后即可注水，注水时应用50～60目筛绢包扎入水口，防止野杂鱼等进入池塘。每亩施基肥500～700千克以培育大量的大型浮游生物。

（2）*放养和饲养管理*　鳙“中科佳鳙1号”鱼种培育一般采用混养模式，混养对象及放养比例和密度根据池塘情况、水源、水质、饲料、市场等因素确定，混养品种一般为异育银鲫、草鱼、鲢等。如果需获得尾重200～300克的鳙“中科佳鳙1号”鱼种，每亩水面放养夏花鱼种1 000～1 200尾；如果需获得尾重400～500克的鳙“中科佳鳙1号”鱼种，每亩水面放养夏花鱼种800～1 000尾。夏花鱼种应该游动活泼、规格整齐、无畸形，入塘前需用聚维酮碘溶液浸洗。每天定时投喂蛋白含量28%～30%的鲫饲料或蛋白含量28%左右的草鱼饲料。根据池塘水质情况，适时施肥或投放生物肥。每天巡池2～3次：清晨观察水色和鱼种的动态，发现严重浮头或鱼病应及时处理；上午投饲与施肥时应注意水质与天气变化；下午检查鱼种吃食情况，并填写饲养管理日志。鱼种池溶解氧应不低于5毫克/升。每隔15天左右加新水一次，每次池水加深10～15厘米（其中包括部分换水），使水位保持在1.5米左右；注水口用密网封口，防止野杂鱼和其他敌害生物混入。经过6个月左右养殖成为冬片鱼种，此时应及时进行分塘，放养到成鱼池或拉网锻炼后出售。

三、健康养殖技术

（一）健康养殖（生态养殖）模式和配套技术

1. 池塘混养模式

鳙“中科佳鳙1号”宜与投饵主养鱼类进行混养（例如鲫、草鱼等）。以与异育银鲫混养为例，常采用如下两种模式：

（1）*鱼种养殖模式*　要求池塘深1.5～2米，进排水方便。放养鳙“中科佳鳙1号”夏花鱼种800～1 000尾/亩，异育银鲫夏花鱼种5 000尾/亩。定时投喂颗粒饲料（蛋白含量30%），加强池塘管理，按时检测水质，以生物肥和生物制剂调节水质，注意日常定时增氧和天气变化时临时增氧，确保池塘溶解氧不低于5毫克/升。经过6个月左右养殖，成为规格达300～500克/尾的冬片鱼种。

（2）*成鱼养殖模式*　养殖环境基本与鱼种养殖模式相同。放养鳙“中科佳鳙1号”大规格冬片鱼种（300～500克/尾）100～120尾/亩，异育银鲫冬片鱼种2 000尾/亩。饲养管理和注意事项与鱼种养殖模式基本相同。经过8～10个月养殖后上市。

2. 生态养殖模式

在可控水面（湖汊、水库围/拦网、小型湖泊或水库、山塘等）养殖鳙“中科佳鳙1号”，投放500克/尾左右的鱼种，在不投饵、不施肥情况下与鲢混养。每亩投放鳙“中科佳鳙1号”大规格鱼种10～20尾，养殖产量为每亩15～20千克。

（二）主要病害防治方法

鳙“中科佳鳙1号”养殖中较少出现鱼病。可能出现的一般性病害和防治方法如下：

1. 细菌性出血病

【病因及症状】高温、水质恶化、寄生虫等均可能引起细菌性出血病。病鱼表现为体表出血。

【流行季节】夏季。

【防治方法】加强池塘管理，做好水质管理。

2. 锚头鳋病

【病因及症状】锚头鳋寄生引起的鱼病，虫体可寄生在鱼体各部位，呈白线头状。病鱼表现为焦急不安、减食、消瘦。

【流行季节】夏季、秋季。

【防治方法】彻底清塘，鱼种下塘时用聚维酮碘溶液浸泡消毒；养殖过程中调节水质（适当增加肥度）。

3. 水霉病

【病因及症状】由水霉和绵霉引起的鱼病。病鱼表现为感染部位形成白毛状物质。

【流行季节】春季。

【防治方法】冬季鱼种或亲鱼捕捞和转运时应小心操作；受精卵、鱼种或亲鱼用聚维酮碘或高锰酸钾溶液浸泡消毒。

四、育种和种苗供应单位

（一）育种单位

1. 中国科学院水生生物研究所

地址和邮编：湖北省武汉市武昌东湖南路7号，430072

联系人：童金苟

电话：13437121937

2. 黄石市富尔水产苗种有限责任公司

地址和邮编：湖北省黄石市黄石港区兴港路41号，435000

联系人：李建兵

电话：13707235385

（二）种苗供应单位

1. 黄石市富尔水产苗种有限责任公司

地址和邮编：湖北省黄石市黄石港区兴港路41号，435000

联系人：李建兵
电话：13707235385

2. 中国科学院水生生物研究所

地址和邮编：湖北武汉市武昌东湖南路7号，430072
联系人：童金苟
电话：13437121937

五、编写人员名单

俞小牧，李建兵，童金苟，陈庚，王忠卫等

软鳍新光唇鱼“墨龙1号”

一、品种概况

（一）培育背景

软鳍新光唇鱼（*Neolissochilus benasi*），隶属鲤形目（Cypriniformes）鲤科（Cyprinidae）鲃亚科（Barbinae）新光唇鱼属（*Neolissochilus*）。历史上，软鳍新光唇鱼是元江—红河流域渔民的主要捕获对象，在我国主要分布于云南的河口、江城、西畴及元江等地，境外分布于越南。近年来，由于捕捞强度大、梯级电站开发和保护意识薄弱等原因，软鳍新光唇鱼种群资源衰退严重，其种群在元江—红河流域已属偶见，目前，仅在云南省文山州西畴县保存有较大种群。

软鳍新光唇鱼不仅个体大（野生最大个体可达13千克）、肉质佳，而且外观绚丽、体侧具有一条浓黑色的宽带，在食用鱼市场上辨识度高，因此一直具有稳定的消费市场，主要集中于我国云南和越南，每年销售量超200吨。目前市场供给主要依赖野外捕捞，随着国内外野生种群资源量的不断下降，人工繁殖种群种质的不断衰退，以及人们对肉质品质要求和观感需求的不断提高，软鳍新光唇鱼价格从原来的20元/千克上升至现在的100元/千克，因此，急需培育软鳍新光唇鱼良种以满足市场需求。软鳍新光唇鱼生长周期长，肌间刺多且复杂。在此背景下，开展生长快速、肌间刺弱化的软鳍新光唇鱼新品种的培育，可提高软鳍新光唇鱼产品的价值，同时，也为云南特色水产养殖业的发展打开新局面。软鳍新光唇鱼“墨龙1号”经十余年培育而成，对于我国土著特色鱼类养殖具有非常重要的意义。

（二）育种过程

1. 亲本来源

软鳍新光唇鱼“墨龙1号”的亲本是2007年采自红河流域（云南省文山州西畴县鸡街河）的野生软鳍新光唇鱼，共600尾。经过4代连续选育，育成生长速度快、肌间刺弱化的“墨龙1号”。

2. 技术路线

软鳍新光唇鱼“墨龙 1 号”培育采取群体选育技术，技术路线见图 1。

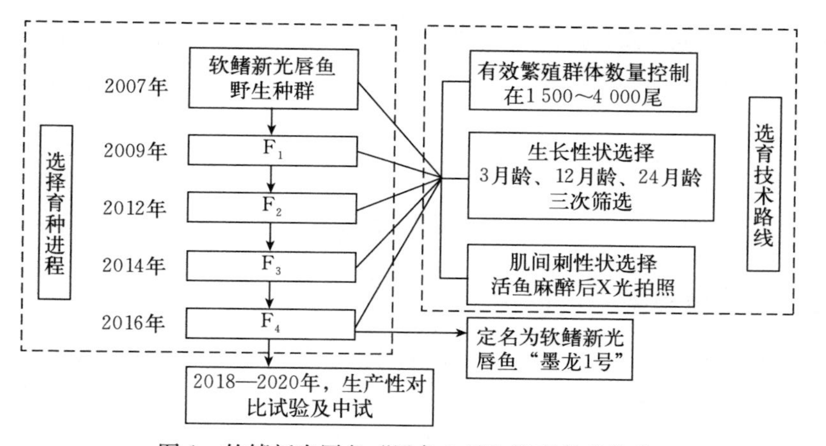

图 1　软鳍新光唇鱼“墨龙 1 号”培育技术路线

3. 培（选）育过程

2007 年于鸡街河采集野生软鳍新光唇鱼 600 尾，2009 年开始以此作为基础群体，以生长快速和肌间刺弱化为主要选育目标，采用群体选育技术，于 2016 年培育成 F_4，定名为软鳍新光唇鱼“墨龙 1 号”。

（1）建立基础群体（2007—2009 年）　基于前期对软鳍新光唇鱼种群分布调查，2007 年采集鸡街河的野生软鳍新光唇鱼 600 尾，饲养于中国科学院昆明动物研究所珍稀鱼类保育研究基地和云南省文山州西畴县基地，并以此作为基础群体。

（2）第一代软鳍新光唇鱼（F_1）选育（2009 年）　2009 年 3 月从野生群体中选择性状良好（健康、无疾病、无损伤、年龄 4～8 龄）的雌、雄个体作为繁殖亲鱼，进行多对多的人工授精，然后进行鱼卵孵化和苗种培育。在苗种生长过程中，筛选出体长、体重性状较好（在 3 月龄、12 月龄和 24 月龄筛选 3 次）和复杂形肌间刺占比较低（在 12 月龄筛选）的个体，集中养成。选择率为 5%。

（3）第二代软鳍新光唇鱼（F_2）选育（2012 年）　从 F_1 选育群体中，选择个体较大、复杂形肌间刺占比较低的雌、雄个体作为繁殖亲本，进行多对多的人工授精，然后进行 F_2 的鱼卵孵化和苗种培育。在苗种生长过程中，筛选出体长、体重性状较好（在 3 月龄、12 月龄和 24 月龄筛选 3 次）和复杂形肌间刺占比较低（在 12 月龄筛选）的个体，集中养成。选择率为 3%。

（4）第三代软鳍新光唇鱼（F_3）选育（2014 年）　从 F_2 选育群体中，选择个体较大、复杂形肌间刺占比较低的雌、雄个体作为繁殖亲本，进行多对多的人工授精，然后进行F_3的鱼卵孵化和苗种培育。在苗种生长过程中，筛选出体长、体重性状较好（在3月龄、12月龄和24月龄筛选3次）和复杂形肌间刺占比较低（在12月龄筛选）的个体，集中养成。选择率为0.9%。

（5）第四代软鳍新光唇鱼（F_4）选育（2016年），新品种形成　从F_3选育群体中，选择个体较大、复杂形肌间刺占比较低的雌、雄个体作为繁殖亲本，进行多对多的人工授精，然后进行F_4的鱼卵孵化和苗种培育。在苗种生长过程中，筛选出体长、体重性状较好（在3月龄、12月龄和24月龄筛选3次）和复杂形肌间刺占比较低（在12月龄筛选）的个体，集中养成。选择率为0.5%。

至此，经过连续4代对软鳍新光唇鱼生长性状和肌间刺性状的多次群体选育，获得具有生长快速、肌间刺弱化等优良特性的F_4，即软鳍新光唇鱼“墨龙1号”。

（三）品种特性和中试情况

1. 品种特性

软鳍新光唇鱼“墨龙1号”与原始亲本一样具有绚丽的外观，在相同养殖条件下，与未经选育的软鳍新光唇鱼相比，24月龄软鳍新光唇鱼“墨龙1号”体重提高30.27%，复杂形肌间刺占比下降16.4%。适宜在云南、广东、广西及东南亚等水温13～26℃人工可控的淡水水体中养殖。

2. 中试情况

2018—2020年，在云南、四川、江苏、湖北进行池塘养殖试验，并在云南养殖区2个试验点（文山西畴和曲靖会泽），开展连续2年的软鳍新光唇鱼“墨龙1号”与未经选育群体的生产性对比试验，累计试验面积1 600亩。试验结果表明，与未经选育的软鳍新光唇鱼相比，“墨龙1号”体长、体重分别提高10.77%和30.27%，个体一致性好且疾病发生率低，增产效果明显。

二、人工繁殖技术

（一）亲本选择与培育

1. 亲本选择

为保证亲本质量，繁殖用的亲鱼必须为达到性成熟，健壮无病，无畸形，鱼体光滑，体色正常，鳞片、鳍条无损，生长良好的个体。避免将初次性成熟的个体作为亲鱼，也不宜选用进入衰老期的个体。性成熟的个体，雌雄吻部均有珠星；雌鱼腹部明显膨胀，雄鱼轻压腹部有白色精液流出。

2. 亲本培育

亲鱼培育的雌雄比为 1∶1.5，按不同的年龄组、个体大小等具体情况分到不同玻璃缸中培育，便于实施不同的饲养管理措施，也方便繁殖时筛选。亲鱼的配合饲料要求粗蛋白含量达到 40%，同时添加适量对性腺发育有促进作用的物质。应该注意的是，要定期冲水，尤其是临产前 1 个月要加大冲水量，流水刺激是池塘培育亲鱼的必要措施。在培育过程中，经常对亲鱼进行检查，如果发现亲鱼过胖，减少投饵料多冲水，促进性腺发育；如果发现亲鱼太瘦，则加强培育，配制适合亲鱼生长和性腺发育的饲料投喂。

（二）人工繁殖

1. 人工授精

采用干法授精，即分别将性成熟的雌、雄软鳍新光唇鱼的卵子和精子从其腹部轻轻挤压于干燥器皿中，用鸡毛轻轻搅拌 30 秒后加入少许清水（以盖过卵精为宜），再搅拌 20 秒，让精卵充分接触受精后，用清水清洗 3 次，然后将清洗干净的受精卵均匀泼洒在预先经过清洗和消毒的孵化框中。

2. 受精卵孵化

微充气孵化法，先将孵化框连带受精卵取出，放入 5 毫克/升的霉菌净水溶液中浸泡 15 分钟，消毒后取出放入直径 2 米的圆形孵化盆，前 3 天每天对鱼卵用相同方法消毒一次，水温约 20 ℃，pH 7.0～8.0，孵化池中用氧气泵增氧，经 120 小时完成孵化。

3. 捞苗

日出及日落前专人值守在孵化盆旁，将孵化盆中聚集的鱼苗整群捞出，随见随捞，集中一批，培育一批，同步同期培养。

（三）苗种培育

1. 鱼苗培育

鱼苗放养前用高锰酸钾溶液全池泼洒消毒，然后注入新鲜水。培育过程中，根据不同生长阶段、水温，控制饲料投喂量，投喂适口的配合饲料、卤虫、大型冷冻桡足类等。

鱼苗放养后，需注意水质管理，每日应加强巡塘，特别是凌晨和傍晚，每天定时测量水温、盐度、透明度和水流等理化因子，以及观察水色、鱼类集群活动、摄食、病害与死亡情况，发现问题及时处理。经常清洗食场，每天注入新水，保持水质清新，有利于苗种生长，同时促进浮游生物繁殖、减少鱼病发生。发现病死鱼及时捞出并检查，及时用药。

2. 鱼种培育

软鳍新光唇鱼“墨龙 1 号”培育采用单养模式。鱼种放养密度根据养殖目标、池塘条件、饲料情况、技术和管理水平等多方面决定，一般成鱼养殖密度为 10～20 尾/米^3。鱼种培育期间严格投喂及日常管理。水温在 13～26 ℃，10 月至次年 3 月光周期：光照 10 小时＋黑暗 14 小时，3—9 月光周期：光照 12 小时＋黑暗 12 小时。

三、健康养殖技术

（一）健康养殖（生态养殖）模式和配套技术

采用池塘单养模式。

1. 养殖设施及设置

养殖池塘面积 100～3 000 米^2，水深 1.0～2.0 米，有独立进、排水口；池底向排水孔以一定的坡度倾斜，以利于排水。

应具备供电、供水、供气、增温系统等，其中供水系统的水泵日提水能力应大于育苗用水高峰期用水量，沉淀池与蓄水池的总容量不少于日用水量。

2. 养殖密度

根据苗种大小，调整放养密度，仔鱼期放养密度为 0.1 万～0.2 万尾/米^3，幼鱼期放养密度为 200～1 000 尾/米^3，成鱼期 10～20 尾/米^3。

3. 饲养管理

每天早晚定时定点各投喂 1 次，根据鱼的体重、数量等来确定投喂量。一般日投喂量是按鱼的体重和水温来确定的。当水温为 16～20 ℃时，投喂量为鱼体重的 1.5%～2.0%；当水温为 20～26 ℃时，投喂量为鱼体重的 2.0%～3.0%；26 ℃以上时，投喂量为鱼体重的 1.0%。

4. 日常管理

（1）水质管理　水质优，pH 为 7.0～8.5，溶解氧 5.0～6.0 毫克/升，总硬度以碳酸钙计为 89～142 毫克/升，温度不能低于 8 ℃，化学需氧量＜30 毫克/升，氨＜0.1 毫摩/升。

（2）其他管理　用遮光率为 90%的黑色遮光网遮盖，避免阳光直射。池内每 5 米^{2}布置一个充气石，增加池内溶解氧。加强巡塘，观察水质及鱼吃食、活动情况，做好养殖记录。软鳍新光唇鱼“墨龙 1 号”属凶猛鱼类，易跳跃，应加强防逃逸措施。

（二）主要病害防治方法

1. 烂鳃病

【病因及症状】

病因：细菌性感染。

症状：发病初期，鱼离群独游；后体色变黑，停止吃食。肉眼检查，可见鳃丝发白并粘有污泥，严重时鳃盖腐蚀成一透明小区，俗称“开天窗”。

【流行季节】春季、冬季。

【防治方法】保持养殖水体清爽可以在很大程度上防止该病发生。发病时使用五倍子（粉碎后用开水冲融）泼洒，每立方米水体使用五倍子2.0～4.0克。同时每千克饵料拌恩诺沙星粉1.0～3.0克投喂效果更佳。

2. 水霉病

【病因及症状】

病因：机械损伤或冻伤后，水霉菌感染。

症状：霉菌幼孢子从鱼体伤口侵入后，迅速萌发，向内外生长，长成一团白色、棉毛状的菌丝，与组织细胞黏附在一起，使组织坏死；同时，霉菌可分泌一种酵素，其可分解鱼的组织。内菌丝吸收鱼体营养，外菌丝长成絮状白毛，使鱼行动迟缓、食欲减退直至死亡。

【流行季节】一年四季均可发病，早春晚冬最为流行。

【防治方法】勿使鱼体受伤，同时注意保持合理的放养密度。一旦发病，将食盐、小苏打混合液全池泼洒，浓度为8毫克/升。

3. 气泡病

【病因及症状】

病因：水中某种气体（氧气、氮气）过饱和。

症状：鱼在水面混乱无力游动，失去平衡。体表、肠道、鳍、鳃、内脏血管出现气泡，引起栓塞而死。

【流行季节】夏季。

【防治方法】每立方米水体用5～7克盐化水，全池泼洒。

四、育种和种苗供应单位

（一）育种单位

1. 中国科学院昆明动物研究所

地址和邮编：云南省昆明市盘龙区龙欣路17号，650201

联系人：潘晓赋

电话：0871－65191652

2. 云南省水产技术推广站

地址和邮编：云南省昆明市西山区滇池路25号，650034

联系人：范伟

电话：13888854296

3. 云南华大基因研究院

地址和邮编：云南省昆明市五华区科高路新光巷285号，650101

联系人：程乐

电话：13632936286

4. 文山州水产技术推广站

地址和邮编：云南省文山州文山市开化镇果园街31号，663000

联系人：杨明红

电话：0876－2122062

5. 西畴县养殖业服务中心

地址和邮编：云南省文山州西畴县西洒镇人民路31号，663500

联系人：邓涛

电话：0876－3031218

（二）种苗供应单位

1. 中国科学院昆明动物研究所

地址和邮编：云南省昆明市盘龙区龙欣路17号，650201

联系人：潘晓赋

电话：0871－65191652

2. 云南中科云渔种业有限公司

地址和邮编：云南省昆明市盘龙区云山小区18幢A商铺，650233

联系人：周洪明

电话：13769165690

3. 西畴龙源生物科技开发有限责任公司

地址和邮编：云南省文山州西畴县兴街镇龙坪村委会革机村小组，663501

联系人：卢泊霖

电话：15911416557

五、编写人员名单

潘晓赋，王晓爱，杨君兴，张源伟，吴安丽

乌鳢“玉龙1号”

一、品种概况

（一）培育背景

乌鳢（*Channa argus*），隶属于鲈形目（Perciformes）、攀鲈亚目（Anabantoidei）、鳢科（Channidae）、鳢属（*Channa*），俗称黑鱼，又称乌鱼、财鱼、蛇皮鱼等。白乌鳢是乌鳢的特异品种，目前发现仅分布于四川嘉陵江水系与沱江水系，是四川地区特有种。其体态优美，肉质细嫩，味道鲜美，无肌间刺，作为一种低脂高蛋白的名贵经济鱼类，在川、渝民间享有良好口碑。

20 世纪 80 年代末，人们开始尝试将捕捞的白乌鳢苗种进行人工养殖，但天然苗种资源的不足，限制了养殖业的发展。90 年代，随着人工繁殖技术的突破，白乌鳢的养殖规模逐渐扩大，但繁养技术的发展滞后、酷捕滥捞、水质污染以及江河溪流挖沙等因素，造成野生白乌鳢种群数量显著减少，种质退化、良种缺乏等问题也日益突显，导致白乌鳢养殖群体体色不稳定、个体小型化以及生长速度慢，白乌鳢产量已不能满足市场需求。

为了挽救白乌鳢这一优质经济鱼类，保障更大生态经济效益，极有必要开展优质高产白乌鳢良种的选育工作，选育体色稳定且具有生长优势的白乌鳢良种。为此，育种团队从 2004 年开始从沱江水系采捕野生白乌鳢，2008 年将收集的白乌鳢作为亲本构建选育基础群体 F_0，随后持续开展白乌鳢的良种选育工作。

（二）育种过程

1. 亲本来源

白乌鳢四川乌龙河野生群体。

2. 技术路线

乌鳢“玉龙 1 号”培育技术路线见图 1。

3. 培（选）育过程

2008 年从收集的乌龙河流域野生白乌鳢群体中选取体表白色无黑斑、鳍

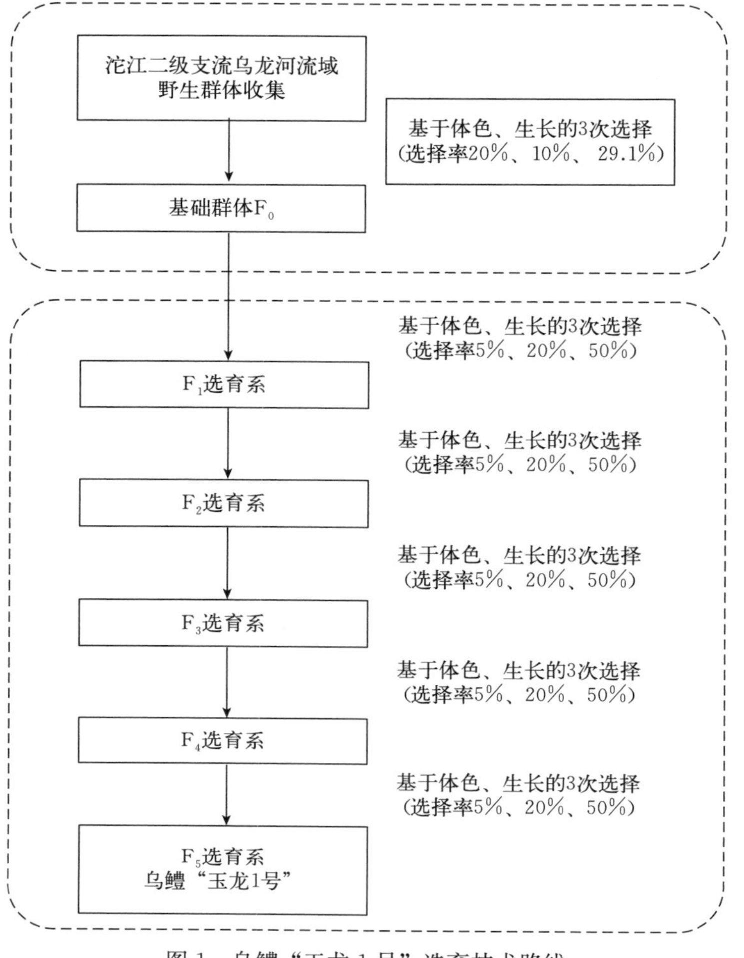

图1　乌鳢“玉龙1号”选育技术路线

条金黄色、体质健壮、活力强的乌鳢个体400尾，进行1∶1人工配对放养及自然产卵孵化，以0.58%的选择率筛选出后备亲本基础群体，最终选择体色特征明显的大规格个体2 000～6 000尾作为后备亲本，用于构建选育基础群体。以体色和生长速度为选育指标，采用群体选育技术，在夏花阶段、秋片鱼种阶段、2龄入冬前分别按照5%、20%和50%的选择率进行三次选择（总选择率0.5%）。于2010年配组繁殖获得F_1，对F_1进行三次定向筛选，挑选出具有显著品种特征和生长速度快的个体（雌雄比1∶1）作为亲本，2012年繁殖获得F_2，按照相同的方法连续5代进行相应的选配培育，2014年、2016年和2018年分别获得F_3、F_4和F_5，F_5即为乌鳢“玉龙1号”。

（三）品种特性和中试情况

1. 品种特性

在相同养殖条件下，与野生白乌鳢相比，乌鳢“玉龙 1 号”24 月龄鱼体重提高 24.8%；体表白色无黑斑且鳍条金黄色的个体比例提高 13.7%，占比达 96.7%。

2. 中试情况

2018—2020 年，在内江市市中区朝阳镇、东兴区田家镇、隆昌市专家大院的 3 个试验基地采用单养模式进行了乌鳢“玉龙 1 号”的生长对比小试试验，并在四川养殖区 2 个试验点（隆昌市响石镇养殖池塘和崇州市白头镇养殖基地）和重庆养殖区 2 个试验点（荣昌区盘龙镇养殖基地和梁平区礼让镇养殖基地），连续 2 年开展乌鳢“玉龙 1 号”与野生白乌鳢群体完整周期的生产性对比试验。试验结果表明，乌鳢“玉龙 1 号”体表白色无黑斑且鳍条金黄色的个体比例较野生白乌鳢群体提高 13.7%，生长速度提高 24.8%；养殖范围广，适宜在全国水温为 15～30 ℃的人工可控的淡水水体中养殖，增产效果明显。

二、人工繁殖技术

（一）亲本选择与培育

1. 亲本选择

亲本由乌鳢“玉龙 1 号”选育单位指定养殖场提供。亲鱼应选择 2 冬龄以上个体，要求雌鱼体重在 500 克以上，雄鱼体重在 750 克以上，性状优良，体形正常完整。

2. 亲本培育

（1）培育环境　亲鱼培育池应有充足的水源，进、排水便利，培育池塘面积以 0.5～2 亩为宜，以长方形、东西走向最佳，水深 1.5～2.5 米。

（2）饲养管理　亲鱼适宜在 9 月底或 3 月底至 4 月初放入培育池中进行养殖，一般每亩放养 100～150 千克，最多不宜超过 200 千克，可以适当搭配 80～100 尾规格为 500 克左右的鲢、鳙。投喂新鲜或冰鲜饵料、人工配合饲料。每天投喂 2 次，上午 8:00—9:00 及下午 5:00—6:00 各投喂一次。4 月初至催产前应该增加鲜活饵料的投喂，促进亲鱼的性腺发育。

（二）人工繁殖

1. 催产

每年 4 月中旬至 6 月上旬，水温达到 22 ℃以上时，亲鱼性腺发育成熟即可进行繁殖，采用胸鳍皮下注射。一般使用组合催产药物催产，催产雌鱼有以下两种组合：①鲤、鲫脑垂体（PG）2毫克/千克＋绒毛膜促性腺激素（HCG）1 000～1 600国际单位/千克。②促黄体素释放激素类似物（LRH－A_3）3～5微克/千克＋绒毛膜促性腺激素200～400国际单位/千克。催产雄鱼用量均为雌鱼的50%。

2. 产卵、孵化管理

注射催产剂后，将雌雄亲鱼按1∶1的比例放入产卵设施中，产卵设施可根据生产实际选用产卵箱、水泥池等，静水产卵。

产卵结束后把亲鱼捞起放入亲鱼培育池，将卵放入孵化槽或孵化池，采用静水孵化，密度为1.5×10^4～5.0×10^4粒/$米^3$。每天换水30%～50%，边排边进，保持水位、水温稳定，并及时剔除死卵，勤洗过滤网，预防水霉病的发生。

（三）苗种培育

1. 鱼苗培育

放养前1～2周，用生石灰清塘消毒，根据池塘大小，在池塘上方设置适宜的防鸟网，防止食鱼鸟吃鱼。适当施肥，培肥水质，以保证有充足的浮游生物；鱼苗培育前期如池塘出现饵料生物不足，应及时收集适口的浮游动物，投放到培育池，满足鱼苗生长需要。当有85%以上水花平游时，转移到鱼苗培育池中，开始投喂，每天根据吃食情况投喂4～8次；当规格达到1.0厘米以上时，投喂水蚯蚓等动物性饲料；当达到2.0厘米以上时，开始投喂鱼糜等动物性饲料，并随着鱼苗的生长逐步投喂人工配合饲料，前期投喂频率高，后期逐渐降低。鱼种规格不整齐时，必须过筛分养，按不同规格分池塘培育。

驯化投饵宜采用人工配合膨化颗粒饲料，驯食初期可在饵料中添加适量的诱食剂，控制好饲料的适口性，在饵料配比上，动物性饵料由多逐渐减少。驯化过程7～15天，70%以上的苗种已能摄食人工配合饲料时，可以开始投喂人工配合饲料。

2. 鱼种培育

放养前10～15天，进行池塘清塘消毒处理。鱼种放养前应进行消毒，如用3%～5%的食盐水溶液或5～10毫克/升高锰酸钾溶液浸浴5～10分钟，药浴的浓度和时间可以根据鱼种大小、水温高低等做相应改变。

3～5厘米的鱼种放养密度为10 000～15 000尾/亩，10～15厘米的鱼种放养密度为3 000～6 000尾/亩，同池鱼规格要整齐。饲料蛋白含量须达到40%及以上，每日早晚共投喂2次，生长旺盛季节可投喂3次，人工配合饲料投喂量为鱼体重的2%～5%。

三、健康养殖技术

（一）健康养殖（生态养殖）模式和配套技术

1. 池塘单养模式

（1）放养前准备　要求池塘规整，东西走向，通风向阳，池埂高于最高水位 0.5 米以上，水深 1.5～2.5 米，池底平坦，方便捕捞，池水透明度≥30 厘米，淤泥厚度≤20 厘米。放养前 10～15 天，进行池塘清塘消毒处理。干法清塘：排干池水，清淤，晒塘 3～5 天，然后加水 10～20 厘米，每亩水面用块状生石灰 75～100 千克化浆全池泼洒，随后注水至 1 米左右。带水清塘：每亩水面用块状生石灰 150～200 千克。

（2）鱼种放养　鱼种放养时间宜在 6 月下旬至 7 月初。3～5 厘米的鱼种 10 000～15 000 尾/亩，10～15 厘米的鱼种 3 000～6 000 尾/亩，同池鱼规格要整齐。

（3）饲养管理　每天早晚各巡塘一次，查看水质水色变化、水位变化、鱼的吃食及活动情况，检查进出水口和鱼是否发病，及时发现及时处理。养殖过程中，以保持水质肥、活、嫩、爽为原则。每 20～30 天换水一次，每次换水量为池塘水量的 1/5～1/4；高温季节每 5～10 天换水一次，每次换水量为池塘水量的 1/4～1/3。使用生石灰调节水质，每 15 天一次，每次用量为 15～20 千克/亩，需根据具体情况灵活掌握。建议使用微生态制剂改善水质和底质，保持水质稳定。鱼池周围及进出水口应该设有防逃设施。

2. 稻田混养模式（稻田白乌鳢小龙虾混养）

（1）放养前准备

① 稻田开沟。稻田边缘开挖小龙虾养殖沟和白乌鳢养殖沟，并通过网箱分隔，养殖沟总面积占比为 8%，其中白乌鳢养殖沟面积为 20 米^2/亩。

② 水草种植。2—5 月移栽伊乐藻，5—10 月移栽轮叶黑藻，水草的种植株距为 5 米，环沟种植 1～2 行，水草种植面积占比为 30%。

③ 水稻扦插。5 月在稻田上扦插水稻，扦插密度为 7 000 株/亩。

（2）鱼种放养

① 白乌鳢放养。5 月中下旬放养规格为 100 克的白乌鳢鱼苗，投放密度为 15 尾/米^3。

② 小龙虾放养。6 月初投放虾苗，小龙虾虾苗规格为 120 尾/千克，投放密度为 15 千克/亩。

（3）饲养管理　养殖过程中白乌鳢的日投饵量为体重的 3%，早晚各投一次，于 11 月捕捞。小龙虾的日投饵量为体重的 1%。根据养殖情况将环沟内的水体进行更换。

（二）主要病害防治方法

1. 小瓜虫病

【病因及症状】由多子小瓜虫感染引起，在苗种期大量寄生于体表，寄生后苗种活动缓慢，引起慢性增生性炎症。

【流行季节】主要流行于初春和秋末。

【防治方法】放养前用生石灰彻底清塘；发病时，每亩用干辣椒250克、生姜500克，研碎后煎汁泼洒于水体，每天1次，连续使用3天。

2. 车轮虫病

【病因及症状】由车轮虫引起，主要寄生于鳃部。鱼体患病后寄生处黏液增多，导致乌鳢大量死亡。

【流行季节】春、夏和初冬，多发于鱼种阶段。

【防治方法】放养前用生石灰彻底清塘；发病时，使用硫酸铜与硫酸亚铁合剂全池泼洒；或使用市售车轮净等专用兽药。

3. 水霉病

【病因及症状】主要由水霉属病原引起。早期无明显症状；发病时，体表出现点状血斑，食欲减退，病灶部位出现灰白色区域，相继长出絮状的菌丝，导致组织坏死直至死亡。

【流行季节】早春、初冬季节。

【防治方法】放养前用生石灰彻底清塘；低温气候，减少捕捞、运输造成的物理损伤；发病时，使用市售水霉净等专用兽药。

4. 溃疡综合征

【病因及症状】由丝囊霉菌引起，寄生于皮肤和肌肉。早期出现食欲减退、鱼体发黑等症状；中期在体表、头、鳃盖和尾部可见红斑；后期出现较大溃疡。

【流行季节】春末、夏季和秋季。

【防治方法】放养前用生石灰彻底清塘；养殖过程中注意定期消毒。

5. 肠炎病

【病因及症状】主要由嗜水气单胞菌引起；病鱼体色发黑，食欲减退，离群独游，游动缓慢。发病初期，鱼肠壁局部发炎，肠内黏液增多；发病后期，可见全部肠管发炎，呈浅红色，肠内无食而有许多黄色黏液，同时可见病鱼鳍条充血发炎、肛门红肿等。

【流行季节】夏、初秋。

【防治方法】放养前用生石灰彻底清塘；发病时，使用生石灰全池泼洒，内服氟苯尼考。

四、育种和种苗供应单位

（一）育种单位

1. 四川省内江市农业科学院

地址和邮编：四川省内江市市中区花园滩路 401 号，641000
联系人：吴俊
电话：13808259255

2. 中国水产科学研究院淡水渔业研究中心

地址和邮编：江苏省无锡市滨湖区壬港社区薛家里 69 号，214128
联系人：董在杰
电话：0510－85558831

3. 四川省浙新农业科技发展有限公司

地址和邮编：四川省内江市东兴区汉安大道西 418 号，641100
联系人：苏全森
电话：13378297077

4. 四川省农业科学院水产研究所

地址和邮编：四川省成都市高新西区西源大道 1611 号，611730
联系人：周剑
电话：13679081227

（二）种苗供应单位

四川省内江市农业科学院

地址和邮编：四川省内江市市中区花园滩路 401 号，641000
联系人：樊威
电话：15283525434

五、编写人员名单

吴俊，董在杰，黄跃成，罗煜，樊威，朱文彬，苏建，卓婷，焦晓磊，苏全森，周剑

大黄鱼“富发1号”

一、品种概况

（一）培育背景

大黄鱼隶属于鲈形目、石首鱼科、黄鱼属，有“黄花鱼”“黄瓜鱼”和“黄金龙”等俗称，是一种暖温性中下层鱼类。主要分布在我国从黄海南部，经东海、台湾海峡到南海雷州半岛附近约60米等深线以内狭长的沿海海域，曾为我国东海“四大海产”之首，是我国东南沿海特有的重要渔业资源。20世纪80年代因过度捕捞自然资源枯竭，90年代获得繁殖成功和养殖突破，2014年起跃居我国海水养殖鱼类产量之首。2020年，大黄鱼育苗量和产量分别为23.8亿尾和25.4万吨，分别占全国海水鱼育苗总量和养殖总产量的20.4%和14.5%，确立了大黄鱼在我国海水鱼类养殖中的重要地位。

近年来，随着养殖规模和养殖密度的增大，大黄鱼普遍存在生长缓慢等问题。研究及产业调研表明，大黄鱼养殖个体之间生长速度差异显著、分化极大，在生长性状方面有巨大的选育潜力；产业对生长快的优良品种需求依然强烈。培育具有生长优势的大黄鱼良种，对提高养殖产业经济效益和促进大黄鱼产业可持续发展具有极其重要的意义。

（二）育种过程

1. 亲本来源

亲本来源于2007—2008年在福建霞浦的东安、虾山、台江、虹霞和盘前5个养殖海区采集的10.2万尾具有生长优势的大黄鱼养殖个体。

2. 技术路线

大黄鱼“富发1号”培育技术路线见图1。

3. 培（选）育过程

自2009年起，以体重（生长速度）为选育指标，采用群体选育的方法进行大黄鱼“富发1号”新品种的选育。每2年进行1代选育，每代选留苗种作为继代选育保种群体，经4次选择，从中留取长势最好的个体作为亲本培育下

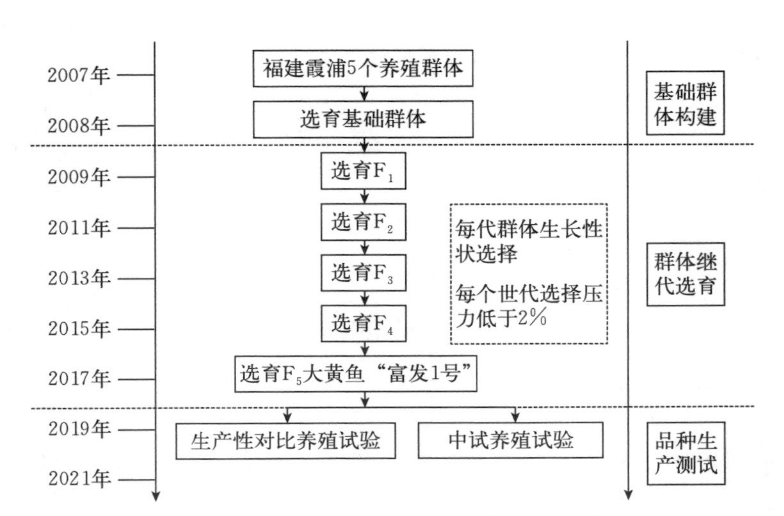

图 1　大黄鱼“富发 1 号”培育技术路线

一代苗种，每个世代总选择率控制在 2%以下。经连续 5 代的群体选育，最终育成生长性状优良的大黄鱼“富发 1 号”新品种，并开展多年小试对比试验和生产性对比养殖试验。具体的选育过程如下：

（1）基础群体构建　2007—2008 年，挑选来源于福建霞浦 5 个不同养殖区生长速度相对较快的 10.2 万尾养殖个体作为大黄鱼“富发 1 号”选育基础群体。

（2）F_1 代选育　2009 年 1 月，从育种基础群体中挑选 2 121 尾优良亲鱼构建育种核心群体一代，培育 F_1 苗种 710 万尾。

（3）F_2 代选育　2011 年 3 月，从 F_1 保种群体中选择 2 264 尾优良个体（选择率 1.59%）作为亲本构建育种核心群体二代，培育 F_2 苗种 700 万尾。

（4）F_3 代选育　2013 年 4 月，从 F_2 保种群体中选择 2 623 尾优良个体（选择率 1.87%）作为亲本构建育种核心群体三代，培育 F_3 苗种 620 万尾。

（5）F_4 代选育　2015 年 1 月，从 F_3 保种群体中选择 2 320 尾优良个体（选择率 1.87%）作为亲本构建育种核心群体四代，培育 F_4 苗种 840 万尾。

（6）F_5 代（大黄鱼“富发 1 号”）选育　2017 年 1 月，从 F_4 保种群体中选择 2 504 尾优良个体（选择率 0.51%）作为亲本构建育种核心群体五代，培育 F_5 苗种 6 000 万尾。

（7）小试对比试验　2009—2019 年，进行大黄鱼“富发 1 号”新品种小试对比试验，结果表明：该选育群体生长性状表现优良，与对照组相比，各选育世代生长速度逐代提高，从 F_1 的 17.21%提高至 F_5 的 29.9%，证实了其生长性状的稳定性和生产应用性。

（三）品种特性和中试情况

1. 品种特性

以体重为选育指标，采用群体选育技术，经连续5代选育而成。在相同养殖条件下，与未经选育的大黄鱼相比，大黄鱼“富发1号”18月龄鱼体重提高23.6%。

2. 中试情况

2017—2021年，在福建省宁德市蕉城区大湾、宁德市蕉城区八都镇下溪、霞浦县溪南镇白沙角和福鼎市沙埕镇虎头鼻海域，以及浙江省象山三门口海域进行大黄鱼“富发1号”中试养殖，养殖方式包括普通网箱养殖和深水抗风浪网箱养殖，累计中试养殖水体94 546米^3。试验由福建海鹏水产实业有限公司（福建）、宁德市蕉城区永养水产品专业合作社（福建）、宁德市东江红渔业有限公司（福建）、霞浦县钦龙水产养殖有限公司（福建）、象山兴鱼水产养殖专业合作社（浙江）等单位实施。中试试验结果表明，大黄鱼“富发1号”在普通网箱养殖和抗风浪网箱养殖的条件下，养殖至平均体重为450克/尾的成品鱼规格时，生长速度比未经选育大黄鱼提高23.6%～26.7%；并且具有体形好和存活率高等特点，取得了显著的经济效益和社会效益，深受养殖户的好评。

二、人工繁殖技术

（一）亲本选择与培育

1. 亲本选择

大黄鱼“富发1号”亲本均由本品种选育单位或授权繁育单位提供。要求为个体大、体形匀称、体质健壮、鳞片完整、无病无伤、活力强、无明显应激反应、生长速度快的成熟大黄鱼，雌鱼体重需在800克以上、雄鱼体重需在500克以上。

2. 亲本培育

（1）培育环境　将挑选出来的亲鱼移至室内亲鱼培育池进行营养强化与催熟。每日换水200%、每1.5～2米^{2}放充气石1只，维持溶解氧在5毫克/升以上，光照度500～1 000勒克斯，保持水质清新，同时保持安静。育种核心群体运输到育苗室后，按每天2～3℃的幅度升温至24℃后保持，催熟培养约30天。

（2）饲养管理　亲本培育期间，每日按鱼体重的1%～2%投喂优质配合饲料，辅以投喂蓝圆鲹、牡蛎、沙蚕等优质饵料，并及时清除残饵。

（二）人工繁殖

1. 催产

大黄鱼“富发1号”亲本采用注射催产的方式（图2）。催产剂可用LRH－

A_3（鱼用促黄体素释放激素类似物 3 号）等激素。LRH－A_3 的雌鱼注射剂量为每千克鱼体重 1.0～5.0 微克，雄鱼注射剂量约为雌鱼的 1/2。水温越高、亲鱼性腺发育越好，单位注射剂量越低。注射部位为胸腔，可采用一次注射法或两次注射法。两次注射的时间相隔约 24 小时，第一次注射总剂量的 20%，第二次注射总剂量的 80%。

图 2　注射催产

2. 产卵

将催产后的亲鱼放入产卵池，经吸污、换水后待产。待产期间避免惊动。根据产卵效应时间，在接近产卵时适量冲水。产卵结束 5 小时内收集受精卵。收集前停气 5～10 分钟，用捞网捞取。

3. 受精卵的筛选、孵化

选择底部呈漏斗状、容积 0.5～3.0 米^3 的水槽作为孵化槽，每天停气吸除沉底的死卵与污物，并换水 20%～30%，保持水温在 23～25 ℃为宜。

（三）苗种培育

1. 仔稚鱼培育

水温以 23～25 ℃为宜；充气量保持在每分钟 0.2～10 升，随着仔稚鱼的生长逐渐由小变大。初孵仔鱼的培育密度为每立方米水体 3.0 万～5.0 万尾。在 4～8 日龄时投喂经小球藻液强化培养的褶皱臂尾轮虫。在 6～10 日龄时投喂卤虫无节幼体。在 8～30 日龄时投喂桡足类及其幼体。桡足类去除杂质后，按仔稚鱼的口径大小用 20～60 目的筛网筛选出适口个体进行投喂。投喂时，宜少量多次和泼洒均匀。使用暂养的桡足类投喂时，应保证其新鲜度。在 25 日龄之后投喂微颗粒人工配合饲料，投喂时宜掌握少量多次、慢投的原则，且宜投喂在鱼苗相对密集的相对静水区。

从5日龄开始，每天用吸污器吸除池底的残饵、死苗、粪渣等污物，适时刮除池壁上的附着物。吸污操作宜在换水前进行。10日龄前，日换水1次，换水率30%～50%；10日龄后，日换水1～2次，其中稚鱼前期的换水率为50%～80%，稚鱼后期100%以上。

稚鱼培育至全长25～40毫米时出池，移至海上苗种中间培育网箱养殖。出池前调节鱼苗培育池海水和中间培育海水的温度差与盐度差，要求温度差≤2℃，盐度差≤3。出池前12小时左右停止投饵，并对鱼苗培育池进行彻底吸污与换水。当鱼苗放到海上渔排养殖时，需将网箱盖上网布，每个养殖框需编号、挂牌、做好相应标记，做到隔离养殖（图3）。

图3　鱼苗下排

2. 海上网箱养殖

25～40毫米鱼苗放到海上网箱养殖，养殖方法按照《大黄鱼“富发1号”养殖技术操作规程》进行。注意事项：①颗粒饲料需根据鱼的口径大小进行更换；②根据大黄鱼的大小及时更换网箱；③保持网衣的清洁度。

三、健康养殖技术

（一）健康养殖（生态养殖）模式和配套技术

以大黄鱼海上普通网箱养殖模式为例。

1. 海域选择

宜选择可避大风浪，水深10米以上，潮流通畅，流速小，流向平直、稳定的海区。海水盐度22～32.5，溶解氧5毫克/升以上，水温10～32℃。

2. 网箱设置

长4～8米，宽4米，深4～6米。网箱网衣的网目应根据鱼苗的规格设置：全长35～45毫米的鱼苗，网目为8毫米；全长50～60毫米的鱼苗，网目为10毫米；之后根据大黄鱼生长情况定期更换不同网目的网衣。

3. 鱼苗放养时间

宜选择天气晴好、无风的小潮平潮流缓时段进行放养。

4. 放养密度

初始投苗密度为每立方米1 500～2 000尾，同一口网箱放养的鱼苗要求规格整齐；之后根据大黄鱼生长情况，逐步分苗降低养殖密度。

5. 饲料种类

以颗粒人工配合饲料为主，宜用水喷洒软化后再投喂。

6. 饲料投喂

水温13～15℃时，全长25～35毫米的鱼苗，日投喂4～6次，投饵率15%～20%；全长50毫米的鱼苗，日投喂减少为早晨、傍晚各1次，投饵率8%～10%。投饵率随鱼苗生长逐步降低。

7. 环境监测与鱼苗观测

每天监测水温、盐度、透明度与水流，观察鱼苗的集群、摄食、病害与死亡情况，并做好记录。

8. 网箱安全检查

检查网箱倾斜度、网衣破损、网绳牢固、沉子移位等情况，及时捞除网箱内外的漂浮物。

（二）主要病害防治方法

1. 内脏白点病

【病因及症状】主要由假单胞菌引起。主要症状为早期食量明显减少，游动缓慢，解剖观察正常；后期部分鱼体会出现溃烂，鳍条或下颚出血，肝脏颜色变浅，解剖可见脾脏或者肾脏存在白色结节。

【流行季节】11月下旬至次年3月上旬，春冬之际。

【防治方法】尽量投喂质量好的人工颗粒饲料，可提前投喂鱼用多维及大蒜素预防。可适当投喂盐酸多西环素粉（水产用）或者恩诺沙星粉（水产用）来防治，需要注意剂量控制和保证足够的休药期。

2. 细菌性溃疡

【病因及症状】大多由细菌感染引起，以弧菌感染居多。前期症状不明显，中后期主要症状为体表有块状白花，并发展成脱鳞溃疡，吻部充血发红，有些鱼吻部断裂、烂鳍、烂尾，解剖发现肝肿大，有块状斑，略带土黄色，肠道空无食物，有少量液体，肠壁无充血。

【流行季节】3—11月均可发生，换季时较为严重。

【防治方法】避免提箱、拉网等操作，做好网箱挡流。提前拌料投喂鱼用多维或维生素C，严重时可投喂安全的鱼用抗生素，注意剂量及保证休药期。

3. 刺激隐核虫病

【病因及症状】由刺激隐核虫引起。主要症状为体表、鳍条上都出现“雪花状”的白点，鳃部也会出现，摄食明显下降，病情严重时鳞片脱落，体表上皮细胞发炎，有点状充血。镜检可见白点为刺激隐核虫。

【流行季节】5—6月，10—11月。

【防治方法】高温前降低养殖密度，及时更换干净的网箱，保证水流通畅，低潮流缓时吊挂精制敌百虫粉（水产用），或在平潮时使用硫酸铜硫酸亚铁粉（水产用）泼洒，适量投喂鱼用多维。

四、育种和种苗供应单位

（一）育种单位

1. 宁德市富发水产有限公司

地址和邮编：福建省宁德市蕉城区三都镇秋竹村里鱼潭29－1，352103

联系人：郑炜强

电话：13959118225

2. 宁德市水产技术推广站

地址和邮编：福建省宁德市蕉城区南际路60号，352100

联系人：刘招坤

电话：15859334118

3. 厦门大学

地址和邮编：福建省厦门市思明区南路422号，361005

联系人：徐鹏

电话：18910177326

4. 集美大学

地址和邮编：福建省厦门市集美区银江路183号，361021

联系人：鄢庆枇

电话：18950183028

（二）种苗供应单位

宁德市富发水产有限公司
地址和邮编：福建省宁德市蕉城区三都镇秋竹村里鱼潭 29－1，352103
联系人：郑炜强
电话：13959118225

五、编写人员名单

刘招坤，徐鹏，柯巧珍，陈佳，潘滢，鄢庆枇，余训凯等

凡纳滨对虾“海兴农3号”

一、品种概况

（一）培育背景

凡纳滨对虾是我国养殖产量最大的对虾品种。在凡纳滨对虾养殖中，短周期养出大规格虾是养殖户的核心需求，一方面，大规格虾的市场价格比中小规格虾高，亩效益较高；另一方面，养殖周期短可降低养殖风险，提高对虾养殖的年总产量，实现对虾均衡上市，做到增产、增效、增收，扩大养殖经济效益。生长速度是养殖户关注的主要性状，同时随着养殖密度增高和养殖环境变化，养殖过程中对虾体的抗逆性要求也不断提高。在此背景下，以生长速度为第一选育指标，养殖成活率为第二选育指标，经连续5代选育获得了生长速度快、养殖成活率高、性状遗传稳定的凡纳滨对虾新品种“海兴农3号”。

（二）育种过程

1. 亲本来源

以凡纳滨对虾“海兴农2号”选育群体2 600尾和2014年从泰国引进的群体200尾作为基础群体。要求选育基础群体外表无伤痕、无畸形，经PCR检测，WSSV、IHHNV、TSV、IMNV、YHV等病原呈阴性。

2. 技术路线

凡纳滨对虾“海兴农3号”培育技术路线见图1。

3. 培（选）育过程

凡纳滨对虾“海兴农3号”是以凡纳滨对虾“海兴农2号”选育群体2 600尾和2014年从泰国引进的群体200尾作为基础群体，采用基于BLUP育种值的规模化家系选育技术，以养殖体重和成活率为选育指标，设计32盐度与5盐度2种测试环境，经过5代连续选育获得。

2014—2018年，开展连续5代选育，每选择一代后选育群的100日龄养殖体重实现遗传进展依次为1.43克、1.14克、1.35克、0.89克和1.18克，平均每代实现遗传进展5.02%；养殖成活率每选择一代后实现遗传进展分别

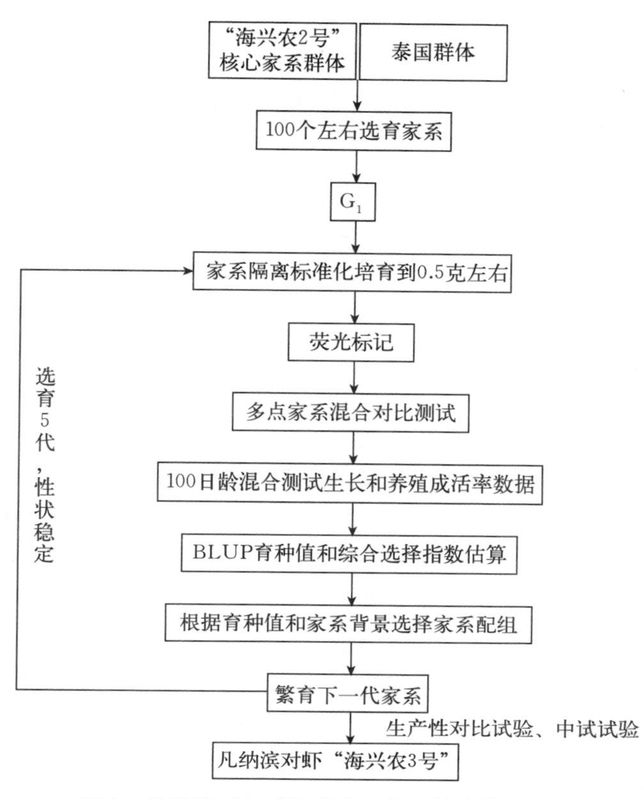

图1　凡纳滨对虾"海兴农3号"培育技术路线

为2.50%、1.45%、2.30%、2.10%、2.65%，平均每代实现遗传进展2.80%。同时，随着选育的进行，第一代到第五代的养殖体重和成活率的变异系数呈现不断降低的趋势，性状日趋稳定，其中，对虾家系群体100日龄养殖体重变异系数依次为13.0%、11.7%、10.1%、9.3%、7.9%，养殖成活率变异系数依次为19.2%、19.1%、11.7%、9.0%和8.7%。

（三）品种特性和中试情况

1. 品种特性

凡纳滨对虾"海兴农3号"具有生长速度快、养殖成活率高、保产和增产能力强、适合大规格虾养殖的优点。同等养殖条件下，与凡纳滨对虾"海兴农2号"相比，体重提高13.47%，成活率提高10.02%；与泰国进口一代虾苗相比，体重提高11.71%，成活率提高12.02%。

2. 中试情况

2019—2021年，在海南省文昌市海兴农育种翁田测试基地进行养殖对比小试试验，在广东、广西、海南、福建、江苏、浙江、河北等凡纳滨对虾主要养殖省份的9个养殖区域，联合当地水产养殖合作社和养殖户等开展了连续2年的中试应用示范性养殖。累计投放凡纳滨对虾“海兴农3号”苗种32 520万尾，养殖总面积3 925亩。结果表明，“海兴农3号”平均成活率72.3%～88.0%，平均亩产345～2 250千克，与相同养殖管理条件下的对照商品虾苗相比，“海兴农3号”增产14%～35%，两者养殖效益差距明显。

二、人工繁殖技术

（一）亲本选择与培育

1. 亲本选择

凡纳滨对虾“海兴农3号”亲本为来自广东海兴农集团有限公司选育基地的性成熟亲虾。亲虾的质量要求为，养殖日龄：雌虾、雄虾≥210天；个体规格：雌虾体长≥15厘米，体重≥45克，雄虾体长≥14厘米，体重≥42克；体表光滑，色泽鲜艳，胃肠充满食物，活力强，不携带WSSV、TSV、IHHNV、IMNV、EHP、EMS等病原。

2. 亲本培育

（1）培育环境　水温26～28℃，水温升降的日波动幅度控制在±1.0℃之内；盐度27～32；pH 7.9～8.3；溶解氧5毫克/升以上；光照强度控制在50～200勒克斯，避免光线直射。

（2）饲养管理　雌雄虾分池培育，雄虾12尾/米^2，雌虾10尾/米^2。投喂要按时适量，以满足亲虾摄食为原则。采用无病原污染、检测合格的青虫和鱿鱼饲喂亲虾，每天投喂量为亲虾总体重的10%～15%（饵料以湿重计），日投饵4～5次，饲喂量以投喂30分钟内采食完为宜，视摄食情况适当调整。

使用循环水系统或者每天换新海水，培育池水深50～60厘米。亲虾摘除眼柄后，2天内不换水，以后每天换水1次，每天上午8:00开始吸污，用虹吸方法吸去残饵和亲虾的排泄物，更换新水，日换水率50%～80%。加注新鲜海水的水温与原培育水温接近，温差不超过1℃。应控制氨态氮浓度<0.5毫克/升，亚硝酸盐浓度<0.5毫克/升，不间断充气，保持水质良好。

（二）人工繁殖

亲虾催熟培育4～7天后，每天检查亲虾性腺发育情况。性腺成熟的雌虾，从背面观，卵巢饱满，呈橘红色，前叶伸至胃区，略呈V字形。每天上午8:00—9:00挑选性腺成熟的雌虾，并移入雄虾培育池，使其自然交配。白天光照强度500～1 000勒克斯；夜晚开启交配池上方的日光灯，光照强度保持在 200～300 勒克斯。

产卵池经次氯酸钠、聚维酮碘等消毒剂严格消毒，用洁净海水冲洗干净后，注入海水 1.0～1.3 米，保持水温 28～30 ℃，光照强度 50 勒克斯以下，充气石 1 个/米^2，微弱充气，以幼体不下沉为宜，保持安静。

每天晚上 8:00 和晚上 11:00 左右分两次检查交配池中雌雄交配情况，将已交配的雌虾用捞网轻轻捞出放入产卵池，密度 4～6 尾/米^2。未交配的雌虾在次日凌晨 0:00 前后捞出，放回雌虾培育池中。检查雌虾排卵、受精卵孵化以及幼体质量等情况并记录。

受精卵的孵化密度为 3.0×10^5～8.0×10^5 粒/米^2。孵化池中设置充气石 1 个/米^2，充气使水呈微波状。受精卵孵化水温保持在 28～30 ℃，每小时推卵一次，将沉底的卵轻轻翻动起来。在孵化过程中应及时用网把脏物捞出，并检查胚胎发育情况。孵化时间 12～13 小时。

无节幼体全部孵化后，用 200 目筛绢网包裹的排水器将孵化池的水位排至 50～60 厘米，在幼体收集槽中用 200 目的筛绢网箱收集无节幼体，除去脏物，移到 500 升的桶内，微充气。

进行无节幼体计数取样，取样前加大充气量，待无节幼体分布均匀后，用 50 毫升的取样杯随机取 2 杯水样进行计数，按下式计算幼体数量：幼体总数＝取样幼体数 $\times10^4$ 尾。经品控部门检测合格为健康幼体，方可销售或使用。

（三）苗种培育

向育苗池内加入经过处理的海水，并充气呈微波状，以幼体不下沉为宜；无节幼体阶段水温维持在（30±0.5）℃，溞状幼体至糠虾幼体阶段水温维持在（31±1）℃，仔虾阶段后水温维持在 25～32 ℃；光照控制在 1 000～3 000 勒克斯。

放养无节幼体前，必须对育苗池进行严格的清洁消毒，首先把育苗池壁、池底、气管、充气石、加温管等清洗干净。池底、池壁用 500 毫克/升聚维酮碘溶液消毒 3 小时以上，然后用清水冲洗干净备用；气管、充气石用1 000 毫克/升次氯酸钠溶液浸泡 12 小时以上，再用清水冲洗干净备用。

无节幼体放养密度应根据育苗池的条件而定，一般为 20 万～30 万尾/米^3。无节幼体入池前，育苗池水温调控在 28～32 ℃，微弱充气。无节幼体入池前，应进行消毒。将幼体移入手捞网（200 目筛绢网），在 10 毫克/升聚维酮碘溶液中浸泡 5～10 秒，取出后迅速用干净海水冲洗，然后移入育苗池中。无节幼体不摄食，不需要投饲。光照强度 500 勒克斯以下。

培育期间不间断充气，使无节幼体阶段水面呈微沸状、溞状幼体阶段呈弱沸腾状、糠虾幼体阶段呈沸腾状、仔虾阶段呈强沸腾状。培育水温28～32℃。

育苗期间饵料投喂：投喂量应根据幼体的摄食状况、活动情况、生长发育、幼体密度、水中饵料密度、水质等情况灵活调整。①溞状幼体：投喂单胞藻3～5次/天，维持水中5×10^4～10×10^4个藻细胞/毫升的密度；投喂人工配合饵料4～6次/天，每万尾幼体每次投喂人工饵料2～3克。在不同的幼体发育阶段，饵料使用不同规格的筛绢网进行搓洗投喂，以保证颗粒大小适口。溞状幼体Ⅰ期筛绢网用250目，溞状幼体Ⅱ期、溞状幼体Ⅲ期用200目，视幼体发育情况，可定期添加一定量的益生菌预防疾病，增强体质，确保幼体顺利发育生长。②糠虾幼体：投喂单胞藻3～5次/天，维持水中5×10^4～10×10^4个藻细胞/毫升的密度；投喂人工配合饲料4～6次/天，每万尾幼体每次投喂人工饵料6～8克，糠虾期饵料搓洗所用筛绢网目为150目。③仔虾：随着虾的长大，饵料搓洗所用筛绢网目逐渐更换为120目、100目、80目。仔虾阶段以投喂卤虫无节幼体为主，投喂量以投喂后半小时摄食完成为宜，兼投少量虾片。

定期肉眼或用显微镜检查幼体的健康状况、摄食和发育情况，并以此对幼体培育的日常管理措施进行调整。在水温28～32℃、幼体生长发育正常的情况下，无节幼体Ⅰ期（N1）→溞状幼体Ⅰ期（Z1）需30～40小时，溞状幼体Ⅰ期（Z1）→糠虾幼体Ⅰ期（M1）需3.5～4.5天，糠虾幼体Ⅰ期（M1）→仔虾Ⅰ期（P1）需3～4天，仔虾Ⅰ期（P1）→体长为0.6厘米的虾苗约需7天。虾苗摄食情况良好时，胃肠充满食物，肠蠕动有力。溞状幼体拖便，拖便长度为体长的1～3倍；糠虾幼体大部分（75%以上）拖便，拖便长度为体长的0.2～0.5倍。

每天检测氨氮、亚硝酸盐以及pH，氨氮浓度<0.5毫克/升，亚硝酸盐浓度<0.5毫克/升，根据实际检测值确定换水量，并添加适量益生菌调控水质。

健康的幼体活力好，趋光性强，胃肠充满食物，体表无黏附物，附肢完整无畸形，体色无白浊、不变红，色泽清晰，肌肉饱满。经品控部门检验合格、为无特定病原（SPF）的健康幼体方可销售或使用。

三、健康养殖技术

（一）健康养殖（生态养殖）模式和配套技术

养殖地环境和水质条件要求符合我国水产养殖的相关规定，通水、通电、交通方便，环境无污染，水源丰富、洁净。室外池塘面积以1 000～10 000米^{2}为宜，室内水泥池以50～100米^{2}为宜，池形设置应有利于水体的交换和污物的排出，一般以长方形为宜，长宽比例小于或等于3∶2。池深为2.0～2.5

米，水深 1.5～2.0 米。进水、排水管道分开设置。

苗种放养前将养成池、蓄水池、沟渠等内的积水排净，封闸晒池，维修堤坝、闸门，并清除池底的污物、杂物。沉积物较厚的地方，应翻耕暴晒或反复冲洗，促进有机物分解排出。清淤整池之后，对池体进行消毒除害，可用生石灰。将池水排至 0.1～0.2 米，全池泼洒生石灰，用量 0.1 千克/米^2 左右。清塘消毒后，虾苗放养前 7～10 天，用 60 目以上的筛绢网过滤进水至水深 0.6～0.8 米，并每立方米水体用漂白粉 20～30 克进行消毒，开增氧机曝除余氯，检测余氯为 0 时可以向水中施发酵有机肥或无机肥，培肥水质。

海兴农公司建立了严格的质量品控体系，“海兴农 3 号”虾苗的规格、体色、活力和检疫等都具有良好的品质保证。放苗前，为提高苗种成活率，增强其对水体的适应性，可在虾苗培育池中进行虾苗试水和培育。放苗前，取 50 尾以上虾苗进行试水 1 天，虾苗情况良好，成活率达 90%以上，可放苗。若使用淡水或地下低盐度水养殖，应对池水进行离子成分分析，经调节达到养虾要求方可放苗。使用淡水或低盐度水养殖时，淡化虾苗池水盐度与待放苗池水盐度差不超过 3。

可在养成池一角围一个小池作为虾苗培育池，面积为 500～1 000 米^2，池深 1.5 米左右，配有增氧设备。虾苗培育池水深 0.8～1.0 米，夏季水深 1 米以上。可采用塑料温棚保温或增设供热设备加温，使水温维持在 22 ℃以上。投放密度 250～500 尾/米^3，20～30 天后，虾苗长到 2～3 厘米，投放入养成池养成。

放苗时，养成池水深 0.6～0.8 米，水温 22 ℃以上。养成池与育苗池水温差不超过 2 ℃。避免在大风、暴雨天时放苗。根据养殖技术水平和养殖设施设备条件，设置合适的密度，一般情况下精养池虾苗投放密度为 60～100 尾/米^3，半精养池虾苗投放密度为 40～60 尾/米^3，粗养池虾苗投放密度为 20～30 尾/米^3。

养殖投喂的配合饲料以粗蛋白含量 30%～40%为宜，其他营养符合健康养虾要求。饲料注意保存和有效期，不投喂变质过期饲料。建议投喂海大集团生产的对虾配合饲料。根据对虾规格、蜕壳情况、天气状况、水质与底质情况综合确定每日投喂量。每日投饵 4～6 次，下午以后投饵量占全天投饵量的 60%以上。一般虾苗体长 3 厘米之前，可投放（0.5±0.3）毫米粒径饲料，日投饵率 15%～20%；虾体长 3～7 厘米，可投放（0.9±0.4）毫米粒径饲料，日投饵率 8%～12%；虾体长 7～9 厘米，可投放（1.3±0.2）毫米粒径饲料，日投饵率 5%～8%；虾体长 9 厘米以上，可投放（1.7±0.2）毫米粒径饲料，日投饵率 3%～6%。投饵遵循“少投勤投”原则，还要依照对虾胃饱满度和环境情况做出相应调整，投饵 1 小时后，如有 2/3 以上的对虾达到饱胃或半饱胃，说明投饵量适当，否则应增加或减少投饵；水中溶解氧降低、氨氮升高、水温低于15.0℃或高于32.0℃等环境条件不良时，应减少投饵量。

整个养殖期间水质指标保持在以下范围：pH 7.5～8.5，溶解氧5毫克/升以上，氨氮0.5毫克/升以下，亚硝酸盐0.2毫克/升以下。前期养殖时每天添加水0.05～0.1米，水深至1.5米后保持水位。30天后每天换水10%，60天后每天换水15%～20%。养殖中如果水质异常，要加大换水量，边排边进。为避免对虾出现应激反应，换水可分两次进行，两次累计换水30%～40%。池水中泡沫应及时清除。

每隔15天，全池泼洒生石灰15毫克/升，调节池水pH、增加蜕壳所需钙质，与漂白粉1.0～1.5毫克/升或二氧化氯0.3～0.4毫克/升交替使用，以消毒水体。同时，根据水质情况不定期按照产品说明，使用光合细菌、芽孢杆菌等正规厂家生产的微生态制剂，分解有机物、抑制有害菌的生长，维持稳定的单胞藻数量，调节水质，但注意不能与消毒剂同时使用。养成期间视天气情况、虾活动情况开增氧机，确保溶解氧在5毫克/升以上。养殖60～90天，虾体长达10厘米以上，可根据市场需求情况或者采用地笼网捕大留小，及时将达到商品规格的虾捕捞上市，以保持池内合理的载虾密度。

（二）主要病害防治方法

1. 红体病

【病因及症状】病原为TSV。早期症状表现为对虾起群惊跳和出现环游现象，大触须变红，肌肉容易变浑浊，能看出肝胰脏模糊不清和肝脏肿大发红；发病前的对虾食量猛增，后期体色变成茶红色，不吃食，在水面缓慢游动，捞离水后瞬间死亡。

【流行季节】该病交叉感染快，死亡率高，易感群体为6～9厘米的幼虾，小虾死亡较快，环境剧变时易发生此病。

【防治方法】采用综合防治方法，在防治上应做到以下几点：重视生物安全防疫，减少感染机会；减少应激反应，提高虾体的免疫力和抗病能力；加强水质、底质的改良，定期使用微生态制剂降低亚硝酸盐和氨氮浓度，使对虾有一个舒适的环境，减少病害的发生。

2. 白斑病

【病因及症状】病原为WSSV。病虾反应迟钝，不摄食，空胃；甲壳上有白色的圆点，以头胸甲处最为显著，严重者白点连成白斑；鳃丝发黄，肝胰脏肿大、糜烂，通常在几天内便可发生大量死亡，若水质稳定、营养全面，则可维持1个月左右，死亡进程随着体长的增加而缩短，即大虾死亡速度快于小虾。

【流行季节】天气闷热、连续阴天、暴雨、虾池中浮游植物大量死亡、池水变清及底质恶化均易发生此病，发病适宜温度为 24～28 ℃，1—5 月易暴发。

【防治方法】采用综合防治方法，在防治上应做到以下几点：重视生物安全防疫，减少感染机会；减少应激反应，提高虾体的免疫力和抗病能力；加强水质、底质的改良，定期使用微生态制剂降低亚硝酸盐和氨氮浓度，使对虾有一个舒适的环境，减少病害的发生。

3. 细菌性红腿病

【病因及症状】病原为鳗弧菌、副溶血弧菌。病虾附肢变红，头胸甲鳃区呈黄色或浅红色，肝胰脏及心脏颜色变浅，肝胰脏萎缩糜烂，病虾游动不能控制方向，通常病虾发病 2 小时后开始死亡，死亡率高达 90%。

【流行季节】该病常呈急性型，多发生于高温季节。

【防治方法】预防：放养前须彻底清塘，在高温季节定期往养殖水体泼洒光合细菌 5 毫克/升或芽孢杆菌 0.25 毫克/升；同时，在此期间每隔 10 天左右，全池泼洒聚维酮碘消毒剂 0.5 毫克/升，但二者不可同时进行。治疗：全池泼洒聚维酮碘消毒剂 0.5 毫克/升，同时内服拌有药物的饲料，可在每千克饲料内添加氟苯尼考 0.5 克，连续投喂 3～5 天。

4. 纤毛虫病

【病因及症状】病原为钟形虫、聚缩虫、单缩虫及累枝虫等。病虾鳃部变成黑色，附肢、眼及体表呈灰黑色绒毛状，病虾离群独游，摄食不振，蜕壳困难，呼吸困难。

【流行季节】底质含有大量腐殖质且老化的池塘易发生此病，且容易引起细菌继发性感染而发生大量死亡。

【防治方法】预防：放养前须彻底清塘，清除淤泥，有效改良养殖环境。治疗：可全池泼洒 0.3 毫克/升溴氯海因。

四、育种和种苗供应单位

（一）育种单位

1. 湛江海兴农海洋生物科技有限公司

地址和邮编：广东省湛江市徐闻县角尾乡孟宁村，524139
联系人：李辉
电话：020－84891933

2. 中国水产科学研究院黄海水产研究所

地址和邮编：山东省青岛市市南区南京路 106 号，266071

联系人：孔杰
电话：0532－85800117

3. 中山大学

地址和邮编：广东省广州市番禺区大学城，510006
联系人：何建国
电话：020－84112828

4. 广东海兴农集团有限公司

地址和邮编：广东省广州市番禺区南村万博四路42号海大大厦二座三楼，511445
联系人：李辉
电话：020－84891933

（二）种苗供应单位

广东海兴农集团有限公司

地址和邮编：广东省广州市番禺区南村万博四路42号海大大厦二座三楼，511445
联系人：李辉
电话：020－84891933

五、编写人员名单

孔杰，何建国，江谢武，李辉，陈荣坚，胡志国等

青虾“太湖3号”

一、品种概况

（一）培育背景

青虾，俗称河虾，又名日本沼虾，学名*Macrobrachium nipponense*，是我国重要的淡水养殖虾类，在农业增效、农民增收方面发挥着重要作用。青虾养殖起步于20世纪60年代中期，随着养殖产量和面积的不断增加，90年代末青虾普遍出现品种退化，严重制约着青虾养殖业的发展。

2001年开始，中国水产科学研究院淡水渔业研究中心傅洪拓研究员团队在国家、省（部）等多个项目的支持下，开展了青虾育种研究，并于2008年审定通过首个青虾新品种——杂交青虾“太湖1号”，该品种经济性状优良，示范推广产生了显著的经济、社会和生态效益。但杂交青虾“太湖1号”每代需要配种，制种工艺复杂、推广规模受到制约。自2009年起，团队以杂交青虾“太湖1号”为基础群体，开展连续多代的群体选育，培育了制种简便、性状稳定、综合性状优于杂交青虾“太湖1号”的新品种青虾“太湖2号”。

2013年开始，团队以长江、淮河、珠江等的青虾野生群体为基础群体，以生长速度为选育指标，经连续5代群体选育，培育出了综合性状优于青虾“太湖2号”的新品种青虾“太湖3号”。

（二）育种过程

1. 亲本来源

2013年，在长江、淮河和珠江采集野生青虾，构建基础种群：

（1）长江青虾　2013年7月，在长江江阴段收集青虾41.3千克，运至淡水渔业研究中心大浦科学试验基地，进行驯养培育。

（2）淮河青虾　2013年7月，在淮河安徽蚌埠五河县河段收集青虾20千克，运至淡水渔业研究中心大浦科学试验基地，进行驯养培育。

（3）珠江青虾　2013年7月，在珠江广州段收集青虾62.8千克，运至淡水渔业研究中心大浦科学试验基地，进行驯养培育。

2. 技术路线

青虾“太湖 3 号”培育技术路线见图 1。

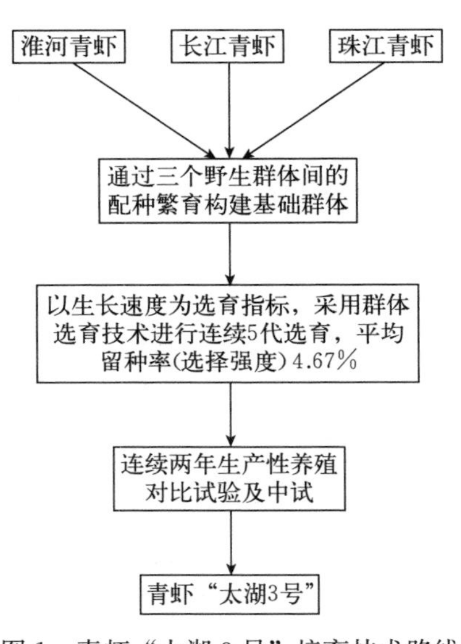

图 1　青虾“太湖 3 号”培育技术路线

3. 培育过程

2013—2018 年，采用群体选育技术，以生长速度为选育指标进行连续多代选育，每年选育 1 代，共选育 5 代。每代留种率平均为 4.67%，选择标准为：①个体大；②体质健壮、活泼有力、无病无伤。

（1）*基础群体构建*（2013 年）　2013 年 7 月 23 日至 9 月 8 日，从收集的长江、淮河、珠江三个群体中挑选个体大、体质健壮、无病无伤的青虾进行配种繁育，构建基础群体。具体配种情况如下：长江♀×淮河♂、淮河♀×长江♂、长江♀×珠江♂、珠江♀×长江♂、淮河♀×珠江♂、珠江♀×淮河♂、长江自交、淮河自交、珠江自交共 9 个组合，分别进行群组配种和育苗。

（2）*第一代选育*（2014 年）　2013 年 9 月 15 日，将虾苗放入 18 个水泥池进行秋季养殖，虾苗规格、放养密度、饲料投喂等各方面条件保持一致。2013 年 12 月 10 日，对生长情况进行测定，随后进行越冬和保种。2014 年 3 月 21 日，对生长情况进行第二次测定，开始春季强化培育。2014 年 6 月 3 日，对生长情况进行第三次测定。2014 年 6 月 10 日，挑选个体大、体质健壮、无病无伤的虾作为下一代的亲本，留种率 7.9%。

（3）*第二代选育*（2015 年）　2014 年 6 月 13 日至 7 月 20 日，对上一代选育出来的亲本进行交配、抱卵和育苗。2014 年 9 月 16 日，将虾苗放入 27 个水泥池进行秋季养殖、越冬和春季强化培育。2015 年 4 月 3 日和 2015 年 6 月

11日，先后两次对生长情况进行测定。2015年6月20日，挑选出个体大、体质健壮、无病无伤的虾作为下一代的亲本，留种率5.49%。

（4）*第三代选育（2016年）* 2015年6月25日至9月中旬，对上一代选育出来的亲本进行交配、抱卵和育苗。2015年9月18—22日，将虾苗放入26个网箱（放置在池塘中）进行秋季养殖、越冬和春季强化培育。2015年12月1—3日和2016年4月7日，先后两次对生长情况进行测定。2016年4月15日，挑选出个体大、体质健壮、无病无伤的虾作为下一代的亲本，留种率1.88%。

（5）*第四代选育（2017年）* 2016年4月20日至8月底，对上一代选育出来的亲本进行强化培育及交配、抱卵和育苗。2016年9月5日，将虾苗放入39个网箱（放置在池塘中）进行秋季养殖、越冬和春季强化培育。2016年9月30日、2016年11月22日、2017年3月1—3日、2017年5月12日共四次进行生长情况测定。2017年6月17日，挑选出个体大、体质健壮、无病无伤的虾作为下一代的亲本，留种率4.17%。

（6）*第五代选育（2018年）* 2017年6月20日开始，对上一代选育出来的亲本进行交配、抱卵和育苗。2017年8月30日，将虾苗放入39个网箱（放置在池塘中）进行秋季养殖、越冬和春季强化培育。2017年9月29日、2017年10月30日、2018年3月25—26日、2018年5月21日共四次进行生长情况测定。2018年5月底，挑选个体大、体质健壮、无病无伤的个体，留种率3.93%，获得优良品系，即青虾“太湖3号”。

（7）*扩繁（2018年6—12月）* 在池塘中进行青虾“太湖3号”育苗和养殖，扩大群体数量，用于后续各项规模化养殖。

（三）品种特性和中试情况

1. 品种特性

在相同养殖条件下，与未经选育的长江青虾相比，150日龄虾体重提高28.7%；与青虾“太湖2号”相比，150日龄虾体重提高5.0%，其中雌虾体重提高33.3%。

2. 中试情况

2020年，在江苏溧阳和浙江德清等青虾养殖较集中的地区开展了青虾“太湖3号”池塘养殖中间试验；试养面积共计770亩，其中江苏溧阳370亩、浙江德清400亩，养殖模式全部为秋季主养。

中试结果表明：在相同养殖条件下，青虾“太湖3号”上市规格虾比青虾“太湖2号”每亩增产8～10千克，亩增效1 000～1 200元；青虾“太湖3号”雌虾生长速度明显快于青虾“太湖2号”，8月中下旬部分雌虾可达到上市规格，青虾“太湖2号”雌虾到年底也达不到上市规格；青虾“太湖3号”抗逆力强，整个中试养殖期间未见病害发生。

二、繁殖技术

（一）亲本选择与培育

1. 亲本来源

青虾“太湖3号”亲本来源于中国水产科学研究院淡水渔业研究中心或其认可的种虾场，并需要定期更新。

亲本引进时间：上年12月至当年3月中旬。

2. 亲本培育池选择与放养前的准备

亲本培育选择形状比较规则、避风向阳的池塘，面积在2.5～5.0亩为宜，水深1.0～1.3米，要求水源充足、水质良好、排灌方便、池底淤泥少、无污染。亲本放养前按常规方法进行培育池的清整、消毒和晒塘等准备工作。

放养前3～5天，加注新水1米左右，进水口用60目以上的尼龙筛绢过滤。

3. 亲本运输和放养

（1）亲本运输　推荐采用活水车网隔分层增氧运输法：水箱可用铁板或玻璃钢制作，最好加保温层，并加盖；网隔铁框架100厘米×50厘米×15厘米，用网目为0.4～0.6厘米的密网封起来，上面有网盖扣住；放入虾后，一个个网隔垒叠浸没于水箱中，箱中水面应高于最上一层网隔5～10厘米；水箱底部有充气增氧设备，用氧气瓶增氧或用气泵充气增氧，气泡和水流从底层网隔中间向上流动，使各层网隔中有足够的溶解氧。装虾量据运输时间而定，一般每网隔不超过8千克；运输时间最好不超过6小时。

（2）亲本放养　每亩放养亲本25～40千克。

（3）注意事项　选择晴暖天气进行放养，要特别避开冰冻、大风天气。放养时，运输水温与池塘水温温差一般不宜超过5℃。

4. 亲本越冬管理

立春前引进的亲本，要注意越冬管理。亲本越冬期间水深保持在1.0～1.5米。池水必须有一定的肥度，透明度控制在20～40厘米。重视投饵，当水温升到8℃以上时开始吃食。根据水温情况适当投饵，饵料要选在晴天的上午投喂，一般可每2～3天投喂一次，投喂量为虾体重的1%～3%。饵料要少而精，不宜过多。

严冬冰雪天气，须防止池水结冰和雪覆盖，要及时敲碎或钻洞，防止亲本因缺氧窒息而死。

5. 亲本强化培育

3 月下旬开始，水温达到青虾生长温度，需要进行亲本强化培育。每天投喂优质全价配合饲料（粗蛋白含量 38%以上），日投喂量为虾体重的 2%～5%，实际投饲量应根据水温、天气、水质、摄食情况等适当调整；每天分 2 次投喂，上午 8:00 和傍晚 5:00—6:00，分别投日投喂量的 1/3 和 2/3；并可适当加喂优质、无毒、无污染的鲜活饵料（如螺蛳肉、蚌肉、鱼肉等）。

（二）苗种培育

1. 虾苗培育池塘条件与设施

靠近水源，水量充足，水质清新，水质应符合《渔业水质标准》和《无公害食品　淡水养殖用水水质》的规定。

虾苗培育池为长方形，东西向长，池宽 25～30 米，面积以 3～6 亩为宜。池底平坦。水深 1.0～1.5 米。土质以黏壤土为宜。底质应符合《无公害农产品 淡水养殖产地环境条件》的规定，淤泥不超过 10 厘米。池埂坡比 1∶3。进排水分开，进排水口有 80 目以上的过滤设施。

育苗池必须配备水泵和增氧设施。增氧设施每亩配备 0.5～0.7 千瓦，微孔增氧每亩配备 0.15～0.2 千瓦。

2. 放亲本前的准备

（1）*清塘消毒*　加水 10 厘米左右，最好每亩用生石灰（块灰）80～120 千克，用水化开后趁热全池泼洒；也可用含有效氯 30%的漂白粉 6～8 千克；或用含有效氯 60%的漂白粉精 3～5 千克，杀灭池塘中野杂鱼等敌害生物。

（2）*晒池底*　晒塘要求晒到塘底全面发白、干硬开裂，越干越好。

（3）*注水*　暴晒后的池塘，亲虾放养前 7 天，加注新水 0.8 米，进水口用 80 目以上的尼龙筛绢过滤，放虾后至虾苗培育前逐渐加至 1.0 米左右。

（4）*施肥*　加新水后第二天，就可以开始施肥，可以到正规的渔药经营门市选购质量好的生物有机肥。每亩可另向肥料中加入 30～50 克光合细菌干粉同时施用，以增加肥效；同时也可调节水质，避免池塘底部水体因缺少阳光而导致有害物质的增加。

（5）*放置人工虾巢*　每亩放置 3～5 个人工虾巢（用茶树枝或扫帚草等制成），人工虾巢高 60 厘米，底部直径 80 厘米。人工虾巢可提供亲虾的栖息场所，也方便母虾抱卵孵化情况的检查。

3. 亲本的选择与放养

在长江中下游地区，亲本放养时间一般在 4 月下旬至 5 月底。亲本要求雌虾 4 厘米以上、雄虾 5 厘米以上，成熟度好，体质肥壮，无伤无病，游泳迅速，弹跳力强。雌雄比（3～5）∶1，也可直接挑选抱卵虾进行育苗。

挑选出来的亲本放入育苗池中，放养量为每亩放养未抱卵亲本8～12千克，或抱卵虾5～8千克。

4. 抱卵与孵化

亲本放养后，参照“亲本强化培育”正常投喂。每天投喂优质全价配合饲料（粗蛋白含量38%以上），日投喂量为虾体重的2%～5%，实际投饲量应根据水温、天气、水质、摄食情况等适当调整；每天分两次投喂，上午8:00和傍晚5:00—6:00，分别投日投喂量的1/3和2/3；并可适当加喂优质、无毒、无污染的鲜活饵料（如螺蛳肉、蚌肉、鱼肉等）。

亲本养殖过程中，注意保持池水中溶解氧充足、水质良好，并要定期检查亲本的抱卵情况和受精卵的孵化情况。当绝大多数母虾抱卵时，每亩用1.5～2.5千克漂白粉（有效氯含量为30%以上）全池遍洒，以杀灭大型水生昆虫和其他有害生物。

5. 虾苗饲养管理

（1）早期饲养　早期虾苗培育以肥水培育浮游生物为主，可据水质肥瘦情况适当补充豆浆。

当育苗池出现溞状幼体时，要密切注意水的肥度。若池水的肥度足够，可不用施肥，也无须泼洒豆浆。当池水偏瘦，浮游生物较少时，需及时施肥或泼洒豆浆，施肥按说明书进行；豆浆量根据水的肥度、天气、光照、轮虫数量等进行调节，一般每天每亩用1～4千克干黄豆磨成的豆浆，投喂方法：每天上午8:00—9:00和下午4:00—5:00各投喂1次，每次投喂日投喂量的50%。

（2）中后期饲养　一般情况下，幼体孵出20天左右开始变态，此时在保持水体肥度的同时，搭喂青虾粉状配合饲料；随着变态苗比例的提高，逐渐增加粉状配合饲料的投喂量，最后可全部投喂粉状配合饲料，日投喂量为虾体重的6%～10%。投喂时间为每天上午8:00—9:00和下午5:00—6:00，分别投喂日投喂量的1/3和2/3。

6. 日常管理

在虾苗饲养过程中，每天加强夜间、凌晨的巡塘，注意虾苗活动、水质、溶解氧等情况，严防水质过肥、水质恶化和缺氧浮头。

做好池塘水环境管理工作，及时清除残剩的饵料，经常捞除水面漂浮物，清除蛙卵、蝌蚪、青蛙、杂鱼等敌害生物，铲除池埂杂草，控制池中水草，保持良好的池塘水环境。

7. 育苗水质管理

（1）肥度调节　水质保持肥、活、嫩、爽，透明度控制在20～30厘米，若池塘水体透明度增加，需及时补施肥料，此时以膏状肥料和液态肥料为好，能迅速增加水体的肥度。

（2）充气增氧　溶解氧要求在5毫克/升以上，当虾池溶解氧低于5毫克/升时，开启增氧泵，育苗期间增氧时间一般为晚上9:00至次日早上7:00，阴雨天或闷热天要加开。

另外，池塘边最好配备一定量的增氧剂，以方便在突发情况下使用，避免不必要的损失。

（3）微生态制剂使用　在育苗期间，定期（据具体条件而定，一般每7～10天使用一次）使用EM菌、光合细菌、芽孢杆菌等微生态制剂，用量参照产品使用说明。使用微生态制剂的当天和第二天晚上需提前开增氧机，防止微生物大量繁殖而缺氧。在高温季节，最好选用厌氧类的微生态制剂，防止缺氧。

（4）补充钙离子　在虾苗变态后，随着蜕壳频繁和池塘中虾苗重量的增加，须定期泼洒能补充水体钙离子的产品（如虾蟹宝、黄金钙、磷酸二氢钙等），具体用量参照产品使用说明。

8. 虾苗、虾种捕捞

经过30～45天培育，幼虾体长1.5厘米以上，此时可见大量幼虾在水边游动，特别是水流动时，大量幼虾会逆流游动，可开始进行虾苗捕捞。虾苗捕捞方法很多，最适合的是“赶网”法。

（1）“赶网”法捕捞　在虾苗塘的长埂边中部设置一个网箱（4米×8米×2米），网箱一边沿池塘长方向开口，该边网箱壁倒向池底，网片设有铁链紧贴底部。开口靠外侧一角紧连一赶虾网。赶虾网高2米左右，顶边有浮子，下边安装有铁链作沉子。操作时拉着赶虾网的另一端沿池塘四周扫一圈，将虾苗赶入网箱。这种方法需要的人力较少，对虾苗损伤也较轻。

捕捞时间最好是晚上6:00以后（池塘水体表面温度下降以后），此时段池塘水体溶解氧含量高。拉网的时候，需要开启增氧设施，防止拉网过程中缺氧。另外，捕捞时间需避开虾苗蜕壳高峰期，减少不必要的损伤。

（2）其他捕捞方法

抄网法：即直接用抄网抄捕虾苗。操作简易，只适合于小批量虾苗捕捞。

地笼法：与成虾捕捞相似，只是地笼网目较密。适合于2厘米以上的虾苗。捕捞时地笼放置时间据虾苗量、水质条件等而定，不能让虾苗在地笼中待的时间过长，以免缺氧死亡。

9. 虾苗、虾种计数

采取重量法计数，随机取苗称得一定重量后计数，通过几次称重计数取其平均单位重量的尾数，然后按照所需苗数计算出称重数量。

10. 虾苗、虾种运输

使用活水车网隔分层增氧运输法，这是一种值得推荐的虾苗运输方法。

水箱可用铁板或玻璃钢制作，最好加保温层，并加盖；网格铁框架为85厘米×45厘米×10厘米，用孔径为0.15～0.2厘米的密网封起来，上面有网盖扣住；放入虾苗后，一个一个网隔垒叠浸没于水箱中，箱中水面应高于最上一层网隔5～10厘米。每只网隔箱可放虾苗4～5千克。水箱底部有充气增氧设备，用氧气瓶增氧或用气泵充气增氧，气泡和水流从底层网隔中间向上流动，使各层网隔中有足够的溶解氧。此法运输量大，对虾的伤害小。

由于虾苗生产期气温较高，应在早、晚气温偏低时装运，避开白天高温、太阳直射。长途运输可用空调车或加冰块降温，但必须要逐步降温，下车时逐步升温，下塘时温差不超过5℃。运输前应做好衔接工作，提前检查好运输工具，以免发生故障，做到快装、快运、快下塘。

三、养殖技术

（一）池塘主养

青虾池塘主养即以青虾为主要养殖对象的养殖模式，可套养少量鲢鳙鱼类等用于调控水质。青虾“太湖3号”主养一般每年养殖两季，即春季养殖（3—6月）和秋季养殖（7月至次年春节前后）。

1. 环境条件

水源充足，水质清新，无污染，排灌方便，进排水分开。应符合《渔业水质标准》和《无公害食品　淡水养殖用水水质》规定，其中溶解氧应在5毫克/升以上，pH 7.0～8.5，透明度25～40厘米，硝态氮（NO_3^-）、亚硝态氨（NO_2^-）、硫化氢（H_2S）不能检出，底泥总氮<1毫克/升。

虾池为长方形，东西向。塘堤坚固，防漏性能好。土质为壤土或黏土，池底较平坦，底质应符合《无公害农产品　淡水养殖产地环境条件》，淤泥≤10厘米；池埂内坡比为1∶（3～4），面积3～10亩，池深1.2～1.5米；并有完整的进水和排水系统。进水口要用80目筛绢网过滤。

另需配备增氧设施、水泵等设备。

2. 放养前准备

（1）*虾塘清整、消毒*　加固池埂，堵塞漏洞，清除过多的淤泥。

加水10～15厘米，最好每亩用生石灰（块灰）80～120千克，用水化开后趁热全池泼洒；或每亩用含有效氯30%的漂白粉6～8千克；或每亩用含有效氯60%的漂白粉精3～5千克，杀灭池塘中的致病菌和敌害生物。

（2）*晒塘*　养虾池塘清塘消毒后，必须进行晒塘，这对养殖多年的老池塘更为重要。晒塘是改善池塘环境、减少虾病、保证虾健康快速生长的重要措施，也是养虾取得稳产高产的关键环节。

晒塘要求晒到塘底全面发白、干硬开裂，越干越好。一般需要晒 10 天以上，若遇阴雨天气，则要适当延长晒塘时间。

(3) 水草种植及架设人工虾巢　养殖期间，水草面积要求占池塘面积的 30%～50%。水草品种最好选择沉水植物，如轮叶黑藻等。轮叶黑藻是秋季虾养殖最理想的水草，可用移植法种植，以穴播为主，每穴插 8～10 株，东西向间隔 3.0～5.0 米，南北向间隔 5.0～8.0 米。种草时池水深不能超过 0.5 米，要待水草长出或成活后，渐渐加高水位。

池塘偏深、水草偏少的虾塘要在水体中下层设置适量人工虾巢，虾巢可用茶树、扫帚草等扎成。

(4) 注水施肥　虾苗放养前 5～10 天（具体据水温而定），向池塘注水 0.8～1.0 米，加水时注意要用 80 目以上筛绢过滤。同时肥水，肥料选择质量好的生物有机肥，用量参照使用说明；或每亩用经腐熟发酵的有机肥 100～300 千克，用量根据池塘底质和水的肥度情况适当增减。

3. 虾苗放养

主养青虾“太湖 3 号”一般一年可养殖两季。

(1) 放养量

春季养殖：放养时间为上年 12 月至当年 3 月，虾苗规格为 800～1 500 尾/千克，放养量为每亩 10～15 千克。

秋季养殖：放养时间为 7 月上旬至 8 月上旬，虾苗规格为 1.5～2.5 厘米，放养量一般为每亩 8 万～12 万尾。

(2) 放养方法　选择晴好天气（夏天应注意避开阳光直射和高温时段）进行虾苗放养，放养前先取池水试养虾苗，在证实池水对虾苗无不利影响后，才可正式放养虾苗；虾苗放养时温差一般应小于 5 ℃，应坚持带水操作，动作要轻、快，虾苗不宜在容器内堆压。

4. 饲养管理

(1) 饲料及投喂

① 饲料要求。新鲜、无腐败变质、无污染；以优质青虾专用配合颗粒饲料为佳，两季养殖的秋季养殖时期尤其重要，配合饲料的粗蛋白含量在 38% 以上。所用饲料必须符合《饲料卫生标准》和《无公害食品　渔用配合饲料安全限量》的规定。饲料种类要稳定，尽量使用一种优质全价饲料，不能频繁更换饲料。

② 投喂方法。分三个阶段投喂，第一阶段，虾苗规格 2.5 厘米以内，投喂微颗粒饲料，可喂小破碎料（粉状饲料）；第二阶段，虾苗规格 2.5～4.0 厘米，可投喂小颗粒幼虾料；第三阶段，虾苗规格 4.0 厘米以上，投喂成虾料。生长季节日投 1～2 次。一次投喂一般在下午 5:00—7:00；两次投喂分别为上

午8:00—9:00和下午5:00—7:00，上午投喂日投量的1/3，下午投喂日投量的2/3，全池均匀投喂。

③ 投饲量。实际投饲量据水温、天气、水质、摄食情况等灵活掌握，通常以次日早上投喂前吃完为度（可在投喂区域检查饵料剩余情况）；通常情况下，养殖前期日投饵量控制在全池虾体总重的5%～8%，养殖中后期生长旺季日投饵量控制在全池虾体总重的3%～5%。

（2）水质调控

① 水质要求。在长江和淮河流域，春季养虾因水温不高，养殖过程中一般不易出现严重的水质恶化问题。但要注意肥水，控制好透明度，防止生长青苔。秋季养殖期间，因正遇高温季节，要特别注意水质的控制。养殖前期池水透明度控制在30～40厘米，中、后期透明度控制在40～50厘米。溶解氧保持在5毫克/升以上。

② 肥度调节。养殖全过程，水透明度符合上述要求，视水质肥瘦情况适时加施追肥或加注新水。养殖前期每7～15天施生物有机肥1次，中后期每15～20天施生物有机肥1次，施肥量视水质状况而定，或按说明书使用。

③ 水质调节。养殖中后期，由于虾排泄物、残饵的积累，水中有害物质，如氨氮、亚硝酸盐、硫化物等可能大量产生，影响虾类生长，甚至引发疾病。所以每隔10～15天应施EM菌、枯草芽孢杆菌、乳酸菌或硝化细菌等有益微生态制剂来改善水环境，具体用量参照使用说明。

④ 底质调控。适量投饵，减少剩余残饵沉淀；据具体情况适量使用底质改良剂（投放过氧化钙、沸石，或投入EM菌、光合细菌等活菌制剂）。

⑤ 水位调控。春季养虾，5月中旬前保持水深0.5～0.7米，5月中旬至6月底水深0.8～1.0米；秋季养虾，前期水深0.8～1.0米，中、后期1.0～1.2米。

（3）水草覆盖率控制　水草覆盖率前期控制在30%～35%，中、后期35%～50%，一般不得超过50%，且要均匀成簇地分布在池塘中，水草过多时需要及时割除，过少时可以增加人工虾巢进行补充。

（4）日常管理

① 巡塘、记录。每天清晨及傍晚各巡塘一次，观察水色变化及虾活动情况、蜕壳数量、摄食情况；检查塘基有无渗漏，防逃设施是否完好。发现问题及时采取相应措施。每天做好塘口记录，记录内容包括：天气、气温、水温、水质、投饲用药情况、摄食情况等。

② 增氧。每天注意池塘溶解氧状况，巡塘时最好用测氧仪检测底层溶解氧，适时开启增氧设备，防止虾浮头、泛塘。主养青虾“太湖3号”的

塘口，一般每亩水面要配置 0.5 千瓦以上的动力增氧设备。生长期间，根据天气、水温、水色和虾的活动等情况，及时开启增氧设备或加水。尤其在夏秋高温季节，每天后半夜至天亮要注意开机；晴天中午 12:00—2:00 开机 1 次，每次 2～3 小时；天气闷热或雷雨天，须随时增开增氧机或加水增氧。

③ 定期检查。一般每 10～15 天用抄虾网检查人工虾巢上虾的生长、摄食情况，检查有无病害，以此作为调整投饲量和药物使用的依据。

5. 越冬管理

11 月中旬加深水位至 1.0～1.2 米，整个越冬期间保持不低于该水位。

越冬期间，透明度保持在 25～35 厘米，如水太清，可以定期使用无机肥全池泼洒（按说明书用量每 20 天左右使用一次）。

10 月底用正规厂家生产的防治纤毛虫的药品杀灭纤毛虫，而后每 2 个月用药杀虫一次。

6. 捕捞收获

（1）春季虾捕捞　春季虾 4 月底开始使用抄网和地笼起捕上市，6 月底干池捕捞。

（2）秋季虾捕捞　到 9 月中下旬，可能有一部分虾已达商品规格，可以根据虾的养殖密度和生长情况适时使用网目为 1.8 厘米的有节网虾笼捕大留小。捕捞时，最好适当增加笼梢的长度，放置时尽量使笼梢张开；捕捞时避开蜕壳高峰期，减少软壳虾的损失（蜕壳高峰一般间隔 15～20 天）。

当水温低于 10 ℃时，一般采用虾拖网集中捕捞，捕捞后根据市场对商品虾的要求用孔径为 0.7 厘米或 0.8 厘米的筛子进行分拣，大虾作为商品虾销售，小虾则作为春虾的虾种养殖或销售。

（二）河蟹塘套养

虾蟹混养模式是利用青虾和河蟹对池塘环境要求相近的特点，在以养殖河蟹为主的池塘中套养一定数量的青虾，从而更有效地利用空间和饵料，增加产出。该模式具有不增加额外人力、不影响河蟹产量、增效显著等特点，已成为一种广泛认可的高效养殖模式。

1. 苗种放养

（1）河蟹放养　河蟹放种时间为上一年 12 月至当年 3 月，放养量为每亩 600～800 只，放养规格为 100～150 只/千克。适当套养鳙，一般每亩放 5～10 尾。每亩还需投放活螺蛳 250～500 千克。

（2）青虾放养　虾苗放养时间为 7 月上中旬至 8 月初，放养规格为 1.5～2.5 厘米，放养量为每亩 2.0 万～4.0 万尾。

2. 养殖管理

（1）*投饲管理* 选择虾和河蟹的优质全价配合饲料，并符合《饲料卫生标准》和《无公害食品 渔用配合饲料安全限量》的规定。

放养虾苗初期除投喂河蟹饲料外，还要适当投喂青虾幼体饵料。河蟹料和青虾料的投喂时间分开，投喂地点分开。先投河蟹料，后投青虾料。

投饲正常从3月开始，1—2月水温10℃以上的晴好天气也应少量投饲。一般在4月前、11月后日喂1次，时间为下午3:00—4:00，日投喂量为池塘中虾蟹总重的1%～2%。在5—10月虾蟹生长旺季，日喂2次，一次在上午6:00—9:00，一次在下午4：00—6:00，日投喂量为池塘中虾蟹总重的2%～4%，其中上午投喂日投喂量的1/3，下午投喂日投喂量的2/3。

9月当河蟹蜕完最后一次壳后，逐步减少配合饲料的投喂量，同时适当投喂野杂鱼，以改善河蟹的品质和口味。

整个养殖季节，要注意观察青虾的活动和肠胃饱满度，青虾肠胃饱满度好，说明饲料充足。

（2）*水质管理* 在6月前对水质过瘦的池应适当施肥，一般每7～10天每亩施复合肥5～10千克或经发酵的有机肥30～50千克培肥水质，肥料可与微生态制剂一起使用；对水质过肥的池塘应适当注入新水或换水。

在6—9月高温季节，有条件的可适当加注新水或适量换水以保持水质清新，夏季加水应当在夜间至上午水温较低时进行，以防止注入高温水。要求平时水体透明度保持在30～45厘米，高温季节控制在40厘米左右。

养殖期间，应保持水中溶解氧经常在5毫克/升以上。每天根据天气、水色、季节和虾活动情况，进行浮头预测，及时开动增氧设备或采取加水等措施，提高池水溶解氧。夏季，放养密度高的池塘，一般每天后半夜和下午2:00—3:00各开机1次；天气闷热或雷雨天，容易发生严重缺氧，须随时增开增氧设备或冲水增氧。

虾蟹养殖要常备颗粒氧，可在严重缺氧时用于急救。在养殖中期，可结合施用颗粒氧，一般每20天使用1次，每亩用量100克，以加速底层水体有害物的氧化分解，增加溶解氧，抑制病菌繁殖，提高河蟹抗病力和减少或防止河蟹疾病发生。

当水温在20℃以上时，可使用微生态制剂，以改善池塘水质，分解水中的有机物，降低氨氮、硫化氢等有毒物质含量。尤其是养殖中后期，由于虾蟹的排泄物、残饵的积累，水中有害物质，如氨氮、亚硝酸盐、硫化物等可能大量产生，影响虾蟹类生长，甚至引发疾病。因此，需定期（每隔7～10天）使用EM菌、枯草芽孢杆菌或硝化细菌等有益微生态制剂来改善水环境。特别是在换水不便的池塘或高温季节，更需要施用微生态制剂来调节水质，预防虾蟹病害的发生。

在养殖中后期，要少用生石灰和消毒杀菌类药物，多用微生态制剂调节水质。成蟹进入洄游季节后，池塘水质将变浑，透明度下降，此时，除水草的净化作用外，需泼洒芽孢杆菌等微生态制剂，确保水体透明度在30厘米以上。

（3）水草管理　虾蟹池的水草应保持40%～80%的池塘覆盖率。当水草覆盖率超过80%时，可采用隔1～3米间隔抽条的办法割掉40%～50%的水草，当除掉的水草长至水深的一半时，可除掉另一半的水草。

3. 捕捞

9月下旬开始，用网目为1.8厘米的有节网制作的地笼陆续捕虾上市，捕虾时注意把地笼进虾口收小，只有虾能进笼，不让河蟹进笼。

成蟹捕捞一般在10—12月进行，可用地笼张捕、灯光诱捕和干塘捕捉相结合。河蟹起捕时，青虾可一起起捕。达到商品规格的大虾上市，小虾可作次年春虾养殖的虾种。

（三）病害防治

1. 防治原则

在养殖生产过程中，对病虫害要坚持以防为主、防重于治的原则。要注重改善养殖环境，提倡健康养殖，使用绿色环保药物。

2. 预防措施

（1）选择优质苗种，控制适当的放养密度。

（2）做好清淤、消毒和晒塘工作。

（3）进排水用60目以上的密网过滤，防止敌害生物进入。

（4）调控好水质。合理种植水草，控制适宜的水草覆盖率；定期施用芽孢杆菌、EM菌、光合细菌等有益微生态制剂，尤其在高温季节应多用微生态制剂，少用消毒药。

（5）使用符合质量标准的优质全价配合饲料，不用霉烂变质的饲料；控制好合适的投饲量。

（6）生产操作过程中，尽量减少虾体损伤。

四、育种和种苗供应单位

（一）育种单位

1. 中国水产科学研究院淡水渔业研究中心

地址和邮编：江苏省无锡市山水东路9号，214081

联系人：傅洪拓

电话：0510－85558835

2. 南京农业大学无锡渔业学院

地址和邮编：江苏省无锡市滨湖区壬港社区薛家里69号，214000

联系人：张文宜

电话：0510－85550495

（二）种苗供应单位

中国水产科学研究院淡水渔业研究中心

地址和邮编：江苏省无锡市山水东路9号，214081

联系人：傅洪拓，蒋速飞

电话：0510－85558835，0510－87456886

五、编写人员名单

傅洪拓，蒋速飞，龚永生，熊贻伟，张文宜，乔慧，金舒博

罗氏沼虾“南太湖3号”

一、品种概况

（一）培育背景

罗氏沼虾（*Macrobrachium rosenbergii*）又名马来西亚大虾、淡水长臂大虾，隶属节肢动物门（Arthropoda）、甲壳总纲（Crustace）、软甲纲（Malacostraca）、真软甲亚纲（Eumalacostraca）、十足目（Decapoda）、游泳亚目（Narantia）、长臂虾科（Palaemonidae）、沼虾属（*Macrobrachium*），为世界上最大的淡水虾类。2018年，全国罗氏沼虾育苗量400亿尾左右，总产量15万吨左右，占全球养殖总产量的68%，产业链总产值超200亿元。同时，形成了颇具特色、分工明确的苗种与养殖基地。浙江湖州有育苗企业60多家，年产量占全国总产量的62.5%；成虾养殖以江苏、浙江、上海和广东为主产区，年产量占全国总产量的80%以上。

提高生长速度是养殖增产、增效的关键。通过对罗氏沼虾生长速度、成活率的遗传改良，浙江省淡水水产研究所成功选育获得“南太湖2号”，并于2009年通过全国水产原种和良种审定委员会审定，缓解了困扰产业发展的种质衰退问题，提高了养殖产量与效益，并带动了与之相关的行业发展，经济、社会与生态效益显著。但“南太湖2号”仅仅持续选育了4代，优良性状的富集程度不高，推广过程中生长速度性状不稳定的现象时有发生。随着产业向高质量、可持续、健康发展，对良种养殖产量、效益的要求越来越高，即对生长速度等性状指标的提升提出新要求，因此急需在“南太湖2号”基础上，进一步提高生产性能指标，满足产业发展需求。

（二）育种过程

1. 亲本来源

原始亲本为罗氏沼虾“南太湖2号”G_5核心育种群366尾亲本与2007年（G_0）引进的孟加拉国野生群体$G_7$73尾亲本。

罗氏沼虾“南太湖2号”G_5核心育种群：在“南太湖2号”核心家系群

体基础上，按照家系选育方式，连续保种传代 5 个世代。

孟加拉国野生群体 G_7：2007 年从孟加拉国引进的野生群体，连续保种传代 7 个世代，每代留种 2 000 尾，留种率 5%。

2. 技术路线

罗氏沼虾“南太湖 3 号”培育技术路线见图 1。

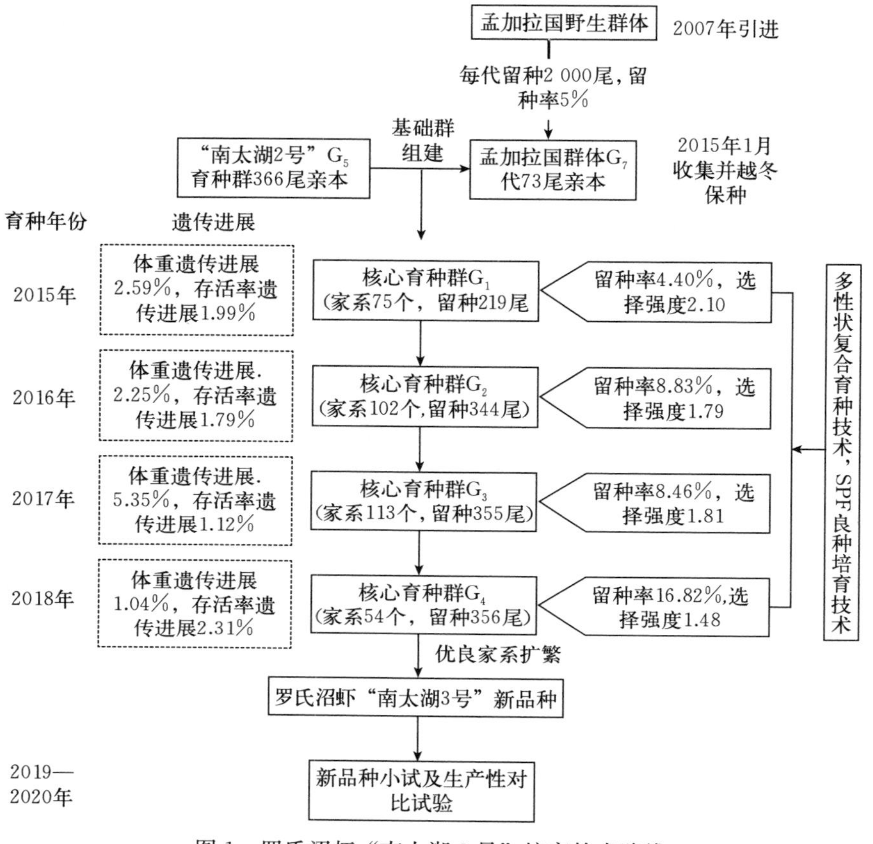

图 1 罗氏沼虾“南太湖 3 号”培育技术路线

3. 培（选）育过程

2015 年开始，利用人工定向交尾技术，每年规模化、标准化构建全（半）同胞家系；继续以生长速度（加权 70%）和养殖成活率（加权 30%）作为育种指标，利用 VIE 荧光染料标记家系个体，同环境混养进行性状测试，起捕时记录家系个体的收获体重，统计家系养殖成活率等信息；性状测试结束后，建立遗传评估模型，利用 BLUP 方法，评估家系和个体的性能差异；制定多性状选择指数，选留优秀的家系和个体，控制近交系数，制定配种方案，生产下一世代家系。

至 2018 年 12 月，已经连续完成了 4 个世代选育，每年度构建家系数量在 54～113 个，累计构建家系数量为 344 个。经连续 4 代遗传改良，罗氏沼虾“南太湖 3 号”在“南太湖 2 号”的基础上，收获体重累计遗传进展达 11.23%，养殖成活率累计遗传进展 7.21%。罗氏沼虾“南太湖 3 号”生长速度提高 23.36%。

（三）品种特性和中试情况

1. 品种特性

（1）生长速度快　在同等养殖条件下，“南太湖 3 号”生长速度较“南太湖 2 号”快 23.36%，可提早上市。

（2）养殖成活率高　“南太湖 3 号”养殖成活率较“南太湖 2 号”高 6.03%，抗逆能力强。

（3）养殖成本低　“南太湖 3 号”饲料系数较“南太湖 2 号”低 10.60%，可降低养殖成本。

2. 中试情况

2019—2020 年，在江苏省高邮市三垛镇武宁同达水产养殖专业合作社、浙江省嘉善县农民合作经济组织联合会水产产业分会、江苏省高邮市鹏发水产专业合作社的养殖基地开展生产性试验，结果显示，罗氏沼虾“南太湖 3 号”具有可早放苗、生长速度快、平均规格大、增产效果明显等特点。与“南太湖 2 号”苗种相比，罗氏沼虾“南太湖 3 号”生长速度提高 21.16%～25.56%，增产 28.34%～34.61%，养殖成活率提高 5.22%～7.20%，饲料系数下降 9.64%～11.64%，养殖“南太湖 3 号”可带来显著的经济效益。

二、人工繁殖技术

（一）亲本选择与培育

1. 亲本选择

亲本来源于国家罗氏沼虾遗传育种中心“南太湖 3 号”扩繁群体，亲本要求附肢完整、体色光洁、无病斑，雄虾规格 40～50 尾/千克，雌虾规格 50～60 尾/千克。

2. 亲本培育

（1）培育环境　池内设置网片作为隐蔽物增加亲虾栖息空间，为其提供蜕壳的场所，避免刚蜕壳的亲虾受到其他亲虾残杀。一般在池中平铺网片，网片离水面 5～10 厘米，网片大小占水面的 25%～30%。

（2）饲养管理　亲本越冬放养密度为50～60尾/米^2，越冬温度20～22℃，pH 7.0～8.0。越冬期间以投喂配合饲料为主、动物性饲料为辅（如新鲜小杂鱼、螺蛳肉、冰冻带鱼等），多种饵料交替使用，避免亲虾产生厌食情况。日投饲量为虾体重的2%～3%。育苗开始前1个月，将越冬池内亲虾按雌雄比3∶1进行配对。水温逐渐升至25～28℃，并增加动物性饵料的投喂，日投饲量为虾体重的2%～3%。促使亲虾性腺快速成熟，并在池中进行交配产卵。

（二）人工繁殖

亲虾池水温在26℃的条件下，每隔10～15天挑选一次抱卵虾。根据卵的颜色（灰、棕、黄）将抱卵虾分成三个等级，分池饲养。每平方米水池可放抱卵虾40～50尾。卵呈灰褐色的抱卵虾可直接放入人工半咸水（盐度5～6）中集中排幼；灰卵虾经1～2天培育即可排出幼体；卵成棕色、黄色的抱卵虾可放于清水池中强化培育，经过5～10天的培育，卵的颜色逐渐转为灰色时，可逐渐向池中加入人工海水调配成半咸水（盐度5～6）。幼体孵出后，用80目的纱绢网将抱卵虾池中的幼体捕到苗池培育。

（三）苗种培育

按照“无特定病原苗种生产工艺”进行。幼体密度10万～15万尾/米^2，人工配制海水进行育苗，盐度10～12，育苗温度28～31℃。饵料为卤虫无节幼体和蛋羹。

三、健康养殖技术

（一）健康养殖（生态养殖）模式和配套技术

1. 成虾养殖

（1）苗种放养　密度6万～8万尾/亩。2月中旬至3月初，投放锅炉苗，占比50%；4月中旬投放大棚苗，占比35%；5月中旬投放大水苗，占比15%。

（2）水质管理　pH 7.0～9.0，溶解氧6毫克/升以上，氨氮0.5毫克/升以下，亚硝酸盐0.02毫克/升以下，硫化物0.1毫克/升以下。

（3）饲料　配合饲料安全卫生应符合GB 13078和NY 5072的规定，粗蛋白以30%～40%为宜，其他营养条件符合健康养虾要求。

（4）起捕上市　6月中下旬即可达到上市规格（10克/尾以上），捕大留小，每隔15天左右起捕一次，在10月水温低于18℃之前，将虾全部起捕完毕。

（二）主要病害防治方法

1. 预防措施

以“预防为主，防治结合，综合治理”为原则。可采取以下措施：

（1）彻底清淤消毒；

（2）放养优质苗种；

（3）合理投喂优质饲料；

（4）保持水质清新和底质良好；

（5）定期用生石灰、漂白粉或二氧化氯等消毒水体；

（6）定期用生物制剂改善水质；

（7）定期对养虾池中的病原生物进行检测。

2. 病害治疗

发现病虾，随即准确诊断，及时治疗，使用的药物符合NY 5071的规定，常见病害及主要防治方法见表1。

表1 罗氏沼虾常见病害及主要防治方法

序号	病名	症状	主要防治方法
1	纤毛虫病	病情严重的沼虾，在体表经常有绒毛状物，在显微镜下可发现带柄的纤毛虫，会严重妨碍其摄食	用0.5克/米³硫酸铜+0.2克/米³硫酸亚铁全池泼洒，24小时后换水；或连续用1克/米³纤虫净2天
2	黑鳃病	病虾的鳃部颜色由红色、棕色变成黑色，虾因呼吸困难而死亡	三氯异氰脲酸0.3克/米³全池泼洒，连用3天，5天后用6～10克/米³的生石灰调节水体pH。通过在饲料中拌大蒜素进行预防和治疗，用量为每千克饲料0.1千克生大蒜汁，连喂1周
3	应激综合征	病虾侧卧池边，体表无明显外伤和病症，附肢断裂，肌肉有白浊现象，鳃部呈黄色，少数病虾鳃上有蓝藻附着，肝、胆肿大，有坏死现象	养虾池干塘后，池底要清淤、暴晒，并用大剂量生石灰消毒。虾苗放养时选择优质、健壮的虾苗，控制合理的虾苗放养密度。大塘养殖过程中定期使用消毒剂和有益菌调节水质。通过混养鲢鳙鱼类改善水质。适当控制投饲量，及时卖虾以降低虾塘存量

（续）

序号	病名	症状	主要防治方法
4	褐壳病	发病初期病灶处是较小的褐斑，以后病灶处逐渐溃烂，变为黑色。病情严重的个体卧于池边，只有腹足和鳃盖在运动	全池泼洒“溴氯海因”“虾菌净”系列消毒剂，2天后泼洒“底净”和“虾用活水素”或“益菌多”“活水灵”
5	白尾病	病虾的肌肉出现白斑或呈白浊状，可在较短时间内大量死亡，特别是高密度育苗池内，死亡率高达40%～100%	带毒亲虾是病原的主要来源，因此选用不带病毒的种虾，再辅以严格的消毒措施是切断病毒传播途径的有效手段

四、育种和种苗供应单位

（一）育种单位

1. 浙江省淡水水产研究所

地址和邮编：浙江省湖州市吴兴区杭长桥南路999号，313001
联系人：高强
电话：13857257203

2. 中国水产科学研究院黄海水产研究所

地址和邮编：山东省青岛市南京路106号，266071
联系人：孔杰
电话：13605426806

（二）种苗供应单位

浙江省淡水水产研究所长兴基地

地址和邮编：浙江省湖州市长兴县和平镇长安村，313103
联系人：高强
电话：13857257203

五、编写人员名单

陈雪峰，顾志敏，孔杰，高强，徐洋

拟穴青蟹“东方1号”

一、品种概况

（一）培育背景

拟穴青蟹（*Scylla paramamosain*）属节肢动物门、甲壳动物总纲、软甲纲、十足目、梭子蟹科、青蟹属。2020年我国拟穴青蟹养殖产量约16万吨，养殖面积2.35公顷。目前，我国青蟹养殖所用的苗种以从天然海区捕捞的野生蟹苗或野生亲蟹繁育的蟹苗为主，这些苗种大多存在养殖成活率低、规格不整齐、对养殖环境的适应性差、生长速度总体缓慢、容易携带病原等问题。缺乏优质养殖新品种已成为制约青蟹产业可持续发展的主要因素之一。培育拟穴青蟹快速生长新品种，可以缩短青蟹养殖周期，节约养殖成本，大大提高养殖成活率，助力养殖户增产增收。另外，拟穴青蟹为高温养殖蟹类，如果无法在秋季降温季节到来之前达到商品规格，则死亡率增加，严重影响生产效益；而且我国在长江以北沿海滩涂尚有大片区域，因高温养殖窗口期较短，开展青蟹养殖存在较大难度，快速生长新品种的选育可以较好地解决这一问题。

（二）育种过程

1. 亲本来源

2013年从海南省文昌市铺前镇附近海域收集1 500只野生雌性拟穴青蟹，从中挑选650只完成交配且性腺发育饱满的个体，2014年培育获得540只健康亲蟹作为核心基础群体用于选育。

2. 技术路线

拟穴青蟹“东方1号”选育技术路线见图1。

3. 培（选）育过程

采用群体选育方法，以生长速度为选育指标，进行了拟穴青蟹快速生长新品种的选育。

2013年从我国海南省文昌市铺前镇附近海域收集拟穴青蟹野生雌蟹，从中挑选完成生殖蜕壳、性腺发育饱满、肢体健全、活力好的雌性个体，建立核

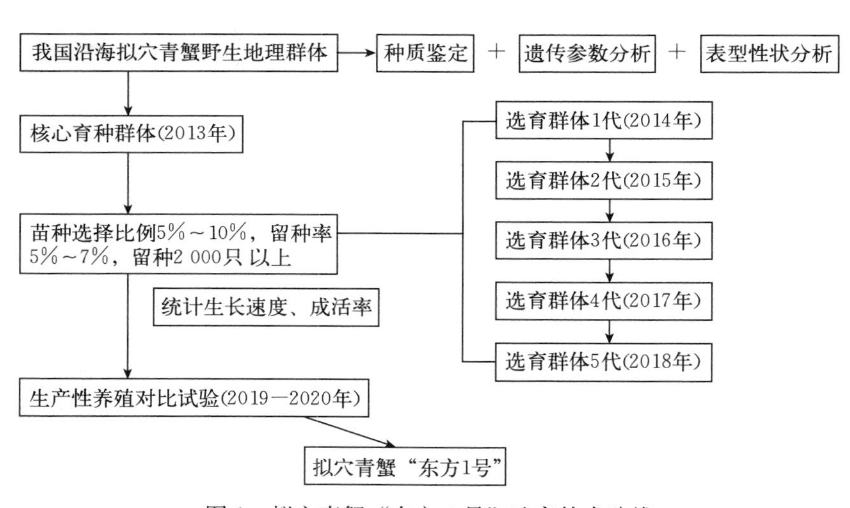

图 1　拟穴青蟹“东方 1 号”选育技术路线

心育种群，移入室内越冬池塘。

2014 年春对核心育种群体的亲本进行营养强化，培育获得健康亲蟹，进行标准化苗种培育。苗种培育至Ⅱ期仔蟹后，筛选大小均一的仔蟹，移入室外池塘进行养殖。10—11 月收获时挑选体重排名前 7%（体重大于 350 克）、肢体健全、活力好且已完成交配的雌蟹进行保种越冬。

2015 年选择营养强化较好的雌蟹进行苗种繁育，在Ⅱ期仔蟹时继续筛选大小均一的仔蟹移入室外池塘进行养殖，经 6 个月左右的养殖周期后，以收获时的亲蟹体重为选育指标，按照 6.1%的留种率，挑选体重排名靠前的 2 000 只以上完成交配的雌蟹用于下一代繁育。

重复上述过程，每代按照 5.5%～6.2%的留种率、5.6%～7.5%的苗种挑选比例继续选育，经 5 代连续选育，2018 年形成了性状稳定的拟穴青蟹新品种，命名为拟穴青蟹“东方 1 号”。

（三）品种特性和中试情况

1. 品种特性

在 6 个月相同养殖条件下，拟穴青蟹“东方 1 号”比未经选育的野生群体平均收获体重提高 15.24%。

2. 中试情况

2019—2020 年，在浙江宁海、慈溪各 1 个试验点和福建霞浦 2 个试验点开展了生产性养殖对比试验，累计试验面积 2 208 亩。试验结果表明，拟穴青蟹“东方 1 号”体重增长率显著提高，经约 180 天养殖后，收获平均个体体重提高 15%以上；体重变异系数均小于 10%，规格整齐度好。此外，2019—2020 年分别在浙江宁海、福建霞浦 2 个试验点开展了拟穴青蟹“东方 1 号”中试养殖试验，累积中试面积 920 亩，每亩平均增产 20.74～26.45 千克，增产效果显著。

二、人工繁殖技术

（一）亲本选择与培育

1. 亲本选择

10 月底至 11 月初，从选育池塘中挑选完成交配的雌蟹，具体要求为肢体健全、体表洁净无损伤、无附着性或寄生性有害生物、活力好、性腺发育饱满、体重 200 克以上。

2. 亲本培育

（1）培育环境　亲本培育池为室内水泥池，池底 3/4 面积铺设 10 厘米以上厚度的细沙，作为亲蟹栖息区。靠近排水口留出 1/4 面积作为投饵区；池上方悬挂遮阳网，避免阳光直射，光照强度在 500 勒克斯以下；培育期间使用小型气泵供气，溶解氧保持在 5 毫克/升以上。水质指标应符合或优于《渔业水质标准》。

（2）饲养管理　越冬期间如能遵循越冬水温在 12 ℃左右的适温下限，体内储存的能量就能维持其越冬期间的需要，因此，越冬期间投喂饵料，是为了弥补新陈代谢所需的能量，而不是以促进性腺发育为目的。每次按照亲蟹体重的 3%～5%投喂鲜活缢蛏。缢蛏投喂前经消毒处理，每 5～7 天投喂一次，具体投喂量和投喂频率可根据前一次摄食情况增减。每天上午 10:00—12:00 换水 30%～50%，换水时清理残饵和死亡亲蟹（不换水时，死亡的缢蛏可通过虹吸清理）。换水时新水和老水温差控制在 2 ℃以内。

每年 3 月，亲蟹培育池进行升温和性腺催熟，培育抱卵蟹。培育池以 0.5 ℃/天的速度升温至 20 ℃；恒温培育 5 天后再以 0.5～1 ℃/天的速度逐渐提温至 25 ℃进行恒温培育。升温期间投喂消毒后的鲜活缢蛏和沙蚕作为饵料，投喂量为亲蟹体重的 10%～15%，投喂量根据摄食情况调整。每天上午 10:00—12:00 换水 30%～50%，换水时清理残饵、粪便及死亡亲蟹。换水时新水、老水温差控制在 0.5 ℃以内。每日晚间检查亲蟹抱卵情况。亲蟹培育池水体盐度保持在 25 以上。

（二）人工繁殖

亲蟹经营养强化抱卵后，次日将抱卵蟹转移到 500 升塑料黑桶内培育。黑桶内水体与亲蟹培育池温差在0.2℃以内，盐度与亲蟹培育池一致。抱卵蟹培育期间桶内水温控制在25℃，投喂鲜活缢蛏和沙蚕作为饵料，投喂量为亲蟹体重的5%～10%，次日上午8:00换水50%，清理残饵、粪便。投喂量根据摄食情况调整。每日换水时检查亲蟹腹部卵块颜色，镜检卵膜内胚胎发育情况。定期对抱卵蟹培育桶和抱卵蟹进行消毒处理。

（三）苗种培育

幼体孵化后，从桶内移出亲蟹。幼体消毒后，用灯诱取水面上层活力好的幼体放入育苗池。初孵幼体投放密度为5万～8万尾/米^3。育苗池水温与孵化桶水温温差控制在0.5℃以内，盐度保持一致，在25以上。育苗池水体在放苗前需进行消毒，提前接种小球藻（2×10^6～3×10^6个/毫升），使水体呈黄绿色。

青蟹苗种溞状幼体阶段（Z）投喂的饵料为：Z1～Z2阶段投喂经营养强化的鲜活褶皱臂尾轮虫，投喂密度为20～40个/毫升。Z3～Z5阶段投喂丰年虫无节幼体，每天投喂4～6次，保持水体内一定的饵料密度，其中Z3阶段投喂密度为1.5～3个/毫升，Z4阶段为2～3个/毫升，Z5阶段为3～4个/毫升。大眼幼体阶段（M）投喂丰年虫无节幼体和成体，丰年虫无节幼体保持在3个/毫升以上，按照每天每尾大眼幼体投喂10个丰年虫成虫；C1～C2（Ⅰ、Ⅱ期仔蟹）阶段投喂经20目筛网过滤的贝肉碎片，日投喂量与苗体重量相同，分3次投喂。

整个苗种培育过程中，Z1～Z2阶段仅少量添加海水，一般不换水；Z3阶段每日换水1次，换水量为30%左右；Z4阶段每日换水2次，日换水量为60%左右；Z5阶段之后根据苗池水质情况，适当增加换水量。换水过程中水温温差控制在1℃以内，保持水体盐度稳定。育苗过程中保持水质稳定，pH 7.6～8.2，溶解氧不低于5毫克/升，其他水质指标符合或优于《渔业水质标准》。

三、健康养殖技术

（一）健康养殖（生态养殖）模式和配套技术

1. 养殖池塘

（1）养殖环境　青蟹养殖场应选择交通方便、电力供应充足、水源充足、海水交换方便、水质良好、风浪较小及周围无大量淡水和工业、生活、养殖污水进入的内湾中高潮区或高潮区，底质为泥沙底，盐度范围8～26，水质符合《渔业水质标准》。围栏养殖区要求内湾浪小流缓，滩涂平坦广阔，水交换好，无污水进入。

（2）*池塘选择* 青蟹养殖池塘可选用现有对虾、梭子蟹、贝类养殖池塘，也可重新选址建造。池塘面积 20～50 亩为宜，形状以长方形为宜，池底为锅底形，比降为 1/300～1/200。池塘具有完备的进、排水和增氧设施。池底设置中央沟、环沟、支沟，在利于池塘排水的同时为青蟹提供遮蔽场所，减少相互残杀。中央沟连通进水口与排水口，并与环沟、支沟相连，一般深度 0.5 米以上；环沟距池堤 3～6 米开挖，深度 0.5 米左右；支沟为连接中央沟与环沟的水沟。

（3）*池塘防逃设施* 为防止青蟹逃逸，需在池堤四周内侧及进排水口处设置防逃设施。常用防逃材料有塑料片、竹篱笆和网片等。使用上述材料做成的防逃围网高 50 厘米以上，底部埋入土深大于 10 厘米。

（4）*池塘防斗设施* 为减少养殖过程中青蟹的相互残杀，提高养殖成活率，需在池塘中设置空心陶罐、瓦片、竹枝等障碍物或遮蔽物。

（5）*增氧设施* 池塘内设置增氧机。根据养殖青蟹个体大小、密度和池水溶解氧情况开启增氧机，确保池塘水体溶解氧充足，在 5 毫克/升以上。

（6）*池塘处理*

① 清淤、消毒。对于新建造的池塘，投放苗种前应先进水浸泡 2～3 次后进行消毒；对于养殖过青蟹的老塘，应在青蟹收获后的每年 3 月前将池底淤泥清除，反复进水冲洗后暴晒池底，使池底残留的有机物进一步分解。青蟹放苗前 15 天，池塘进水 20 厘米，使用 375～500 克/米^3 生石灰或 30～50 克/米^3 漂白粉用水化开后全池泼洒，清除池塘底部和水体中的有害生物、休眠卵、病原体等。

② 肥水。池塘消毒 7～10 天后，进水至 50 厘米以上，施肥培养藻类和基础生物饵料。肥水用肥料可按照 10～15 千克/亩用量使用发酵后鸡粪，也可按照氮肥 1～2.5 千克/亩、磷肥 0.1～0.5 千克/亩的用量使用化肥进行肥水。施肥选在晴天上午进行。

放苗前 5 天，按照 15～20 克/米^3 的用量将淡水浸泡 24 小时后的茶粕全池泼洒，彻底清除池塘内野杂鱼及鱼卵，同时起到肥水的作用。肥水后池水呈黄绿色或茶褐色，透明度 30～40 厘米。

2. 蟹苗的选择及放养

（1）*蟹苗的选择* 选择体质健壮、肢体完整、行动迅速、反应灵敏、无病无伤、规格均匀的青蟹苗种。一般选用Ⅱ期仔蟹投放。放苗前随机抽样检测蟹苗是否携带微孢子虫、WSSV、纤毛虫等病原，确保入池蟹苗不携带特定病原。

（2）*蟹苗放养* 蟹苗入池时，苗池与放养池水体盐度差不超过 5，温差小于2℃。池水pH 7.8～8.4，溶解氧5毫克/升以上，化学需氧量10毫克/升以下，总氮0.5毫克/升以下，非离子态氨氮0.1毫克/升以下，亚硝态氮0.1毫克/升以下，其他水质指标符合《渔业水质标准》。放苗选在晴天上午或傍晚进行，位置选在池塘上风口，多点投放。

（3）放养密度　根据池塘条件、养殖模式和苗种规格确定合适的苗种投放密度。以Ⅱ期仔蟹为例，混养模式苗种投放密度为1 000～1 500只/亩，单养模式下苗种投放密度为1 500～2 500只/亩。

3. 饵料与投喂

（1）饵料选择　青蟹养殖饵料选择低值鲜活贝类、海捕小杂鱼、虾蟹及专用配合饲料，配合饲料质量应符合GB 13078和NY 5072的要求。

（2）投喂量　青蟹的摄食量与个体大小、水温、水质等密切相关。在18～25℃温度范围内摄食量随温度上升而增加，水温低于13℃或高于30℃摄食量明显减少。正常情况下，甲宽3～4厘米的青蟹日投喂量为体重的30%左右；甲宽5～6厘米的日投喂量为体重的20%左右；甲宽7～8厘米的日投喂量为体重的15%左右；甲宽9～10厘米的日投喂量为体重的10%～12%；甲宽11厘米以上的日投喂量为体重的5%～8%。

（3）投喂方法　饵料投喂地点应选择池塘四周固定地点，早晚各投喂1次，投喂时间分别为凌晨4:00—6:00和傍晚4:00—6:00。傍晚投喂量占日投喂量的60%～70%。养殖中后期可在晚上11:00补充投喂1次，防止青蟹逃逸及相互残杀。池塘四周设置饵料台，根据饵料剩余情况调整投喂量。

4. 日常管理

（1）水质指标　青蟹养殖池塘水质应保持在pH 7.8～8.4，溶解氧5毫克/升以上，化学需氧量10毫克/升以下，总氮0.5毫克/升以下，非离子态氨氮0.1毫克/升以下，亚硝态氮0.1毫克/升以下，透明度30～40厘米，其他水质指标符合《渔业水质标准》。定期监测各项水质指标并做好记录。

（2）水质管理

① 加水与换水。青蟹养殖采用前期不换水、中期少量加水、后期视池塘水质情况换水的方式，保证养殖水体水质清新和水环境稳定，并根据青蟹养殖密度和水质情况调整换水量和换水频率。总体上遵循少量多次的原则，小潮时以加水为主，3～5天加水一次；大潮时换水量以池塘总水量的20%～30%为宜，进水时注意流速不宜过大，新水水质不佳时不宜进水。池塘温度较高、投喂量较多时需加大换水量，每3～5天换水一次，换水量为30%～40%。天气变化，如连续暴雨、温度变化较大时减少换水量，并降低换水速度。另应配备相应的蓄水、沉淀和消毒处理设施，保证进水质量。

② 水质改良剂使用。青蟹养殖中后期，由于投饵和养殖生物排泄物增加

等原因，池水会出现浑浊、藻类老化死亡等现象，可适量使用一些水质改良剂维持水质清新和稳定。沸石粉可吸附水中小分子污染物、平衡藻相，可每10～15天施用1次，按照10千克/亩用量，结合芽孢杆菌、光合细菌等微生物制剂全池泼洒；生石灰可调节水体pH、杀灭病原体，一般每10～15天按照1.5克/米^{3}用量化浆后全池泼洒；腐殖酸钠可起到肥水、调节pH、净化水质、调节水色的作用，每10～15天可按照1～10克/米^{3}的用量化水后全池泼洒；水质改良剂选在晴天时使用，使用量根据水质、水温情况调整。另外，如遇闷热天气或大暴雨池塘底部缺氧，除开动增氧机外，按照0.5～1.0千克/亩的用量向池塘内均匀投入增氧剂（过氧化钙或过碳酸钠），以迅速增加水体的溶解氧。

5. 收获

养殖青蟹个体规格达200克以上即可上市，在养殖过程中，根据生长规格和市场价格，按照捕大留小、捕雄留雌的原则边捕捞边养殖。9—10月青蟹交配后，及时起捕雄蟹上市，雌蟹一般在10月底至11月初起捕。

收获方法为涨潮时在进水口附近用捞网或地笼网捕捞，夜间饵料诱捕或灯光照捕；排干池水后用耙捕、手抓、钓捕等方法。

（二）主要病害防治方法

病害防治是青蟹养殖生产中的重要环节。总体上病害防治采用预防为主、防重于治的策略。预防措施包括放苗前对池塘进行彻底消毒，使用经检疫合格的健康蟹苗，合理控制放养密度，对鲜活饵料进行消毒处理，疾病流行季节投喂免疫增强剂，使用微生态制剂改善和稳定池底环境，加强水质管理，维持水质清新、稳定等。目前，青蟹养殖过程中主要病害有以下几种：

1. 纤毛虫病及丝状藻附着综合征

【病因及症状】发病初期，病蟹行动缓慢，对刺激反应迟钝，爬出水面，体表长有黄绿色或棕色绒毛状物，手摸体表有滑腻感，显微镜镜检有聚缩虫、钟形虫、累枝虫等纤毛虫类原生动物；发病中后期，蟹体被厚厚的附着物附着，鳃丝受损，呼吸困难，食欲减退或不摄食，生长发育停止，体质瘦弱而难以蜕壳。

【流行季节】养殖全过程均可能出现。

【防治方法】

（1）放苗前彻底清淤消毒，保持良好水质；

（2）控制放养密度和饵料投喂量，减少残饵；

（3）养殖中后期每15～20天使用100～150克/米^{3}沸石粉或15～20克/米^{3}生石灰全池泼洒，净化水质。

2. 蜕壳不遂症

【病因及症状】病蟹头胸甲后缘与腹部交界处出现裂口，但不能蜕去旧壳，留塘过程中逐渐死亡。

【流行季节】养殖全过程均可能出现。

【防治方法】

（1）维持、调节池水盐度稳定，加大换水量；

（2）定期投放微生态制剂，保持良好的水体环境和充足的氧气，刺激蜕壳；

（3）季节性温度变化来临之前15天左右，间隔7天分别用25克/米^{3}生石灰和2克/米^{3}漂白粉对池水消毒1次。

3. 黄斑病

【病因及症状】患病初期，青蟹螯足基部和背甲上出现黄色斑点，而后腹甲上出现铁锈色斑点，螯足基部分泌出一种黄色黏液，螯足活动能力减退，行动缓慢；中期，腹甲上斑点中心处稍凹下，呈微红褐色或溃疡状斑点；患病晚期，溃疡斑点扩大，相互连接，形成形状不规则的大斑，斑点中心处有较深的溃疡，边缘变为黑色。解剖可见鳃部有辣椒籽大小的浅褐色异物。

【流行季节】养殖全过程均可能出现。

【防治方法】

（1）减少蟹苗捕捞、运输过程中的机械损伤；

（2）池塘定期消毒并泼洒枯草芽孢杆菌等微生态制剂调节水质；

（3）养殖过程中，定期交替使用25克/米^{3}生石灰和2克/米^{3}漂白粉进行消毒。

（4）每月一次按10克/米^{3}用量泼洒淡水浸泡后的茶粕，以刺激青蟹蜕壳。

四、育种和种苗供应单位

（一）育种单位

1. 中国水产科学研究院东海水产研究所

地址和邮编：上海市军工路300号，200090

联系人：马凌波

电话：021－65688139

2. 宁波市海洋与渔业研究院

地址和邮编：浙江省宁波市聚贤路587弄15号a3幢，315103

联系人：金中文

电话：0574－87350947

（二）种苗供应单位

中国水产科学研究院东海水产研究所浙江宁海试验基地

地址和邮编：浙江省宁海县一市镇三门湾现代农业开发区蛇蟠涂北区108号，315604

联系人：刘志强

电话：18817775160

五、编写人员名单

马凌波，王伟，刘志强，金中文，赵明等

栉孔扇贝“蓬莱红3号”

一、品种概况

（一）培育背景

扇贝是我国重要的海水养殖贝类，为我国三大海水养殖贝类之一，2020年产量174.6万吨，约占海水养殖产量的8.2%、贝类产量的11.7%。扇贝是著名的海产八珍之一，其鲜美发达的闭壳肌（俗称肉柱）为主要的可食用组织，因此，闭壳肌大小是衡量扇贝品质的重要指标，关乎扇贝养殖产业的效益。国内外的研究表明，扇贝闭壳肌重为高遗传力性状，遗传改良潜力大，但目前还没有专门针对闭壳肌性状培育的扇贝良种。随着居民生活水平和消费需求不断提高，在可利用的养殖海域面积趋于饱和的前提下，通过种质创新提高扇贝闭壳肌重和壳高等品质和生长性状，以获得效益优势，有助于推动我国扇贝产业的高质量和可持续发展。

栉孔扇贝（*Chlamys farreri*）属于软体动物门（Mollusca）、双壳纲（Bivalvia）、珍珠贝目（Pterioida）、扇贝科（Pectinidae），在我国主要分布于辽宁到山东沿海，是我国最早开展大宗养殖的扇贝。“蓬莱红3号”是以提高闭壳肌重和壳高为主要目标，应用全基因组选择技术育成的栉孔扇贝新品种，其中，性状测定利用了项目组研发的基于X光成像的贝类肌肉性状活体无损测定技术和高通量检测装备。养殖对比试验结果显示，“蓬莱红3号”具有闭壳肌大、生长快、成活率高等优点，具有很好的推广养殖前景和增效潜力。

（二）育种过程

1. 亲本来源

2009年从栉孔扇贝“蓬莱红2号”群体中（约10万个体），挑选出5 360个闭壳肌大、体尺规格大的18月龄个体构成育种基础群体。

2. 技术路线

栉孔扇贝“蓬莱红3号”的培育技术路线见图1。

3. 选育过程

自2010年起，以闭壳肌重和壳高作为主要选育指标，开展新品种选育。

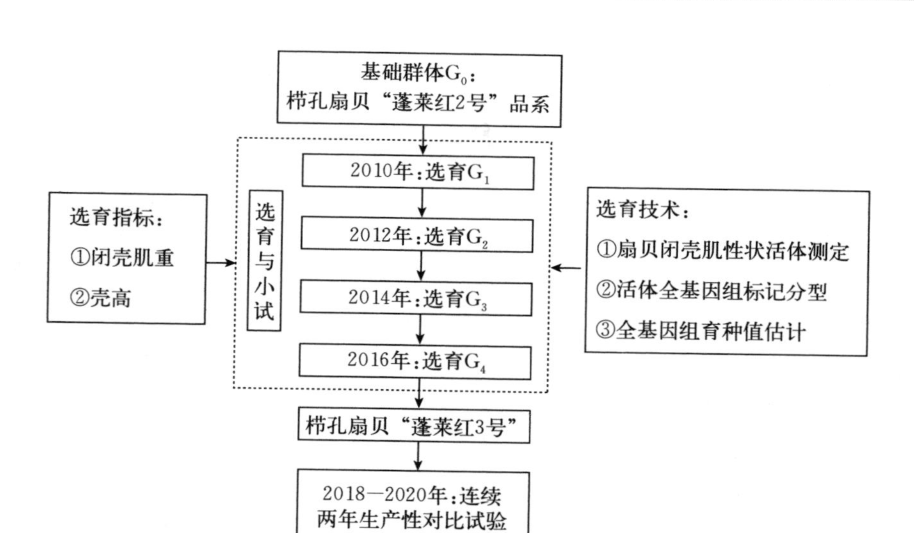

图 1 栉孔扇贝“蓬莱红 3 号”培育技术路线

其中，闭壳肌性状利用项目组研发的基于 X 光成像的贝类肌肉性状活体测定技术和高通量检测装备进行评估。应用全基因组选择技术，经过连续 4 代选育，育成高闭壳肌重、大体尺规格的栉孔扇贝“蓬莱红 3 号”。选育过程如下：

（1）2010 年，对基础群体进行选育指标的全基因组育种值估计，并按照育种值高低进行个体排序，在控制近交的同时选取高育种值个体进行苗种繁育，入选率为 6.90%，建立第一代群体。相较于栉孔扇贝“蓬莱红 2 号”和普通生产用种，18 月龄第一代群体平均闭壳肌重分别提高 2.59%和 35.08%，平均壳高分别提高 0.48%和 9.34%，平均养成期存活率分别提高 1.67%和 17.50%。

（2）2012—2016 年，同样按照选育指标的全基因组育种值依次对每代的亲本进行个体排序（第二代至第四代的亲本入选率分别为 0.74%、0.68%、1.98%），同时控制近交，培育下一代群体。相较于栉孔扇贝“蓬莱红 2 号”和普通生产用种，18 月龄第二代群体平均闭壳肌重分别提高 11.91%和 43.70%，平均壳高分别提高 3.57%和 12.05%，平均养成期存活率分别提高 2.50%和 19.17%；18 月龄第三代群体平均闭壳肌重分别提高 21.46%和 51.73%，平均壳高分别提高 5.08%和 13.71%，平均养成期存活率分别提高 5.83%和 20.00%；18 月龄第四代群体平均闭壳肌重分别提高 24.04%和 53.34%，平均壳高分别提高 6.39%和 13.87%，平均养成期存活率分别提高 7.50%和 24.17%。

（3）2014—2017 年，在威海长青海洋科技股份有限公司对栉孔扇贝“蓬莱红 3 号”进行了养殖对比小试；2018—2020 年，分别在山东省的黄岛海域、桑沟湾海域和辽宁省的庄河兰店周边海域、小长山岛附近海域开展了连续两年生产性对比养殖试验。结果表明，该选育群体的选育指标表现较对照群体优势明显，遗传性能稳定，市场应用前景好。

（三）品种特性和中试情况

1. 品种特性

栉孔扇贝“蓬莱红 3 号”的壳色鲜红，闭壳肌大，生长速度快。在相同养殖条件下，与栉孔扇贝“蓬莱红 2 号”相比，18 月龄贝闭壳肌重提高 20.28%，壳高提高 4.51%；与普通养殖栉孔扇贝相比，18 月龄贝闭壳肌重提高 52.32%，壳高提高 13.51%。适宜在我国黄渤海栉孔扇贝主产区人工可控的海域中养殖。

2. 中试情况

2018—2020 年，分别在山东省的青岛市黄岛海域和威海市桑沟湾海域、辽宁省的大连庄河兰店海域和小长山岛附近海域，采用筏式吊养养殖模式，开展栉孔扇贝“蓬莱红 3 号”生产性对比养殖试验，结果表明，“蓬莱红 3 号”较对照群体选育指标提升明显且遗传性能稳定。其中：

与山东省青岛市的青岛金沙滩水产开发有限公司合作，在黄岛海域养殖“蓬莱红 3 号”1 152 万粒。相较于“蓬莱红 2 号”，“蓬莱红 3 号”的闭壳肌重、壳高、体重和养成期存活率分别平均提高 22.00%、4.92%、15.57%和 6.25%；与普通生产用种相比，“蓬莱红 3 号”的闭壳肌重、壳高、体重和养成期存活率分别平均提高 57.28%、15.02%、41.55%和 22.50%。

与山东省荣成市的荣成大瀛海水养殖有限公司合作，在桑沟湾海域养殖“蓬莱红 3 号”2 340 万粒。相较于“蓬莱红 2 号”，“蓬莱红 3 号”的闭壳肌重、壳高、体重和养成期存活率分别平均提高 22.18%、4.87%、14.22%和 4.58%；与普通生产用种相比，“蓬莱红 3 号”的闭壳肌重、壳高、体重和养成期存活率分别平均提高 59.07%、14.60%、46.10%和 26.25%。

与辽宁省长海县的大连钦东海珍品水产有限公司合作，在大连庄河兰店周边海域养殖“蓬莱红 3 号”3 072 万粒。相较于“蓬莱红 2 号”，“蓬莱红 3 号”的闭壳肌重、壳高、体重和养成期存活率分别平均提高 23.40%、5.33%、16.60%和 5.42%；与普通生产用种相比，“蓬莱红 3 号”的闭壳肌重、壳高、体重和养成期存活率分别平均提高 70.41%、15.07%、58.05%和 29.17%。

与辽宁省长海县的大连壹鲜冷水海产品有限公司合作，在小长山岛附近海域养殖“蓬莱红 3 号”1 350 万粒。相较于“蓬莱红 2 号”，“蓬莱红 3 号”的闭壳肌重、壳高、体重和养成期存活率分别平均提高 24.08%、5.02%、18.14%和 3.75%；与普通生产用种相比，“蓬莱红 3 号”的闭壳肌重、壳高、体重和养成期存活率分别平均提高62.63%、14.63%、49.37%和21.25%。

二、人工繁殖技术

（一）亲贝选择与培育

1. 亲贝选择

亲贝源自威海长青海洋科技股份有限公司的栉孔扇贝“蓬莱红3号”新品种良种保护区。要求壳色鲜红，贝壳表面完整无损、洁净、无附着物；个体大，一般壳高≥8厘米，闭壳肌与壳的面积比大于0.13，体质健壮，活力强，外套膜伸展并紧贴壳口，生殖腺饱满。

2. 亲贝培育

亲贝采用单层浮式网箱雌雄分养（图2），密度为每立方米60～80个，海水盐度25～32，光照500～1 000勒克斯。入池后每天水温升高0.5 ℃，至16 ℃后维持恒定。投喂硅藻、金藻或扁藻等单胞藻和淀粉、螺旋藻粉、蛋黄等代用饵料，每天投饵4次。其中饵料藻投喂3次，密度为每毫升50万～100万细胞，投喂量为每次每池100～150升；蛋黄投喂1次，投喂量为每次每池1～2个。产前1周左右，每3小时投喂一次，单次投喂量不变。采用静水饲育的方法，每天上午倒池换水1次，或吸底拔阻换水。

图2　栉孔扇贝“蓬莱红3号”亲贝培育

（二）人工繁殖

1. 精卵采集

有效积温达到150～200 ℃，性腺均匀、饱满，即性腺已成熟，可准备采卵。将待产雌贝按每池400个放到水温为18 ℃的池中自行产卵；将10～20个雄贝取出，放入22 ℃海水中，搅动刺激排精。

2. 授精

授精时间应在卵子集中排放2小时内、精子排放半小时内，控制每个卵子周围3～4个精子，采卵密度控制在每毫升30粒以内。每小时搅动全池一次，防止幼体沉底、缺氧死亡。

3. 选优、分池

受精卵经过20多小时发育至面盘幼虫初期（D形幼虫），通过倒虹吸的方式将上层幼虫吸出，按每毫升 6～8 个幼虫布池，淘汰底层幼虫。

（三）苗种培育

1. 幼虫培育

D 形幼虫在池内养殖第三天开始投饵，早期投喂金藻，中后期搭配投喂扁藻、小球藻。早期金藻（每毫升 100 万细胞）日投喂量为每池 50～70 升，每天分 3 次投喂。随着幼虫的生长，饵料投喂量逐渐增加，后期采用金藻和扁藻（每毫升 50 万～60 万细胞）交替投喂，日投喂量为每池投喂金藻 130～150 升、扁藻 3～5 升，分 3 次投喂。日换水量为 1/4～1/3。

2. 车间采苗

当眼点幼虫比例达到 30%时，即可开始投放聚乙烯网片附着基，按照每池 240 片均匀投放（图 3）。苗种附着后，每池投喂金藻（每毫升 100 万细胞）120～150 升、扁藻（每毫升 50 万～60 万细胞）3～5 升、小球藻（每毫升 1 000 万细胞）10～20 升，每 6 小时投喂一次。随着幼体的生长逐渐增加小球藻的比例。

图 3　栉孔扇贝“蓬莱红 3 号”车间采苗
A. 投附着基　B. 苗种附着

当幼体全部长出靴状足且正常伸出附着在附着基上时，日投喂量调整至每池投喂金藻 120～150 升、小球藻 40～60 升、扁藻 1.5～3 升，每 4 小时投喂一次。换水量为 1/2，每天 2 次。

3. 出池作业

幼虫附着 15～20 天后，大小均匀，苗种健壮，足丝附着力强，壳高达到 400～600 微米时即可出池。将附着基从池内捞出，剪掉坠石，折起放入 40 目网袋（40 厘米×50 厘米）中，每袋装一片附着基，间隔固定在长绳上，运至海上保苗（图 4）。

图 4　栉孔扇贝“蓬莱红 3 号”苗种出池作业

三、健康养殖技术

（一）健康养殖（生态养殖）模式和配套技术

1. 海上中间培育

选择水清流缓、无大风浪、饵料丰富的内湾进行苗种中间培育，水温为 13～20 ℃，盐度 23～33，透明度 60～80 厘米。单绳筏架筏间距 4～5 米，每隔 3～4 米设一浮漂，筏架应尽量拉紧。每串挂 10 袋，一根 80 米的浮绠可挂 60～90 串；排除袋内的气泡，避免网袋漂浮在水上（图 5）。入海 30～40 天后，进行第一次分苗和倒袋（图 6），疏散密度。一般育苗当年分苗 3～4 次，每 30～50 天分苗一次。

图 5　栉孔扇贝“蓬莱红 3 号”海上挂苗

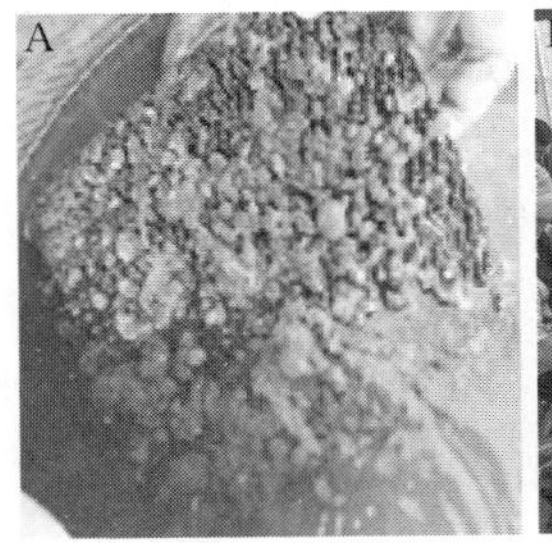

图6　栉孔扇贝“蓬莱红3号”第一次分苗
A. 附着基上的扇贝苗　B. 清洗　C. 装袋

2. 浅海筏式养殖

当稚贝壳高达到2厘米后，使用直径30厘米的养殖笼（10～12层），按照每层30粒稚贝进行养殖，笼间距为0.7～0.9米，一根80米的浮绠可挂60～100笼；养殖笼最上层距水面2～3米，夏季下沉至距水面3～4米。

3. 日常管理

（1）*清除敌害生物和附着物*　及时刷洗清除敌害生物，查清种苗暂养海区藤壶、牡蛎等的产卵和附着时间及其幼虫垂直分布和平面分布，尽量避开藤壶和牡蛎附着高峰期进行分袋倒笼等生产操作。

（2）*调节养殖水层*　附着物大量附着季节，应适当下降水层；大风浪来临前，应将整个筏架下沉，以减少损失。随着扇贝的生长，体重增加，应及时增补浮漂，防止筏架下沉，使浮漂保持在水面呈将沉而未沉状态（图7）。

图7　栉孔扇贝“蓬莱红3号”海上养殖管理

（二）主要病害防治方法

为保证养殖成活率，在栉孔扇贝“蓬莱红3号”苗种培育过程中，应注意防止鳗弧菌（*Vibrio anguillarum*）和溶藻酸弧菌（*V. alginolyticus*）等革兰氏阴性短杆菌感染，目前主要从抓好亲贝的培育、保持水质优良、投喂新鲜无污染的单胞藻等入手，以预防为主。如发现有弧菌感染，应及早销毁染菌贝苗，并对育苗水体和设施进行灭菌和消毒处理。海上养殖期间，主要通过定期检查养殖现场设施、及时清理养殖设施及扇贝表面的附着物，避免和减少甲壳类、海星等生物的入侵及贻贝、海藻等的附着。另外，尽量保证养殖海域的水质和环境条件，防止病原感染。栉孔扇贝“蓬莱红3号”较“蓬莱红2号”和普通生产用种，养殖成活率明显提高。

四、育种和种苗供应单位

（一）育种单位

1. 中国海洋大学

地址和邮编：山东省青岛市鱼山路5号，266003

联系人：胡晓丽

电话：13964289726

2. 威海长青海洋科技股份有限公司

地址和邮编：山东省荣成市寻山路590号，264300

联系人：常丽荣

电话：18660387375

（二）种苗供应单位

1. 中国海洋大学

地址和邮编：山东省青岛市鱼山路5号，266003

联系人：胡晓丽

电话：13964289726

2. 威海长青海洋科技股份有限公司

地址和邮编：山东省荣成市寻山路590号，264300

联系人：卢龙飞

电话：15688662490

五、编写人员名单

胡晓丽，包振民，常丽荣，卢龙飞，孔祥福

海湾扇贝“海益丰11”

一、品种概况

（一）培育背景

海湾扇贝（*Argopecten irradians*）隶属于软体动物门（Mollusca）、双壳纲（Bivalvia）、翼形亚纲（Pterimorphia）、珍珠贝目（Pterioida）、扇贝科（Pectinidae）。海湾扇贝属于暖水性贝类，原产于美国东海岸。1982年，海湾扇贝由张福绥院士引进并开展人工养殖，目前已成为我国扇贝养殖的三大种类之一。2020年我国海湾扇贝的产量达132万吨，主要集中于山东、河北和辽宁三省。海湾扇贝闭壳肌肥大，味道鲜美，营养价值高，经济效益好，深受广大消费者和养殖单位欢迎。

海湾扇贝养殖业一直处于稳步增长的态势，而环境恶化、病害频发、个体小型化等问题仍阻碍着产业的快速发展，其主要原因是海湾扇贝的良种培育工作远远滞后于养殖业的发展，种业已成为我国水产养殖业可持续发展的瓶颈。种业是推动养殖业发展最活跃、最重要的引领性要素，是农业领域科技创新的前沿和主战场。优良品种是养殖业健康持续发展的关键因素，培育优质、高产、抗病的水产养殖新品种，始终是水产遗传育种和生物技术研究的热点，也是国际上海洋生物种业高科技领域争夺的焦点。应用现代生物技术高通量、大规模分析手段，培育高产、抗逆扇贝新品种，是海湾扇贝养殖业迫切需要解决的问题。

（二）育种过程

1. 亲本来源

2011年收集海湾扇贝2个烟台莱州养殖群体（以黑褐壳色为主）和3个青岛胶南养殖群体（以紫壳色为主）共10万余枚成贝，以壳高为主要育种性状筛选黑褐壳色和紫壳色各500枚个体构成育种基础群体。

2. 技术路线

海湾扇贝“海益丰11”培育技术路线见图1。

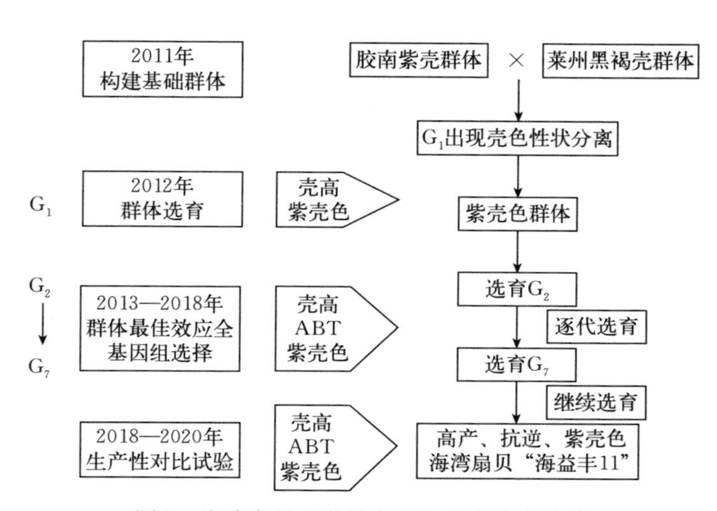

图 1　海湾扇贝“海益丰 11”培育技术路线

3. 培（选）育过程

2012 年，以壳高为指标从莱州群体和胶南群体各挑选 500 枚（入选率约 1%）海湾扇贝个体构成育种基础群体。以莱州黑褐壳色海湾扇贝为母本群体，胶南紫壳色海湾扇贝和莱州黑褐壳色海湾扇贝为父本群体进行群体繁育，构建第一代选育群体（G_1）。至当年 11 月达到商品贝规格，平均壳高 66.01 毫米，与对照组相比，壳高增长 12.15%，存活率提高 10.27%。

2013—2018 年，以壳高和壳色（紫色）为选育指标开展选育。首先以壳高和紫壳色性状为指标挑选亲贝，入选率 3%，进一步利用贝类全基因组选择育种评估系统，计算个体的遗传学参数，估计个体壳高性状的全基因组育种值，每代以全基因组育种值排序前 10%且其近交系数低于 0.125 为标准留种亲贝，入选率 1/10（N=300），开展连续六代（G_2～G_7）的群体最佳效应全基因组选育，同时开展小试。“海益丰 11”各代选育性状遗传进展结果如下，2013 年 G_2 8 月龄选育扇贝的壳高、体重和存活率较普通生产用种分别提高 14.50%、35.44%和 12.31%，较“海益丰 12”分别提高 3.02%、10.23%和 7.37%，紫壳色比例达 91.56%。2014 年 G_3 8 月龄选育扇贝的壳高、体重和存活率较普通生产用种分别提高 15.97%、40.28%和 14.20%，较“海益丰 12”分别提高 5.15%、14.53%和 7.87%，紫壳色比例达 95.00%。2015 年 G_4 9 月龄选育扇贝壳高、体重和存活率较普通生产用种分别提高 17.29%、44.23%和 16.32%，较“海益丰 12”分别提高 8.89%、18.48%和 7.58%，紫壳色比例达 100%。2016 年 G_5 9 月龄选育扇贝壳高、体重和存活率较普通生产用种分别提高 17.32%、45.92%和 16.38%，较“海益丰 12”分别提高 10.13%、21.52%和 8.20%，紫壳色比例达 100%。2017 年 G_6 9 月龄选育扇贝的壳高、体重和存活率较普通生产用种分别提高 17.62%、46.52%和 16.52%，较“海益丰 12”分别提高 10.17%、21.64%和 9.82%，紫壳色比例达 100%。2018 年 G_7 8 月龄选育扇贝壳高、体重和存活率较普通生产用种分别提高 17.70%、46.62%和 16.65%，较“海益丰 12”分别提高 9.96%、20.15%和 9.45%，紫壳色比例达 100%。

于 2018 年开始进行“海益丰 11”的规模化繁育，在跨省的两个海区（山东省烟台市蓬莱海区、河北省秦皇岛市南戴河海区）开展连续 3 年的生产性对比实验。2018 年，繁育苗种水体 800 米^3，培育壳高 0.3 厘米苗种 4.2 亿粒，浮筏养殖 3 800 亩；2019 年，繁育苗种水体 500 米^3，培育壳高 0.3 厘米苗种 2.8 亿粒，浮筏养殖 3 000 亩；2020 年，繁育苗种水体 500 米^3，培育壳高 0.3 厘米苗种 2.0 亿粒，浮筏养殖 2 200 亩。在浮筏养殖中，海湾扇贝“海益丰 11”均表现出较快的生长速度和较高的存活率，其作为新品种在产业中推广将极大地增加产业产量和利润。

2012—2020 年，经过 7 代全基因组选育和连续 3 年生产性对比试验，育成海湾扇贝“海益丰 11”新品种。新品种为紫壳色，生长快速、抗逆性强、遗传性能稳定，适宜在我国北方海区（河北海域、山东海域）进行近海筏式养殖。

（三）品种特性和中试情况

1. 品种特性

海湾扇贝“海益丰 11”生长速度快，产量高，抗逆性强，个体间差异小，壳色为紫色，性状遗传稳定。

2. 中试情况

2018—2020 年，在山东省烟台市蓬莱海区、河北省秦皇岛市南戴河海区，连续 3 年开展“海益丰 11”与普通海湾扇贝和“海益丰 12”完整周期的生产性对比试验，累计试验面积 9 000 余亩。试验结果表明，“海益丰 11”苗种生产性能突出，遗传稳定性高，紫壳色比例达 100%。在相同养殖条件下，与普通海湾扇贝相比，8 月龄“海益丰 11”壳高、体重和存活率分别提高 16.77%、46.62%和 15.31%，显示出明显的生长和存活优势；与同期选育的海湾扇贝“海益丰 12”相比，8 月龄“海益丰 11”壳高、体重和存活率分别提高 10.7%、20.15%和 8.15%，其生产性能获得进一步提升。海湾扇贝新品种“海益丰 11”增产增收效果明显。

二、人工繁殖技术

（一）亲本选择与培育

1. 亲本选择

亲本可从烟台海益苗业有限公司索取（限非商业用途）或购买，繁殖亲贝1龄，壳高70毫米以上。

2. 亲本培育

（1）培育环境

① 培育池条件。水泥池或玻璃钢水槽，10～30 米^3，水深 1.1～1.5 米。

② 培育密度。100～120 枚/米^3，采用多层网笼为培育容器。

（2）饲养管理

① 亲贝入池处理。亲贝入池前，清除贝壳上的附着生物和浮泥，按每立方米育苗水体 100～120 枚准备。

② 投饵。投喂硅藻、金藻或扁藻等单胞藻或螺旋藻粉、蛋黄等代用饵料。单胞藻投喂量为每天（6～8）×10^4 细胞/毫升，饵料投喂量随着种贝促熟时间的延长而增加，最终投喂量为 20×10^4 细胞/毫升，饵料每天分 6～12 次投喂，严禁投喂含激素或激素类物质的饵料。在亲贝培育中后期，应根据双亲的发育进度适当调节投喂量以达到父母本同步成熟。

③ 换水。早期和中期每天倒池换水，早晚各两次，换水量 100%；晚期性腺发育成熟，减少换水次数或不换水，避免因换水刺激导致种贝产卵。

④ 升温。亲贝入池后，在接近亲贝生境水温中稳定 2～3 天，而后每天升高 0.1～0.5 ℃直至 18 ℃，稳定在此温度下进行培养。

⑤ 充气和有效积温。连续微量充气，稳定培养阶段有效积温持续累积。

（二）人工繁殖

“海益丰 11”可以用阴干半小时、升温 3～5 ℃、流水刺激等方法进行催产。产卵时育苗池水温为 22～24 ℃，盐度 25～31，光照 500 勒克斯以下。受精卵孵化密度不高于 100 粒/毫升，孵化时间根据水温不同为 22～26 小时，担轮幼虫一般在受精卵开始受精 17 小时后出现。孵化期间微量充气。选育前 1 小时停气，用 300 目筛绢选育。

（三）苗种培育

1. 幼虫培育

（1）投饵　受精卵孵化至 D 形幼虫期，即可投喂金藻、扁藻或硅藻等小型单胞藻。一般日投喂量 2×10^4 细胞/毫升；随着幼虫的生长，饵料投喂量应逐步增加，后期达到 8×10^4 细胞/毫升，分6～8次投喂。

（2）换水　每天换水2次，每次换水1/3～1/2。

（3）倒池　第一次倒池应在产卵后25～30小时进行，以后每3天倒池一次。

（4）吸底　每天早、晚各吸底一次。

（5）充气　用100号或120号散气石连续微量充气。

（6）采苗　眼点幼虫达到30%以上，应立即倒池并投放附着基。投放附着基后水温可以提高1～2℃。

采苗器的种类主要为聚乙烯网片，聚乙烯网片使用前，务必用0.5%～1.0%的氢氧化钠溶液浸泡清洗油污。棕绳需经反复浸泡、敲打、冲洗，清除碎屑、杂质以及可溶性有害物质。聚乙烯网片按40～60片/米^{3}投放。投放采苗器后适当加大换水量，减少充气量，检查附着变态情况，根据附苗数量调整投饵量。

（7）出池　将采苗器放入30～60目的30厘米×40厘米或50厘米×80厘米苗袋中，扎紧袋口。一般每袋装一片采苗器。

出池作业时，操作人员按捞取采苗器、分拣、装袋、绑袋等环节流水作业。操作要求稳、准、轻、快，防止出池苗的脱落和损伤。

（8）出池苗的运输　0.5小时以内的短途运输，车厢内铺设湿毡布将其包裹，装好后喷洒海水；超过0.5小时的长途运输，采用活水船充氧运输以保证苗种成活率。

2. 稚贝培育

海湾扇贝“海益丰11”稚贝苗种中间培育，是苗种出库后在海区内进行中间育成的阶段，本阶段苗种规格由600微米生长至3厘米以上。

（1）场地选择　为水清流缓、无大风浪、饵料丰富的海区或利于养成扇贝的海区。

（2）水质　应符合NY 5052的规定。

（3）密度

① 网袋法。每袋装300～500粒，每串挂10袋，一根60米的浮绠可挂100～120串。

② 网笼法。每层放300～500粒。一根60米的浮绠可挂100笼。

（4）分苗　商品苗先吊养在海上适应和恢复3～5天，再分苗到18目或16目网袋继续暂养。经海上养殖，壳高达到10毫米以上时，进行分苗，移到网目为8～10毫米的暂养笼中养殖。

（5）应急处置　当毗连海区或养殖海区有赤潮或溢油等事件发生时，应及时采取有力措施，避免扇贝苗种受到污染。

三、健康养殖技术

（一）健康养殖（生态养殖）模式和配套技术

海湾扇贝“海益丰11”的养殖方式主要为浮筏养殖。

1. 环境条件

应符合表1的要求。

表1　浅海养殖环境条件

环境因子	要求
水质	应符合NY 5052的规定
水深（米）	大潮期低潮时水深为5～25
流速（厘米/秒）	10～40
水温（℃）	5～25
盐度	25～33
透明度（米）	≥0.6

2. 浅海养殖设施

由浮绠、浮漂、固定橛、橛缆和养殖笼等部分组成。严禁使用有毒材料。

（1）养殖设施的设置　划分海区并确定位置，留出航道，行向与流向垂直，行距10～20米，笼间距为0.5～0.7米，一根60米的浮绠可挂80～100笼。

（2）养殖水层　养殖笼最上层距水面1～2米。

（3）养殖密度　每公顷水面放养7×10^6～10×10^6粒（航道等空置水面积计算在内）；直径30厘米的养殖笼每层25～35粒。

3. 日常管理

（1）清除敌害生物和附着物　及时刷洗清除敌害生物，查清种苗暂养海区藤壶、牡蛎等的产卵和附着时间及其幼虫垂直分布和平面分布，尽量避开藤壶和牡蛎附着高峰期进行分袋倒笼等生产操作。

（2）调节养殖水层　附着物大量附着季节，应适当下降水层；大风浪来临前，应将整个筏架下沉，以减少损失。随着扇贝的生长，体重增加，应及时增补浮漂，防止筏架下沉，使浮漂保持在水面呈将沉而未沉状态。

4. 应急处置

当毗连海区或养殖海区有赤潮或溢油等事件发生时，应及时采取有力措施，避免扇贝受到污染。如果扇贝已经受到污染，应就地销毁，严禁上市。

（二）主要病害防治方法

贝类苗种特别是扇贝苗种由于在生物自然选择过程中获得的生物习性，需要大量产卵，以苗种数量而保证其种群延续，因此卵子规格较小。海湾扇贝卵子直径为50微米左右，直径较小，肉眼几乎不可见，在幼虫培育阶段，极易受到温度变化、饵料生物以及水环境中的细菌和病毒影响。为避免养殖损失，不同养殖阶段的病害防治方法主要有：

（1）种贝选择阶段　选择活力强、健康且规格大的种贝进行繁殖。

（2）育苗阶段　对育苗环境和饵料培育环境做到彻底消毒，避免外源细菌和病毒的影响。

（3）海区中间育成阶段　选择环境较好、无外源污染的海区进行暂养，降低保苗过程中的死亡率。

（4）苗种养成阶段　注意各养殖阶段操作时机，避免粗放式操作，减少机械损伤对扇贝存活的影响。

此外，污损生物防治方面，在海湾扇贝养殖过程中，紫贻贝、牡蛎等作为污损生物，与扇贝构成养殖饵料食物争夺关系，因此要及时予以清理，避免其大量附着后，苗种因饵料不足而死亡；敌害生物防治方面，在海湾扇贝浮筏养殖过程中，敌害生物多棘海盘车等对苗种及成贝进行摄食，有造成扇贝减产的风险，可选择海区持续监控，进行定期清理，减少敌害生物种群数量，降低养殖风险。

四、育种和种苗供应单位

（一）育种单位

1. 中国海洋大学

地址和邮编：山东省青岛市市南区鱼山路5号，266003

联系人：邢强

电话：0532－82031802

2. 烟台海益苗业有限公司

地址和邮编：山东省蓬莱市刘家沟镇海头村海益苗业，265619

联系人：刘剑

电话：15098489029

（二）种苗供应单位

烟台海益苗业有限公司海湾扇贝良种场
地址和邮编：山东省蓬莱市刘家沟镇海头村海益苗业，265619
联系人：刘剑
电话：15098489029

五、编写人员名单

邢强，包振民，黄晓婷，刘剑等

刺参“鲁海2号”

一、品种概况

（一）培育背景

刺参（*Apostichopus japonicus*）属棘皮动物门（Echinodermata）、海参纲（Holothuroidea），主要分布于俄罗斯、日本、朝鲜半岛和我国黄渤海。刺参是典型的沉积食性生物，在物质循环和能量流动过程中可起到重要的净化修复作用。21 世纪以来，刺参产品逐渐得到国内消费者的认可和青睐，助推了产业的迅猛发展，使刺参养殖掀起了继海带、对虾、扇贝、海水鱼类养殖之后的“第五次海水养殖浪潮”。2020 年全国刺参总产量达 19.7 万吨，以占国内海水养殖 0.9%的产量创造了 8.2%的产值。随着刺参产业的持续拓展，因种质退化导致的生长缓慢、抗逆性差等制约产业健康发展的问题日益凸显；新拓展的刺参养殖区域中不乏众多河口型海湾，因江河径流使盐度下降或不稳定，导致刺参养殖存活率低、单产水平远不及传统刺参养殖主产区；同时，在近十年中，异常气候频繁发生，尤其是集中强降雨导致养殖水体盐度骤降或长时间不稳定，造成刺参养殖业损失。迄今，国内通过选择育种和杂交育种等方法共育成刺参新品种 6 个，分别具有生长快、成活率高、棘刺多、耐高温等优势性状，目前尚未有具备耐低盐性状的刺参品种，无法满足生产对耐低盐抗逆品种的迫切需求。因此，开展以耐低盐、生长快为目标性状的刺参育种工作，对于提高刺参养殖产量和效益、拓展刺参适养区域、保障产业绿色高质量发展具有重要意义。

（二）育种过程

1. 亲本来源

2006 年，从山东丁字湾自然海域采捕野生刺参群体。2010 年，在其自繁后代中挑选出 460 头健康个体构建育种基础群体（G_0）。

2. 技术路线

刺参“鲁海 2 号”育种技术路线见图 1。

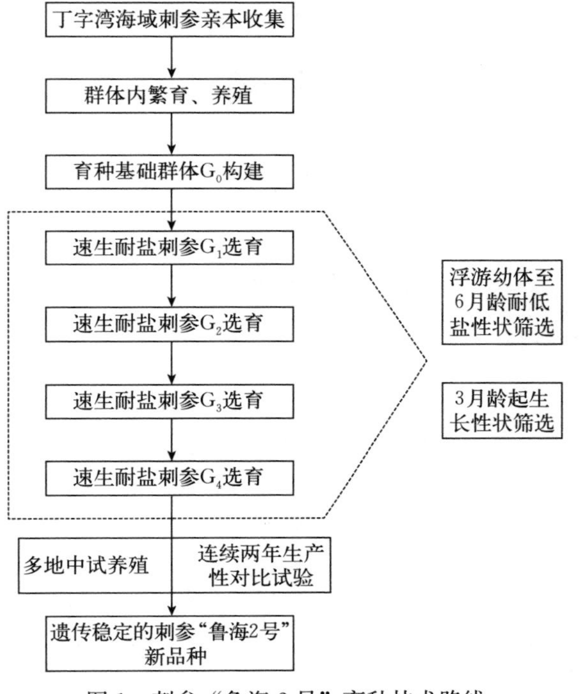

图1 刺参“鲁海2号”育种技术路线

3. 培（选）育过程

2011年4月，采用群体选育方法，以耐低盐和生长快为主要目标性状，对构建的基础群体开展了选择育种。耐低盐性状选育是在浮游幼体时以盐度22持续胁迫3天，3月龄时以盐度18时持续胁迫2天，6月龄时以盐度15再次持续胁迫24小时，分别筛选出存活个体；生长性状筛选是自3月龄起每2个月左右进行1次，每次按选择强度50%进行筛选。2012年4月，将12月龄参苗投放到室外池塘进行养成，并持续跟踪观测选育刺参的生长及耐盐状况。2013年4月，对24月龄的G_1选育群体进行育种效果测定，继续以24月龄体重和低盐胁迫后的存活率为指标进行下一世代选育，各世代总选择率为1.5%～2.7%，亲本数量960头以上。

至2019年，经连续4代选育，形成了优势特征明显、性状稳定的刺参新品种，将其命名为刺参“鲁海2号”。刺参“鲁海2号”育种区见图2。

（三）品种特性和中试情况

1. 品种特性

（1）耐低盐能力强　在盐度为16～34的相同养殖条件下，与未经选育刺

图2　刺参“鲁海2号”育种区

参相比，成活率提高26.8%。

（2）生长速度快　在相同养殖条件下，与未经选育刺参相比，24月龄参体重提高22.5%。

2. 中试情况

2018—2021年，分别在山东、辽宁、福建等地沿海刺参养殖地区开展了池塘、工厂化、浅海吊笼等不同模式的生产性对比试验，测定了刺参“鲁海2号”的养殖生产效果；2019—2021年，分别在烟台莱阳市、东营河口区各2个试验点的养殖池塘中开展了连续两年生产性对比试验，累计试验池塘面积13 720亩、工厂化车间面积22 000米^2、吊笼7 500个。试验结果表明，刺参“鲁海2号”苗种与未经选育刺参相比具有明显的生长速度快、低盐养殖成活率高等优势性状，24月龄刺参体重提高22.5%～32.5%，在周年盐度变化较大且有明显低盐持续胁迫时段的典型海区，整个养殖周期成活率提高26.8%～28.8%。新品种养殖能够显著提高养殖产量和效益，有效降解自然风险损失，适合规模化推广应用。

二、人工繁殖技术

（一）亲本选择与培育

1. 亲本选择

以育种单位选育的刺参“鲁海2号”为亲本，选择体重在200克以上的个体。图 3 为刺参“鲁海 2 号”亲本室外保存池。

图 3　亲本室外保存

2. 亲本培育

（1）培育环境　11 月采捕亲参放至培育池。入池前 1 周对培育池及工具进行彻底洗刷和消毒。亲参暂养育肥期间，经 7～10 天稳定过渡期后，每日升温 0.5～1 ℃，至 15 ℃时恒温培育。光照强度控制在 50 勒克斯以下。

（2）饲养管理　饲养密度为 5～10 头/米^3，饲料以鼠尾藻粉、马尾藻粉、海带粉、刺参配合饲料、海泥为主，添加少量螺旋藻粉、干酵母、动物蛋白及其他营养元素等。入池初期日投饵量为刺参体重的 0.5%～1%，随着水温的升高，投饵量逐渐增加为 1%～3%，水温升至 15 ℃后稳定在 3%～6%，至催产前 3 天停止投喂。日换水 1 次，视池底情况每 10～15 天倒池 1 次。

（二）人工繁殖

1. 人工催产

刺参“鲁海 2 号”可采用升温诱导法进行采卵。将过滤海水通过人工升温，使海水温度较原亲参蓄养池水温高出 4～5 ℃，将成熟亲参直接移入有升温海水的产卵池内，从而诱导其产卵，采卵密度 10～50 粒/毫升。

2. 孵化

受精卵孵化水温 20.5～22.5 ℃，使用的海水须经多级过滤。连续微量充气以保证受精卵均匀分布。

（三）苗种培育

1. 浮游幼体培育

培育池消毒后加水至有效水位的1/3～1/2。浮游幼体培育密度0.1～0.3个/毫升，水温21～23℃，溶解氧3.5毫克/升以上，盐度24～35。浮游期不换水，每1～2天加水15～20厘米。饵料为海洋红酵母和干酵母（面包酵母、苹果酵母等）等，投喂量和投喂频次均根据镜检胃含物情况确定，以少投勤投为原则。每日均施用EM菌等微生态制剂。

2. 稚参培育

（1）附着基投放　选用聚乙烯波纹板、聚乙烯网片等作为附着基。在幼体开口后的第五天或通过镜检观察到大部分幼体出现第四对球状体时投放附着基。波纹板筐投放时一般采取倒放。

（2）饵料投喂　幼体附着后投喂饵料由酵母逐步过渡为人工配合饲料，体长2毫米后投喂经消毒除害的海泥和稚参人工配合饲料。投喂的饲料应经过发酵。

（3）日常管理　培育水温20～25℃，幼体附着后日换水1～2次，每次换水1/3～1/2。附着25～30天后首次倒池，同时将波纹板筐正放，之后每隔7～10天倒池一次，如无黑底、臭底、红菌繁生等现象可每10～20天倒池一次。苗种培育期间定时使用EM菌等微生态制剂。

三、健康养殖技术

（一）健康养殖（生态养殖）模式和配套技术

1. 池塘养殖

（1）养殖设施　池塘有效蓄水水深不小于1.8米（图4），底部可设置底沟，有利于刺参休眠和底层水交换。附着基可用扇贝笼、遮阳网等造礁，间距5～8米，不宜过密。小型池塘可敷设遮阳网，敷设面积占池塘面积的3/5～2/3为宜，距离水面高度不低于1.5米。有条件的池塘还应配备地下井，并铺设地下井水管作为降温设施，以及增氧、活水设施。

（2）苗种投放　选择刺参“鲁海2号”参苗，适宜投放规格为30～200头/千克，可根据养殖条件，控制放苗密度在3 000～5 000头/亩。

（3）饲料投喂　春季水温10～13℃、秋季水温18～22℃时可适量投喂人工配合饲料，投喂量按刺参体重的0.5%～1%，投喂间隔5～7天。提倡投喂发酵饲料。

图 4　标准化养殖池塘

（4）日常管理　换水量应根据水温、水质等实际情况确定，一般每次换水量 10%～30%。开春池塘水温低于 6 ℃时，保持最深水位；水温升至 6～8 ℃时可大换水一次；初春 8～10 ℃，水位调控为 0.7～1.0 米，之后随水温上升逐渐提高水位，并由高到低调节池水透明度；水温高于 20 ℃至盛夏，保持最深水位，透明度控制在 30 厘米；夏末初秋水温小于 23 ℃，逐渐降低水位至 1.4～1.7 米；秋后至入冬水温低于 15 ℃，逐渐提至最深水位。

（5）收获　当养殖刺参达到商品规格时进行收获，根据池塘不同条件，采用潜水采捕、排水捡拾等方式收获。

2. 工厂化养殖

（1）养殖设施　工厂化养殖（图 5）应配备沙滤系统、蓄水池及海水深水井等设施，车间顶部和墙体配备保温材料，养殖池为室内水泥池，单池面积 15～50 米^2，池深 0.8～1.0 米，圆形、方形或其他规则形状，池底排水顺畅，设置增氧管、气石等充气增氧设施。养殖池内设置聚乙烯波纹板、网笼等材料制成的附着基，铺设面积占池底面积的 90%以上。养殖规格为 60 头/千克的大规格参苗可不设参礁。

（2）苗种投放　选择刺参“鲁海 2 号”参苗，全年均可放苗养殖。根据养殖条件、产量要求和收获规格适宜放养 200 头/千克以上的苗种。放养密度可根据幼参规格合理控制，按大苗少投放、小苗多投放的原则。

（3）饲料投喂　投喂发酵饲料，日投饵量为刺参体重的 3%～6%，并根据刺参生长及摄食情况及时进行调整。

图5 工厂化养殖车间

（4）日常管理 根据养殖刺参不同规格控制水温在10～22℃，盐度25～34，溶解氧不低于5毫克/升，pH 7.4～8.5。每天换水1～2次，换水量0.5～1个量程。注意日常观察池底有无发黑、附着基上有无菌丝、有无玻璃海鞘和石灰虫等现象，并视情况每5～7天冲底一次，7～10天倒池一次，夏季20天左右更换附着基，冬季40天左右更换附着基。

（5）收获 当养殖刺参达到商品规格时进行收获，一般收获前1～2天开始停食。收获时排干池水人工捡拾。

（二）主要病害防治方法

刺参苗期常见病害有“烂胃病”“烂边病”等，养殖期病害主要为腐皮综合征，应坚持以防为主、防控先行的原则。

苗种培育阶段注意控制幼体培育密度，培育用水最好经二级沙滤处理，保持水质清新、理化因子稳定，定期施用光合细菌、EM菌等。

养殖阶段池塘进水设置2～3层拦网，防止杂鱼、虾蟹、大型杂物等进入池塘；注意监测养殖池塘底质、水质，控制进排水流速、温差，避免养殖水环境突变或人为操作引起刺参应激；入冬、开春等季节交替时，可施用黄芪多糖粉等提高刺参免疫力，并施用过硫酸氢钾进行改底；投喂发酵饲料，定期使用EM菌等微生态制剂改善和调节水质、底质，防止浒苔等大型藻类过度繁殖；2～3年清塘一次，并用含氯石灰（水产用）等消毒。

四、育种和种苗供应单位

（一）育种单位

1. 山东省海洋科学研究院

地址和邮编：山东省青岛市游云路7号，266104

联系人：李成林

电话：0532－89016554

2. 山东黄河三角洲海洋科技有限公司

地址和邮编：山东省东营市河口区新户镇，257200

联系人：刘兆存

电话：0546－7029678

3. 威海圣航水产科技有限公司

地址和邮编：山东省威海市环翠区四方路80号，264200

联系人：宋宗诚

电话：13561836346

（二）种苗供应单位

山东省海洋科学研究院

地址和邮编：山东省青岛市游云路7号，266104

联系人：李成林

电话：0532－89016554

五、编写人员名单

李成林，赵斌，胡炜，韩莎，王琦

刺参“华春1号”

一、品种概况

（一）培育背景

刺参（*Apostichopus japonicus*），又称仿刺参，隶属楯手目（Aspidochirotida）、刺参科（Stichopodidae）、仿刺参属（*Apostichopus*），是我国海水养殖单品种产值最高的种类。刺参养殖在沿海渔业经济中的地位举足轻重。温度是刺参生长的重要限制因子之一，过高或过低均会导致刺参休眠，乃至死亡。近几年山东和辽宁等主要沿海刺参养殖区多次遭受持续高温灾害，如刺参主产区山东的东营、烟台等地均发生高温导致的大面积死亡灾害，直接经济损失数十亿元，给刺参养殖户带来了沉重打击，严重影响了夏季刺参养殖业健康发展。另一方面，随着刺参养殖规模的扩张，刺参在夏季池塘水温更易受高温天气影响的黄河三角洲滩涂地区的安全度夏问题和南移刺参养殖期的延长需求也逐渐呈现。以上现状对选育具有耐高温性状的刺参苗种提出了需求。

因此，针对高温不良环境，开展刺参优良抗逆新品种培育，创制耐高温刺参新品种，是目前解决刺参产业发展的瓶颈的有效途径，有助于刺参养殖业的提质增效和稳定发展。

（二）育种过程

1. 亲本来源

2007—2008年，收集山东烟台、威海和青岛等主要刺参分布海域的野生刺参群体，包括烟台崆峒列岛刺参国家级水产种质资源保护区、烟台千里岩海域国家级水产种质资源保护区、威海小石岛刺参国家级水产种质资源保护区和青岛灵山岛刺参国家级水产种质资源保护区。采捕的亲参规格在250克以上，刺形疣足明显，体色正常，健康无损伤。2008年利用收集的不同地理群体的原种为亲本，其中来自烟台崆峒岛海域252头、烟台千里岩海域159头、威海小石岛海域220头和青岛胶南海域165头，共计796头，以其繁育的后代构建了选育基础群体。

2. 技术路线

刺参“华春 1 号”培育技术路线见图 1。

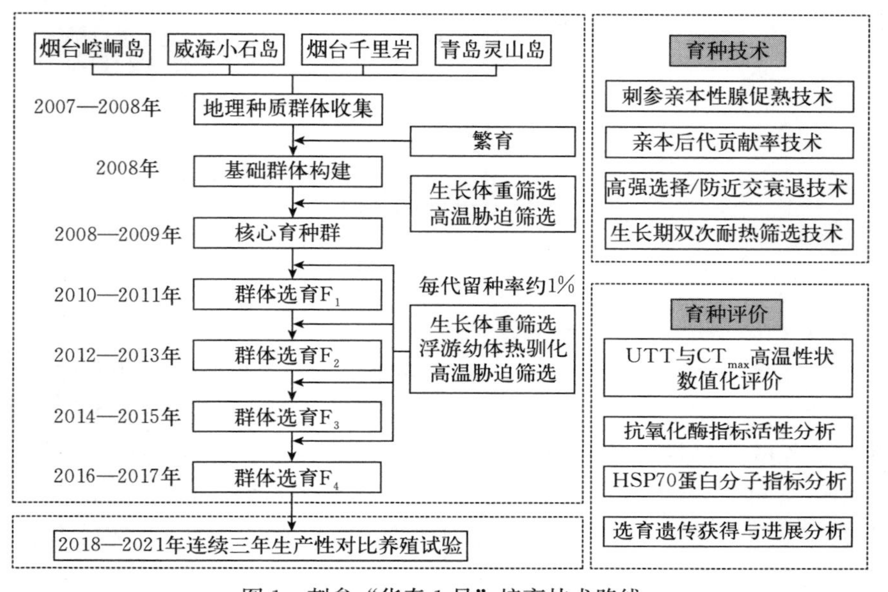

图 1　刺参“华春 1 号”培育技术路线

3. 培（选）育过程

（1）2008—2009 年　选育基础群体构建与核心育种群筛选。

2008 年 4 月，以收集到的烟台崆峒岛、烟台海阳、威海荣成和青岛胶南 4 个种质保护区野生刺参群体作为原种，选择刺形好、体重在 250 克以上的性成熟刺参 796 头作为原种群体（P_0），进行随机繁育，获得遗传背景一致的选育基础群体（P）。基础群体进行室内人工养殖，常规养殖管理至 3 月龄（平均规格 3 000 头/千克，约 80 万头），投至室外养殖大池。

2009 年 6 月，对采捕回来的 14 月龄刺参基础群体约 6 万头进行以体重增长为指标的生长速度性状筛选，截留体重大于（47.12±11.52）克的个体，筛选留种率为 12.2%，保留刺参选育群体约 7 300 头。对选留的刺参个体进行高温胁迫，控制养殖水体水温，从正常水温（16～20 ℃）按每 24 小时增加 1 ℃的速度升至 25 ℃后，再按每 12 小时增加 1 ℃升至 32 ℃，32 ℃维持 72 小时。高温胁迫结束后缓慢降温，恢复常温培养，记录最后存活个体的数目，实际存活 1 432 头，存活率 19.6%，保留高温胁迫后的存活个体，组建核心育种群体，常规养殖至性成熟。

（2）2010—2011 年　第一代（F_1）群体选育。

2010 年 4 月，自核心育种群中选取性腺成熟的刺参作为繁育亲本，进行“华春 1 号”F_1 培育。为保持遗传多样性，避免近交衰退，从选育核心群体中选取参与繁殖的亲体雌雄比例控制为 1∶1（雌性 272 头、雄性 284 头），控制雌雄亲本排放精卵的时间。F_1 幼参发育至耳状幼体，将孵化池水温调至 27 ℃，热驯化 120 分钟，然后降温至 20 ℃恢复常温培养培育至稚参，热驯化后成活率为 27.3%，刺参浮游幼体数量约 2 700 万个。幼体培育、稚参和成参的养成按照《刺参“华春 1 号”新品种养成技术规范》进行，以室内水池和池塘养殖方式在山东华春渔业有限公司进行养殖。

2011 年 8 月对 16 月龄“华春 1 号”F_1 刺参进行以体重为指标的生长速度筛选，截留体重大于（50.74±8.55）克的个体，留种率为 22.7%。经过体重筛选后，对“华春 1 号”F_1 群体进行 32 ℃的高温胁迫筛选，高温胁迫后存活个体约 1 200 头，存活率 18.5%，以高温胁迫淘汰后存留个体组建核心育种群体。经过浮游幼体期热驯化、养成期以体重为指标的生长速度筛选和高温胁迫淘汰，综合三次留种率为 1.1%，选择强度为 2.701，保留筛选后选育核心群体常规养殖至性成熟。

自选育开始，每代选育群体进行小试养殖，以同批未选育种参繁育获得的同期苗种为对照组，同等条件下养殖，并进行高温耐受力和生长性状等经济性状对比评价。经测定，“华春 1 号”F_1 选育群体 18 月龄刺参高温耐受力（UTT）由（739.3±11.46）℃·小时提高至（855.6±22.27）℃·小时，较未选育组提高 15.7%，耐热 CT_{max} 值由 32.0 ℃提高至 32.5 ℃，提高 1.6%，32 ℃养殖成活率提高 25.4%。“华春 1 号”F_1 选育群体 2～3 月龄刺参苗种体重特定生长率较未选育组未见明显提高，12～13 月龄刺参体重特定生长率由 0.172 克/天提高至 0.191 克/天，提高 11.0%。

（3）2012—2013 年　第二代（F_2）群体选育。

2012 年 5 月，经过幼体期热驯化、养成期以体重为指标的生长速度筛选和高温胁迫淘汰的刺参选育群体 F_1 性成熟，选取参与繁殖的亲体雌雄比例控制为 1∶1（雌 239 头、雄 268 头），亲参人工促熟、催产和幼体培育以及控制近交衰退措施同 F_1。F_2 幼参 27 ℃恒温热驯化后成活率为 28.2%，按与 F_1 相同管理措施培育养殖。2013 年 8 月对 16 月龄“华春 1 号”F_2 刺参进行以体重为指标的生长速度筛选，截留体重大于（55.36±9.57）克个体，留种率为 14.2%。2013 年 8 月养殖池塘的刺参选育群体经历了超过 1 周的 34 ℃夏季高温（替代了 32 ℃人工高温胁迫操作），实际存活约 1 500 头，存活率 8.3%。综合三次留种率为 0.3%，选择强度为 3.250，保留筛选后选育核心群体常规养殖至 2014 年性成熟。

“华春1号” F_2 选育群体18月龄刺参UTT为（1 013.9±20.79）℃·小时，未选育组刺参为（749.9±35.51）℃·小时，选育群体较对照提高35.2%；耐热 CT_{max} 值由32.33 ℃提高至33.17 ℃，提高2.6%；小试养殖（32 ℃）成活率提高35.1%。“华春1号” F_2 选育群体2～3月龄苗种体重特定生长率较对照组未见明显提高，12～13月龄“华春1号” F_2 刺参体重特定生长率为0.231克/天，未选育组为0.196克/天，提高17.9%。

（4）2014—2015年　第三代（F_3）群体选育。

2014年5月，以相同步骤进行 F_3 繁育，F_3 幼体经27 ℃恒温热驯化后成活率为27.9%，培育和养成方式同前。2015年8月对16月龄“华春1号” F_3 刺参进行以体重为指标的生长速度筛选，留种率为15.6%，进行同前32 ℃高温胁迫处理，存活率27.3%。综合三次筛选留种率为1.2%，选择强度为2.664，保留筛选后选留核心群体常规养殖至2016年性成熟。

“华春1号” F_3 选育群体18月龄UTT为（1 107.7±10.20）℃·小时，较对照组提高44.2%，耐热 CT_{max} 值由32.0 ℃提高至33.3 ℃，提高4.1%，小试养殖（32 ℃）成活率提高41.3%。“华春1号” F_3 选育群体2～3月龄刺参苗种体重特定生长率较未选育组提高16.7%，12～13月龄刺参体重特定生长率由0.198克/天提高至0.251克/天，提高26.8%。

（5）2016—2017年　第四代（F_4）群体选育。

2016年4月，以相同步骤进行 F_4 繁育。繁育操作步骤同前三代，F_4 幼体27 ℃恒温热驯化后成活率为28.8%，培育和养殖方式同前。2017年8月对16月龄“华春1号” F_4 刺参进行以体重为指标的生长速度筛选，留种率为14.2%。体重筛选后对其进行同前几代的高温胁迫处理，存活率32.2%。综合三次筛选留种率为1.3%，选择强度约为2.630。

至此，刺参选育新品系每个世代均经过了热驯化、高温胁迫和体重筛选，经连续4代的选育和闭锁繁育，选育新品系 F_4 具有高温耐受力强、成活率高且生长快速的特性。该品系在之前的工作记录中以“夏利”系列命名，考虑主要选育工作在山东华春渔业有限公司完成，以公司名中的“华春”命名刺参新品种，定名为刺参“华春1号”。

（三）品种特性和中试情况

1. 品种特性

刺参“华春1号”具有高温耐受力强、生长速度快的优势性状。“华春1号”18月龄UTT为（1 277.2±31.99）℃·小时，较对照组提高67.5%，耐热 CT_{max} 值提高1.80 ℃至34.0 ℃，提高5.6%，小试养殖（32 ℃）成活率提高46.8%；“华春1号” F_4 2～3月龄刺参苗种体重特定生长率提高16.7%，

12～13月龄刺参体重特定生长率为0.319克/天，较未选育组提高28.06%。在相同养殖条件下，与刺参“崆峒岛1号”和未选育刺参相比，12月龄刺参32℃下养殖7天成活率分别提高30.03%和33.27%，19月龄刺参体重分别提高5.72%和29.02%。

2. 中试情况

2018—2021年对“华春1号”新品种进行了连续3年的生产性对比养殖试验，试验地点设在我国北方刺参养殖需经历夏季高温的山东、辽宁和河北3个省份，养殖地点分别为山东东营、山东烟台、辽宁凌海和河北黄骅沿海刺参养殖区。“华春1号”和对照组对比养殖试验在相同的养殖条件下进行，同一池塘内不同试养组间采用池塘内纱网围隔的方式进行隔离养殖，投苗时间为10月下旬，池塘养成管理以相同条件进行。

在山东省东营市河口区新户镇中试养殖370亩，刺参“华春1号”相比对照组刺参“崆峒岛1号”，12月龄和19月龄以体重为指标的生长速度提高4.43%和5.72%，19月龄成活率提高47.03%；相比对照组普通刺参，12月龄和19月龄生长速度提高36.35%和29.02%，19月龄成活率提高49.52%。刺参“华春1号”12月龄耐高温存活率较对照组“崆峒岛1号”和普通刺参均提高30%以上，18月龄度夏存活率分别提高37.40%和50.72%。耐高温成活率和生长性状3年间数据变异系数分别为0.012～0.078和0.019～0.097。

在山东省烟台市牟平区中试养殖280亩，刺参“华春1号”相比对照组刺参“崆峒岛1号”，12月龄和19月龄的生长速度提高9.82%和5.72%，19月龄成活率提高47.53%；相比对照组市售普通刺参，12月龄和19月龄生长速度提高47.53%和33.64%，19月龄成活率提高51.09%。刺参“华春1号”12月龄耐高温存活率较对照组刺参“崆峒岛1号”和普通刺参分别提高34.40%和36.17%，18月龄度夏存活率分别提高38.70%和44.15%。耐高温成活率和生长性状3年间数据变异系数分别为0.010～0.087和0.021～0.093。

在辽宁省凌海市中试养殖180亩，池塘养殖12月龄刺参“华春1号”苗种生长速度相比对照组“崆峒岛1号”提高14.69%；24月龄刺参“华春1号”生长速度较对照提高13.87%，成活率提高30.04%。刺参耐热实验测试结果表明，“华春1号”12月龄高温胁迫存活率平均值为46.03%，高于对照组平均值37.94%；2019年苗种度夏存活率为91.82%，高于对照组的70.16%，度夏成活率提高30.87%。

在河北省黄骅市中试养殖155亩，池塘养殖12月龄刺参“华春1号”苗种生长速度相比对照组普通刺参提高35.88%；24月龄平均体重（135.50±42.33）克，相比对照组提高15.92%，成活率比对照组提高35.77%。刺参耐热力中试结果表明，“华春1号”12月龄期高温胁迫存活率平均值为53.44%，高于对照组平均值 39.42%。“华春 1 号” 2019 年苗种度夏存活率为 92.50%，高于对照组的 70.31%，度夏成活率提高 31.56%。

综合四个对比养殖试验地区数据，连续 3 年共养殖 985 亩，生产性对比试验结果表明，刺参“华春 1 号”的生长性状和高温耐热性得到显著提高，而且性状稳定性强。尤其在高温度夏期间具有优势，度夏成活率提高 30%以上，收获亩产量较对照组提高 60%以上，较普通刺参养殖周期可缩短 3～6 个月，明显优于对照商品苗种。该新品种在中试期间得到了显著的增产效果，具有进一步大规模生产和推广养殖的价值。

二、人工繁殖技术

（一）亲本选择与培育

1. 亲本选择

刺参“华春 1 号”亲体的核心群体保存在特定的良种保持基地，是经过选育性状优良、遗传稳定、适合扩繁推广的群体。用于繁育生产的刺参“华春 1 号”亲本要求健康无损伤、活力好，个体重量 300 克以上，雌雄比例 1∶(1～2)。

2. 亲本培育

(1) 培育环境　亲参培育环境根据常温育苗和升温促熟育苗两种方式的不同，分别养殖培育在自然生态露天养殖池塘和人工室内水泥培育池。室外池塘养殖的密度一般在 2～3 头/米^2，次年 4 月底至 5 月初性腺发育良好时直接进入室内培育池孵化。室内水泥池蓄养的密度一般在 20～25 头/米^2，养殖温度 12～18 ℃，根据生产时间安排调整。

(2) 养殖管理　池塘养殖过程中在大潮期换水，换水量为 1/5～1/4。室内促熟车间每天换水一次，换水量为 1/4～1/3。亲参培育过程中经常观测刺参的活力、摄食、健康状况，并抽检测定亲参的性腺指数；性腺成熟后注意观察亲参的活动状况和精卵排放情况，以安排苗种繁育生产。

（二）人工繁殖

刺参“华春 1 号”可采用阴干 2 小时、升温 3～5 ℃的方式诱导催产，排放精卵。通过控制雌雄亲参的有效亲本数量和比例，以及控制雌雄亲参产卵和排精时间来平衡亲本雌雄配子的贡献度，有效防止遗传多样性的降低。在雄性刺参刚排放精子时，将其拣出放入孵化池中继续排放精子，控制每头刺参集中排放时间为 2 分钟，后将其拣出。在雌性刺参刚排放卵子时，将其放入孵化池中继续排放卵子，使每头雌性刺参集中排放卵子的时间为 10 分钟，后将其拣出。分别用器具将精子和卵子搅匀，将精子均匀分布至卵子池中，控制卵子周围有3～5个精子。受精卵在幼体培育池中孵化。受精卵密度一般控制在80万～100万粒/米^3，孵化期间应持续微量充气或定时搅动。

（三）苗种培育

1. 浮游幼体培育

（1）培育密度　幼体孵出后立即用300目筛网倒池，浮游幼体培育密度控制在0.2～0.5个/毫升。

（2）投饵　受精卵发育至耳状幼体后，即可投喂，以盐藻、牟氏角毛藻、三角褐指藻、小新月菱形藻、骨条藻等单胞藻类2～3种混合液为主，辅以海洋酵母、面包酵母、藻粉等代用饵料。日投饵2～3次；投喂量按培育水体计算，日投藻液量不应超过培育水体的5%。

（3）充气　充气石按池底面积计每5米^{2}一个，微量充气，使水面呈微波状。

（4）光照　光照强度应控制在500～1 500勒克斯，光线应柔和均匀。

（5）换水　优选分池后可在培育池加入60厘米深的水，前3天逐渐把水加满，然后每日用200目网箱换水1～2次，每次换水量1/5～1/3；随着幼体的发育成长和投饵量的增加，换水量逐步加大。

（6）日常监测　及时、定时检测幼体发育、摄食情况和水质状况，每天镜检2次以上，记录幼体形态变化、活动力、摄食、生长发育及健康等情况。

2. 稚幼参培育

（1）附着基　附着基材料主要有透明聚乙烯波纹板、筛网（30～60目）、网袋、旧网衣、扇贝笼等。

（2）投放时机　在樽形幼体出现10%～20%后，即可放置附着基。水温18～22 ℃时，在产卵后的第九至第十天即可及时投放附着基。

（3）稚参附着密度　稚参附着密度以0.2～0.5头/厘米^{2}为宜。

（4）饲料种类　常用的稚幼参饲料主要有底栖硅藻、鼠尾藻粉碎滤液、人工配合饲料和海泥。

（5）倒池　一般在投放附着基后的8～15天需要倒池一次，此后根据水质、苗种密度、病害等情况，5～15天倒池一次。高温期水质容易败坏，病害容易发生，应适当缩短倒池间隔时间。

（6）换水　一般通过换水、流水和倒池相结合的方式实现培育用水的更新交换。一般前期日流水量为100%～200%，后期日流水量增至200%～300%。

（7）光照　光照可控制在1 000～1 500勒克斯，光线应均匀，防止局部光线过强。

三、健康养殖技术

（一）健康养殖（生态养殖）模式和配套技术

养殖海区选择在水质良好、无污染、无淡水注入等海域。适宜的水温为2～28℃，适宜的盐度为20～34，溶解氧≥5毫克/升，pH 7.8～8.4。主要养殖模式为池塘养殖和吊笼养殖（南方）。

1. 池塘养殖

（1）*池塘整理* 新建池塘应对池底和池坝进行平整，通过自然纳潮或者泵取海水浸泡2次，每次3～5天，沉实池底土壤，之后将水排尽，暴晒1周。旧池塘在参苗放养前要将原池水放干，彻底清淤、平整，修护池坝，对池底和石块、瓦片等参礁反复冲洗，并封闸暴晒至池底干裂。

（2）*池塘消毒* 在放苗前30～45天，池塘进水淹没池底和参礁，消毒处理，消毒剂选择生石灰900～1 800千克/公顷或者漂白粉（含有效氯30%）15～30克/米^3，全池泼洒，浸泡池塘2～3天后排干池水，再注入海水浸泡2～3天，将水排出，重复进排水1～2次。

（3）*参礁设置* 池塘要投放一定数量的参礁，参礁以瓦片等硬质附着基为主。

（4）*苗种投放* 放苗分为春、秋两季，秋季放养当年3月繁育的8月龄刺参，春季放养经过冬季车间养殖的大规格12月龄刺参。水温在10～17℃时投放较为适宜，盐度25～34，溶解氧≥5.0毫克/升，水温差要小于2℃，盐度差要小于2。放苗应选择风浪较小的天气，阴天可以放苗，雨天则不应放苗。苗种的投放密度由环境条件、苗种规格、参礁数量、换水频度、是否投饵、计划产量等因素决定，秋季11月首次投放同一规格苗种（500～800头/千克）的投放密度6 000头/亩，春季4月首次投放同一规格苗种（100～150头/千克）的投放密度4 000头/亩。养殖后期根据池塘刺参存量进行苗种的补放。

（5）*饵料投喂* 将川蔓藻、鼠尾藻、海带等加工成藻粉，制成配合饵料投喂，或直接使用海参专用人工配合饲料。刺参摄食季节（3—6月、10—12月），根据刺参的规格及摄食量确定饵料的投喂量，一般日投喂量为刺参体重的1%～2%，7～10天投喂一次，避免过量投喂。海参夏眠或冬眠后，停止投喂饵料。

（6）*日常管理* 池塘透明度保持在60～80厘米，春、秋季水位在1.2～1.5米，进入夏眠和冬眠后，应保持水位在1.5米以上。汛期前在蓄水池内注满养殖用水，同时养殖池塘内保持高水位；降水较多时及时排出表层淡水，严防池塘盐度骤降。

坚持早、晚巡池，检查堤坝、闸门、防逃网等设施设备的安全情况。定期观察刺参的活动、摄食、生长及健康情况，定期监测水温、盐度、溶解氧、水深、透明度等指标，并做好记录。

2. 南方吊笼养殖

(1) *养殖设施* 养殖笼通常由 5～6 层养殖箱组成，养殖箱的规格为 40 厘米×30 厘米×12 厘米；吊养水深 2.5～8 米，笼间隔 40～70 厘米，每亩水面悬挂养殖笼 1 500～2 500 串。

(2) *吊笼消毒* 吊笼放到海域前 5～10 天对养殖吊笼进行清洗，并利用漂白粉（含有效氯 30%）15～30 克/米^3 浸泡 1～2 天，冲洗后再用海水浸泡 2～3 天。

(3) *苗种投放时间* 放苗时间一般在 11 月上、中旬温度适宜的时间进行。

(4) *苗种投放规格和密度* 苗种投放规格为 20～30 头/千克。放养密度为 5～6 头/层，即每笼 30～36 头，根据刺参的生长速度、吊笼的附着物多少以及水质情况等因素适当调整密度。

(5) *饵料投喂* 以海带、鼠尾藻、江蓠为主要原料，将海带等藻类经发酵浸泡后直接投喂，也可投喂刺参吊笼专用饲料。投喂量和投喂次数根据实际摄食情况及时调整，一般 2～3 天投喂一次。

(6) *日常管理* 坚持经常巡视检查，发现吊笼堵塞严重或破损时更换吊笼。定期观察刺参的活动、摄食、生长及健康情况，定期监测水温、盐度、溶解氧、pH、透明度等指标，并做好记录。

（二）主要病害防治方法

1. 桡足类的防治

由于桡足类繁殖温度在 15～18 ℃，与刺参苗种培育温度一致，其引起的病害主要发生在苗种培育期。猛水蚤在适宜温度繁殖迅猛，能与培育池内的刺参幼苗竞争饵料和空间，摄食和伤害 3 厘米以下刺参幼苗。目前，苗种培育车间主要用水的净化处理来防治，净化方法包括紫外线照射和精密过滤等。

2. 腐皮综合征

该病主要病原为灿烂弧菌等。稚参、保苗期幼参和养成期刺参均可被感染发病，初冬 11 月至次年 4 月初是该病的高发期。该病以预防为主，主要的预防措施包括：投放苗种的密度适宜，保持良好的水质和底质环境；采取“冬病秋治”策略，入冬前后定期施用底质改良剂氧化池底有机物，改善刺参栖息环境；饵料中定期添加穿心莲、金银花、黄芩等中草药进行预防处理；治疗时建议使用恩诺沙星药浴或口服。

3. 肠炎病

该病是刺参育苗早期、保苗期、养成期较常见的疾病，其病原为哈氏弧菌等。主要防治措施包括：苗种培育密度不宜过高，定期倒池、分苗，并剔除不良个体；饵料不卫生或蛋白含量过高是导致肠炎的重要原因，选择优质饵料，有效发酵或臭氧消毒后进行投喂，蛋白含量在15%～17%为佳；饵料中定期添加有益菌剂或者黄芩、五倍子等中草药，调控肠道菌群；经常观察刺参活动状态、摄食与粪便情况，测量生长速度等指标，一旦发现早期症状，及时药浴或口服氟苯尼考治疗。

四、育种和种苗供应单位

（一）育种单位

1. 鲁东大学

地址和邮编：山东省烟台市芝罘区红旗中路186号，264025
联系人：杨建敏
电话：1815318167

2. 山东华春渔业有限公司

地址和邮编：山东省东营市河口区新户镇大义路北，257236
联系人：解汝彪
电话：18554716697

3. 山东省海洋资源与环境研究院

地址和邮编：山东省烟台市经济技术开发区长江路216号，264006
联系人：李焕军
电话：0535－6958166

4. 烟台海育海洋科技有限公司

地址和邮编：山东省烟台市芝罘区港城西大街69号，264002
联系人：李彬
电话：13305458716

（二）种苗供应单位

1. 山东华春渔业有限公司

地址和邮编：山东省东营市河口区新户镇大义路北，257236
联系人：解汝彪
电话：18554716697

2. 烟台海育海洋科技有限公司

地址和邮编：山东省烟台市芝罘区港城西大街69号，264002
联系人：李彬
电话：13305458716

五、编写人员名单

杨建敏，孙国华，王卫军，冯艳微，徐晓辉，李赞，解汝彪，李彬

中间球海胆“丰宝1号”

一、品种概况

（一）培育背景

中间球海胆（*Strongylocentrotus intermedius*），又称虾夷马粪海胆，隶属于棘皮动物门、海胆纲、正形目、球海胆科、球海胆属，原产于日本的北方以及俄罗斯远东部分地区沿海。其生殖腺呈亮橙黄色或亮黄色，味道鲜美、浓郁，富含二十碳五烯酸（EPA）、花生四烯酸（AA）等高度不饱和脂肪酸，具有很高的食用价值和营养保健价值。中间球海胆自1989年从日本引入，目前已成为我国最主要的养殖海胆种类，主要养殖海域在辽宁大连及山东烟台（长岛）、威海（荣成）等地。

良种是养殖产业发展的根本保证，我国对海胆的遗传育种研究和实践走在世界前列。2014年大连海洋大学和大连海宝渔业有限公司采用家系选育技术共同培育出我国第一个海胆新品种——中间球海胆“大金”（GS-01-017-2014）。在育种过程中，对其重要经济性状的遗传参数进行了估计，发现以体重为选育指标，可实现对其他重要经济性状的间接选择。同时，采用分子标记对不同地理群体的遗传结构进行了分析，为下一步育种工作奠定了理论和技术基础。近5年，中间球海胆的市场价格迅速增长，强有力地激发了企业的养殖热情。仅有的1个海胆新品种已远远不能满足养殖产业需求。大连海宝渔业有限公司与大连海洋大学合作，采用比家系选择强度更高的群体选择方法，对中间球海胆的生长速度开展选育。

（二）育种过程

1. 亲本来源

亲本来源之一是大连海宝渔业有限公司自有中间球海胆保种群体（旅顺养殖群体），2010年，保种群体规模为65 000只。亲本来源之二是大连海洋大学培育的山东荣成养殖群体与大连凌水养殖群体所繁育的子一代，2010年该群体规模为16 000只。

2. 技术路线

中间球海胆“丰宝 1 号”选育技术路线见图 1。

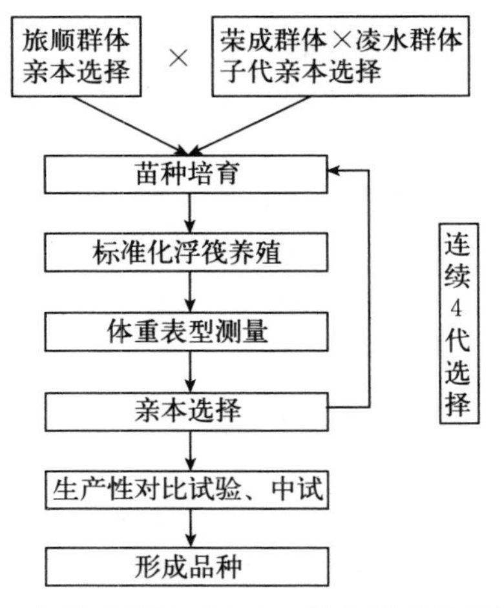

图 1　中间球海胆“丰宝 1 号”选育技术路线

3. 培（选）育过程

中间球海胆“丰宝 1 号”具体选育过程见图 2。

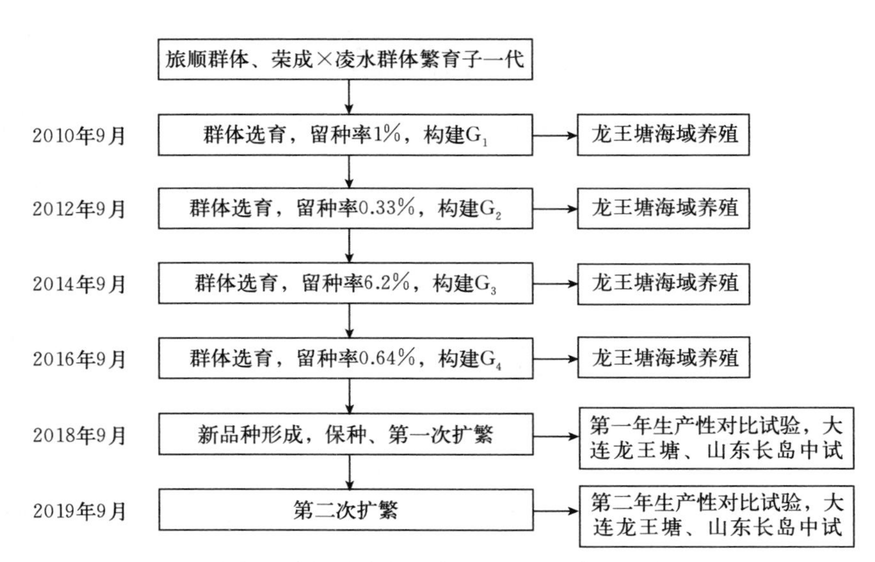

图 2　中间球海胆“丰宝 1 号”选育过程图

（1）2010 年　构建选育 1 代群体。

2010 年 9 月，以体重为选育指标，从大连海洋大学培育的山东荣成群体与大连凌水群体所繁育的子一代中选择种胆 160 只，留种率 1%，选择强度为 2.68；同时，从大连海宝渔业有限公司自有中间球海胆保种群体中选择种胆 650 只，留种率 1%，选择强度为 2.68。利用此 2 个群体的亲本共 810 只，采用混合受精的方法，构建选育 1 代群体。

（2）2011—2012 年　开展选育 1 代群体标准化养殖和生长测定，构建选育 2 代群体。

2011 年 4 月，在龙王塘海域开展选育 1 代群体的标准化养殖和生长测定，2012 年 9 月，以体重为选育指标，从留种群体（450 000 只）中，上选 1 500 只体重最大的海胆做亲本，选择强度为 3.14；采用混合受精的方式，构建选育 2 代群体。

（3）2013—2014 年　开展选育 2 代群体标准化养殖和生长测定，构建选育 3 代群体。

2013 年 4 月，在龙王塘海域开展选育 2 代群体的标准化养殖和生长测定，2014 年 9 月，以体重为选育指标，从留种群体（39 700 只）中，上选 2 450 只体重最大的海胆做亲本，选择强度为 1.92；采用混合受精的方式，构建选育 3 代群体。

（4）2015—2016 年　开展选育 3 代群体标准化养殖和生长测定，构建选育 4 代群体。

2015 年 4 月，在龙王塘海域开展选育 3 代群体的标准化养殖和生长测定，2016 年 9 月，以体重为选育指标，从留种群体（227 200 只）中，上选 1 450 只体重最大的海胆做亲本，选择强度为 2.87；采用混合受精的方式，构建选育 4 代群体。

（5）2017—2018 年　开展选育 4 代群体标准化养殖和生长测定，形成新品种。

2017 年 4 月，在龙王塘海域开展选育 4 代群体的标准化养殖和生长测定。选育群体生长速度快，形成新品种，命名为中间球海胆“丰宝 1 号”。

（三）品种特性和中试情况

1. 品种特性

生长速度快。“丰宝 1 号”中间球海胆新品种经海上养殖 1 年即可收获。在相同的养殖条件下，与中间球海胆“大金”和未经选育组相比，19 月龄体重分别提高 10.88%和 25.75%。

2. 中试情况

2019—2021 年，在大连龙王塘海域、烟台长岛海域 2 个主产区，每个主产区各选择 2 个试验点，连续 2 年开展中间球海胆“丰宝 1 号”与中间球海胆

“大金”和未经选育组完整周期的生产性对比试验，累计试验面积1 545亩。试验结果表明，“丰宝1号”在2个主产区具有较为一致的增产优势。在相同的养殖条件下，“丰宝1号”体重较“大金”提高11.81%，较未经选育对照组提高27.89%。

二、人工繁殖技术

（一）亲本选择与培育

1. 亲本选择

选择“丰宝1号”中间球海胆作为亲本，所选亲本要求1.5龄以上，直径不小于50毫米。个体完整，大棘针形完整、短而尖锐，体质健壮，管足活力强，生殖腺指数不低于25%。

2. 亲本培育

（1）培育环境　宜采用可控温、控光的室内环境进行培育，培养器具宜采用单层浮式网笼，悬挂于水泥池或玻璃钢等材质的水池，水池中设置增氧装置。暂养和促熟期间，要求光照控制在500勒克斯以下，水温4～21℃，全程足量充气培养，保持溶解氧高于5毫克/升。

（2）饲养管理　暂养期间一般不投饵，早、晚各换水1次，换水量为池水容积的1/3～1/2，换水时应及时清除池底污物和死亡个体。

种胆入池后，设置培养密度为15～25个/米^3。培育水温逐步由种胆来源地水温调整至18～21℃，调温幅度不大于1.0℃/天。投喂新鲜海带、裙带菜等大型藻类，1次/天，后期可增投贻贝肉等动物性饵料。早期和中期每天换水100%，后期每天换水50%～70%，7天倒池1次。

（二）人工繁殖

可采用阴干法、注射法等方法对“丰宝1号”进行人工催产。阴干法是指将种胆在室温下阴干1.5～2小时，同温度水流刺激1～1.5小时。注射法是向种胆体腔中注入0.5摩尔/升的氯化钾溶液1.0～1.5毫升。

采卵方法为：将亲胆生殖孔向下，每个海胆单独放置在盛水的容器口上，如锥形瓶等，采卵密度不大于10 000粒/毫升。精卵排出后1小时以内，分别收集精卵，进行授精。低倍镜观察每个卵子周围有3～5个精子即可。

完成授精后，将受精卵泼洒到孵化池中进行孵化，受精卵的孵化密度不大于30粒/毫升。孵化条件为：水温20～22℃，盐度27～35，pH 7.8～8.4。孵化海水与授精时海水温差应在1℃以内。在孵化过程中，用搅耙每隔30～60分钟上、下搅动1次池水，不要使池水形成漩涡。待胚胎发育至棱柱幼体以后，采用拖网法和浓缩法，将浮于孵化水体中上层的幼体选入培育池中进行培育。

（三）苗种培育

苗种培育主要分为浮游幼体培育和稚幼海胆培育两个阶段：

1. 浮游幼体培育

培育条件为：水温 18～22 ℃，溶解氧量高于 5 毫克/升，盐度 27～35，光照不大于 500 勒克斯，水质应符合 NY 5052 要求。

幼体培育密度宜控制在 0.5～1.0 个/毫升。每日换水 1～2 次，每次换水 1/3～1/2。视水质情况，采用吸底或倒池的方法改善水质。采取微充气的方式，每 3～5 米^2 设置 1 个气石。

饵料投喂以角毛藻为主，角毛藻不足时可以小新月菱形藻、等边金藻、扁藻等作补充。每日投饵 2～4 次，日投饵量为 4 腕期之前 1 万～2 万细胞/毫升，6 腕期增至 2 万～4 万细胞/毫升，8 腕期增至 4 万～6 万细胞/毫升。应根据幼虫的密度、摄食情况等因素确定实际投饵量。

幼体发育到 8 腕后期，出现海胆原基 2～3 天后，幼体有管足伸出时投放附着基。采用透明聚乙烯薄膜、透明聚乙烯波纹板及聚乙烯网片作为附着基，投放前应先清洗消毒干净（消毒药物应符合 NY 5071 的要求），并在采苗前在附着基接种、培养底栖硅藻。采苗密度以平均 0.2～0.3 个/厘米^2 为宜。

2. 稚幼海胆培育

培育条件为：光照 1 000～3 000 勒克斯，水温 4～22 ℃，溶解氧量高于 5 毫克/升，盐度 27～35，水质应符合 NY 5052 要求。

培育期间，每日换水 1～2 次，换水量一般为池水容积的 1/3～1/2。每次换水后按换水量进行施肥，以主要元素计，磷 0.2～1 毫克/升、硅 0.1～0.5 毫克/升、氮 1～5 毫克/升、铁 0.01 毫克/升。

当采苗板上底栖硅藻不足，稚胆尚未达到剥离规格时，应补充投喂海带、石莼、羊栖菜等大型海藻的弱嫩藻体。

待苗种壳径生长至 3.0 毫米以上后，可采用软毛刷进行剥离。剥离过程中动作要轻，尽量避免机械损伤。将从采苗板上剥离的幼海胆移到网箱内，内放黑波纹板。

壳径 3.0～5.0 毫米的苗种，培育密度设置为 2 000～5 000 个/米^2；壳径 5.0～7.0 毫米的苗种，培育密度设置为 1 000～2 000 个/米^2；壳径 7.0～10.0 毫米的苗种，培育密度设置为 500～1 000 个/米^2。

培育采用流水饲育或每天换水 2 次，换水量为全部水体的 100%，连续充气。每隔 3～5 天应清底或倒池 1 次，及时清除粪便等。

投喂以新鲜的海带、裙带菜、石莼等大型藻类为主，1次/天，投饵量为体重的10%～20%，视摄食量及残饵量适当调整，每天清除残余饵料及死亡个体。

三、健康养殖技术

（一）健康养殖（生态养殖）模式和配套技术

采用筏式养殖模式。

筏式养殖海区选择在水流清澈、盐度较高、浮泥较少、无工业污染的地方，要求水深10米以上，年水温在－2～25℃，最好在4～20℃。同时应选择海藻自然生长旺盛，易于设置浮筏的海域，溶解氧大于5毫克/升，盐度在28～35，水质应符合NY 5052要求。

养殖设施由浮绠、浮漂、固定橛、橛缆、养殖笼（鲍鱼养殖笼、扇贝养殖笼、塑料筒）等部分组成。筏间距8～15米，笼间距为1.0～2.0米。

一般在每年的3—4月放养苗种。苗种要求壳径不小于1.0厘米，活力好、无病害、无损伤。

一般1.0～2.5厘米的苗种每层80～100个，2.5～4.0厘米的苗种每层30～50个，4.0厘米以上的苗种每层10～20个，随着苗种长大要逐步减小海胆的养殖密度。

投喂海带、裙带菜、石莼、江蓠等大型海藻，日投饵量为中间球海胆体重的5%～10%，投喂量根据水温、个体大小及其摄食状态适量增减，5～10天投喂一次，投喂次数根据季节不同做适当调整。

及时调节养殖水层，春秋季养殖笼（箱）最上层离水面1～3米，高温季节及冬季应降低水层，养殖笼（箱）最上层离水面≥6米，大风浪来临前，应将整个筏架下沉，以减少损失。

随着海胆的生长，应及时增补浮漂。根据个体的大小及时调整养殖笼（箱）网衣的网目，定期检查养殖器材是否有漏洞，及时清除浮泥、附着生物及养殖器材内的敌害生物。

养殖至壳径5厘米以上、体重50克以上、性腺指数18%以上后可收获。

（二）主要病害防治方法

1. 黑嘴病

【病因及症状】该病为细菌性疾病，病原有一定争议，有报道是坚强芽孢杆菌（*Bacillus firmus*），也有报道是弧菌属，最新的研究认为病原是棘皮动物弧菌（*Vibrio echinoideorum*）。患病个体围口膜内侧病变发黑，外观呈青黑色，口器内肌肉同时坏死发黑，不能摄取和咀嚼食物，有的个体甚至口器脱落，随后管足失去附着能力，几天时间即死亡。

【流行季节】春夏交替时的低温期（10～15 ℃）是黑嘴病暴发的高峰期。近几年发现，秋季水温 10～15 ℃时也会暴发黑嘴病。

【防治方法】以防为主，在养殖过程中，应尽量避免人为操作给海胆带来外表损伤和应激，另外，保持良好的水质和营养条件，使海胆保持较高的免疫力。在疾病暴发高峰期前，可使用“水产养殖用药明白纸 2020 年 2 号”给出的药品进行预防，降低养殖水体病原菌数量。

2. 红斑病（紫斑病）

【病因及症状】该病为细菌性疾病，一般认为病原是弧菌属细菌，最新的研究认为病原是溶珊瑚弧菌（*Vibrio coralliilyticus*）。患病个体在发病初期，外壳出现红色或紫色斑点，病灶处棘刺脱落，并不断扩大，但海胆管足仍有附着能力。高温时期患红斑病的海胆几天内即死亡，但在温度下降后，红斑病个体可逐渐恢复，红斑病灶处可再生出新的棘刺。

【流行季节】主要暴发于夏季，水温上升至 20 ℃以上时。

【防治方法】以防为主，在养殖过程中，应尽量避免人为操作给海胆带来外表损伤和应激，另外，保持良好的水质和营养条件，使海胆保持较高的免疫力。在疾病暴发高峰期前，可使用“水产养殖用药明白纸 2020 年 2 号”给出的药品进行预防，降低养殖水体病原菌数量。

四、育种和种苗供应单位

（一）育种单位

1. 大连海宝渔业有限公司

地址和邮编：辽宁省大连市旅顺口区铁山街道柏岚子村 1 号，116045

联系人：冷晓飞

电话：18741166788

2. 大连海洋大学

地址和邮编：辽宁省大连市沙河口区黑石礁街 52 号，116023

联系人：常亚青

电话：13322268973

（二）种苗供应单位

大连海宝渔业有限公司

地址和邮编：辽宁省大连市旅顺口区铁山街道柏岚子村 1 号，116045

联系人：冷晓飞
电话：18741166788

五、编写人员名单

冷晓飞，常亚青，张伟杰，许淑芬，丁君等

合方鲫2号

一、品种概况

（一）培育背景

鲫隶属鲤科、鲤亚科、鲫属。鲫肉质细嫩、味道鲜美、营养丰富，具有较高的经济价值，因此鲫的养殖和消费在淡水鱼类中占有较大的比例。良种研制是渔业发展的龙头，研制和推广养殖优质鱼类品种可以提高产量、改良品质、降低投入、节约资源，一个优良鱼类新品种可以带动养殖业、饲料业及后续产业的发展。

远缘杂交是一种有效的鱼类遗传育种方法，在创制优良品种和防止品种退化方面起着重要作用。远缘杂交能够将遗传组成不同的两个个体或群体的遗传物质重新组合从而形成新的具有杂种优势的后代。本研究团队长期从事鱼类遗传育种研究，通过大量且系统的远缘杂交研究，揭示了鱼类远缘杂交的遗传和繁殖规律，并建立了一步法育种技术和多步法育种技术。利用以上技术研制了一批优质鱼类，其中，通过一步法育种技术，以日本白鲫为母本、红鲫为父本，成功制备了具有多种杂交优势的新型杂交鲫第一代——合方鲫，合方鲫于2017年获得国家级水产新品种证书。将合方鲫作为新的种质资源，利用其优势性状进一步研制出具有生长速度更快、性状整齐、体色和体形像鲫、肉质好等特征的优质新品种，增加优良种质资源类型，满足养殖和消费需求，是研究团队追求的目标。

（二）育种过程

1. 亲本来源

合方鲫2号的原始母本及回交用的父本日本白鲫原产于日本琵琶湖，于20世纪70年代引入我国，80年代开始，湖南师范大学鱼类发育生物学研究室从江西水产科学研究所引进日本白鲫进行人工养殖和培育（最初作为制备三倍体湘云鲫的母本种质资源）。合方鲫2号的原始父本红鲫来源于湘江流域野生群体，20世纪70年代开始，湖南师范大学鱼类发育生物学研究室对红鲫进行自交繁殖和选育，建立了红鲫种质资源库（最初用作制备异源四倍体鲫鲤的母本)。合方鲫 2 号的母本是研究团队利用已选育了 5 代的日本白鲫和红鲫作为亲本所制备的新型杂交鲫第一代——合方鲫。合方鲫 2 号的亲本均具有各自的特征，合方鲫具有生长速度快、表型一致、肉质鲜嫩、体色为青灰色等特征；日本白鲫体色为银白色，具有体背高、繁殖力强、生长速度快等特征；红鲫体色为红色，具有抗逆性强、肉质甜而鲜嫩等特征。合方鲫 2 号的亲本合方鲫和日本白鲫均由"多倍体鱼繁殖与育种技术"教育部工程研究中心（湖南师范大学鱼类遗传育种基地）提供，现保有母本合方鲫 1 万尾、父本日本白鲫 1 万尾，后备亲本合计 2 万尾。

2. 技术路线

合方鲫 2 号培育技术路线见图 1。

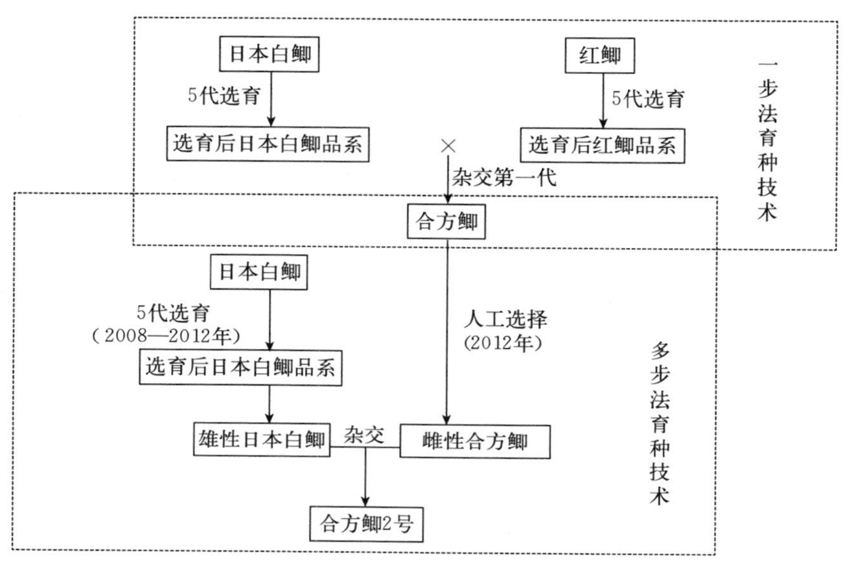

图 1　合方鲫 2 号培育技术路线

3. 培（选）育过程

（1）合方鲫的选择过程　2012 年，研究团队在湖南师范大学"多倍体鱼繁殖与育种技术"教育部工程研究中心，选取 1 200 尾合方鲫苗种进行专池养殖，以生长和成熟度为选择指标进行 2 次选择，选择时间分别为 9 月龄和 12 月龄。在 9 月龄时，研究团队对合方鲫进行称重和性别鉴别，从 1 200 尾中选择 500 尾体重靠前的雌性合方鲫继续进行专池养殖；在 12 月龄时，从 500 尾中选择 400 尾个体大、体形好和成熟度高的雌性合方鲫作为合方鲫 2 号母本。

（2）日本白鲫的选育过程　以湖南师范大学"多倍体鱼繁殖与育种技术"教育部工程研究中心保存的日本白鲫为基础群体（50 雌、50 雄），以生长速度为选育指标，在2008—2012年连续进行5代群体选育。每一世代总共进行4次选择，选择的时间分别为3月龄、6月龄、9月龄及12月龄，对应的选择率分别为50%、50%、10%、10%，总选择率控制在0.25%。经过选育，日本白鲫的生长速度得到显著提升，5代后体重总遗传进展达到42.09%，且性状稳定，变异系数为2.25。

（3）合方鲫2号的制备　2013年5月，研究团队利用选择后的雌性合方鲫与经5代选育后的雄性日本白鲫杂交，制备了合方鲫2号。自2013年以来，研究团队每年都制备合方鲫2号，同时对它们的形态特征、生长速度等生物学特性开展了一系列研究，结果表明合方鲫2号表型稳定、生长速度快。

（三）品种特性和中试情况

1. 品种特性

合方鲫2号具有鲫外形，体高，头小，无须；其腹部呈银白色，背部呈青灰色。与合方鲫相比，合方鲫2号表现出体色略浅、体更高、头更小的特征。合方鲫2号制种过程中具有较高的受精率（90%以上）和孵化率（80%以上）。在相同养殖条件下，1龄合方鲫2号比合方鲫生长速度提高55.8%。合方鲫2号生产性能稳定，不同年份、不同批次制备出的合方鲫2号外形特征一直保持稳定。

2. 中试情况

2017—2018年，在湖南和广东进行了合方鲫2号生产性对比养殖试验，养殖面积达500亩以上，养殖结果表明，合方鲫2号生长速度快、产量高、个体体形好、规格齐。在相同养殖条件下，1龄合方鲫2号比合方鲫生长速度提高55.8%。

2019年起，在长沙市望城区合池农业发展有限公司、双峰县启航种养农民专业合作社、汉寿县洲口镇三益昏水产养殖农民专业合作社、湖南宏硕生物科技有限公司、桃源县渔粟生态养殖专业合作社、沅江市水产科学研究所、武冈市鱼苗场、广州市诚一水产养殖有限公司、吉林农业大学等地对合方鲫2号进行了中试养殖试验，养殖结果表明，合方鲫2号鱼苗成活率高、生长速度快、体形均一，经济效益显著，在生产上具有明显优势，是优质的养殖品种。另外，合方鲫2号适合在北方盐碱水体养殖，其夏花在盐碱水体中的成活率达92%以上。

二、人工繁殖技术

（一）亲本选择与培育

1. 亲本选择

合方鲫2号亲本合方鲫和日本白鲫均由“多倍体鱼繁殖与育种技术”教育

部工程研究中心（湖南师范大学鱼类遗传育种基地）提供。挑选体质健壮、体色鲜艳、无病无伤、体重大于500克的个体作为亲鱼。

2. 亲本培育

（1）培育环境　亲鱼培育池一般选择土池或水泥池，要求水源条件好，进排水方便，水质清新，阳光充足，距产卵池、孵化场不能太远。水泥池面积以100～200米^{2}为宜，土池面积以1 000～2 000米^{2}为宜，水深1.5～2.0米，长方形为好，池底平坦，以便管理和捕捞。亲鱼入池前10～15天进行清池消毒，药物使用符合国家水产养殖用药的规定。

（2）饲养管理　每亩放养亲鱼200～250千克，雌雄鱼应分池培育，套养少量鲢、鳙等鱼类，严禁鲤、其他鲫混入。投喂配合饲料，一般每天投喂2～3次，确保亲鱼性腺发育良好。

（二）人工繁殖

1. 催产技术

催产激素使用促黄体素释放激素类似物（LRH－A_3）与绒毛膜促性腺激素（HCG）。雌鱼LRH－A_3的用量为10微克/千克，HCG的用量为600国际单位/千克，雄鱼用量为雌鱼的一半。注射方法为胸鳍基部无鳞处倾斜45°注入腹腔，采用一针注射法以提高亲鱼的存活率。

2. 人工授精

采用干法授精，先将亲鱼体表水分擦干，同时将精卵挤入干燥的搪瓷盘内，用硬羽毛轻轻快速搅匀，使精卵充分混合。

3. 孵化技术

使用蜂巢式鱼苗孵化器进行孵化。先将受精卵均匀黏附在网孔为40目的网片式人工鱼巢上，再将一张张网式鱼巢平行悬挂在网片悬挂装置上，网片间距10厘米，网片距水底10厘米，孵化器底部中央有喷水管、充气管，喷水管喷出的水压>0.1兆帕，充气管与气泵相接，气泵以0.2～0.7千克/厘米^{2}的压力向孵化器内水体充气，进入孵化器的水流量为1～2吨/(小时・米^3)。

（三）苗种培育

1. 鱼苗培育

鱼苗放养前10～15天应清塘消毒。清塘用药物名称、用量及方法见表1。鱼苗放养前5～7天用发酵腐熟的生物有机肥或绿色植物培水。正式放苗前需进行试水，检查清塘药物药性是否消失，具体操作为：在鱼苗池中放置一小苗箱，投放100～150尾鱼苗至小苗箱中，24小时内观察鱼苗活动情况。每亩放养10万～15万尾，一次放足。

表1　清塘用药物名称、用量及方法

药物种类	用量（千克/亩）		操作方法	药性消失时间（天）
	水深0.2米	水深1.0米		
生石灰	60～70	120～150	用水溶化后全池泼洒	7～10
漂白粉	3～5	15～20	用水溶化后，立即全池泼洒	3～5

2. 鱼种培育

鱼苗全长3.5～4.0厘米时，分苗到鱼种池培养。放养前池塘消毒及培水的方法同鱼苗培育池，放养鱼种前5～7天注水使池水水深达到1～1.5米，每亩放养1.0万～1.5万尾。

三、健康养殖技术

（一）健康养殖（生态养殖）模式和配套技术

1. 池塘养殖

（1）养殖环境　水源条件好，进排水方便，水质清新，阳光充足。水深1.5～2.0米，长方形为好，池底平坦，以便管理和捕捞。放养前10～15天进行清池消毒，药物使用符合国家水产养殖用药的规定。

（2）养殖密度

主养密度：每亩放养50～150克鱼种1 500～2 000尾，搭配放养总尾数15%～20%的鲢、鳙和5%的鳊鱼种。

套养密度：每亩放养50～150克鱼种300～500尾。

（3）饲养管理　严格按照岗位责任制每天3次巡塘，早、中、晚各1次，做到“三查、三勤”，通过观察水体肥瘦来决定投饵、追肥及注水的时间和数量等。早上查看是否浮头，消灭有害昆虫及其幼虫，勤除杂草；午后查看鱼活动情况、有无疾病发生；傍晚查看池水水质、天气、水温、投饵和施肥情况、加水情况和鱼的活动情况，并根据观察到的情况决定次日投饵、施肥等的数量。

（4）注意事项　要建立相应的池塘养殖日志，内容包括对养殖过程中的一系列措施及投入品的记载，以后可根据档案中记录的详细情况，及时进行鱼苗、鱼种培育相关调整，防止意外情况突发等。

（二）主要病害防治方法

1. 水霉病

【病因及症状】由真菌寄生于鱼体表引起，感染部位覆盖白色棉絮状物，严重时皮肤破损，肌肉裸露，鱼体消瘦。

【流行季节】春冬季节。

【防治方法】用0.04%食盐和0.04%小苏打合剂全池泼洒；按说明书使用复方甲霜灵粉。

2. 鲺病

【病因及症状】由鲺（小型甲壳类）寄生于鱼的体表和口腔引起的鱼病。鱼极度焦躁不安，体表充血，同时分泌大量黏液，严重时鱼体表皮被虫体刺破出血，伤口发炎溃疡。

【流行季节】一年四季。

【防治方法】病鱼池用生石灰消毒后换上新水；按说明书使用硫酸铜与硫酸亚铁合剂。

四、育种和种苗供应单位

（一）育种单位

1. 湖南师范大学

地址和邮编：湖南省长沙市麓山路36号，410081
联系人：罗凯坤
电话：13974802308

2. 湖南岳麓山水产育种科技有限公司

地址和邮编：湖南省长沙市岳麓区桔子洲街道桃子湖文创园，410006
联系人：覃钦博
电话：18670747358

（二）种苗供应单位

1. 湖南师范大学

地址和邮编：湖南省长沙市麓山路36号，410081
联系人：罗凯坤
电话：13974802308

2. 湖南岳麓山水产育种科技有限公司

地址和邮编：湖南省长沙市岳麓区桔子洲街道桃子湖文创园，410006

联系人：覃钦博
电话：18670747358

五、编写人员名单

刘少军，覃钦博，刘庆峰等

杂交鲟“京龙1号”

一、品种概况

（一）培育背景

鲟养殖产业在我国经历20余年飞速发展后，暴露出亲鱼种质良莠不齐、近亲繁殖、苗种抗逆性下降、养殖成活率低等问题，严重影响产业生产效率。因此，研究团队针对鲟产业发展对优良种质的迫切需求，开展了鲟杂交选育研发。自我国鲟产业化发展初期，西伯利亚鲟和施氏鲟就是主要的商品鱼养殖种类。选取这两个种类杂交，可以避免近亲繁殖；同时选育出具有生长优势明显、适应性强、食性广等优良性状的杂交鲟。

杂交鲟“京龙1号”是以西伯利亚鲟欧洲群体原种和施氏鲟黑龙江群体原种为基础群体，以体重为选育指标，配合分子标记辅助遗传多样性分析及种质鉴定，分别经2代群体选育后，以西伯利亚鲟为母本，施氏鲟为父本，杂交获得的子一代。杂交鲟“京龙1号”显著改善了双亲的缺点，在相同养殖条件下的1～2龄商品鱼养殖阶段，对比双亲具有明显的生长优势，养殖商品鱼能够提前1个月以上上市。杂食性，养殖成活率高，规格整齐。适宜在我国各地水温28℃以下的人工可控的淡水水体中进行养殖。

（二）育种过程

1. 亲本来源

母本：西伯利亚鲟 *Acipenser baerii*。母本西伯利亚鲟是1999—2004年从德国、法国、匈牙利、意大利等欧洲国家引进的原种1批次10万尾仔鱼及9批次240万枚受精卵，经过2代以生长速度作为选育指标的群体选育后获得的6龄以上西伯利亚鲟选育系。

父本：施氏鲟 *A. schrenckii*。父本施氏鲟是1998—2002年从黑龙江省抚远县捕捞的野生施氏鲟人工繁殖后代原种5批次56万尾苗种，经过2代以生长速度为选育指标的群体选育后获得的6龄以上施氏鲟。

2. 技术路线

杂交鲟“京龙1号”培育技术路线见图1。

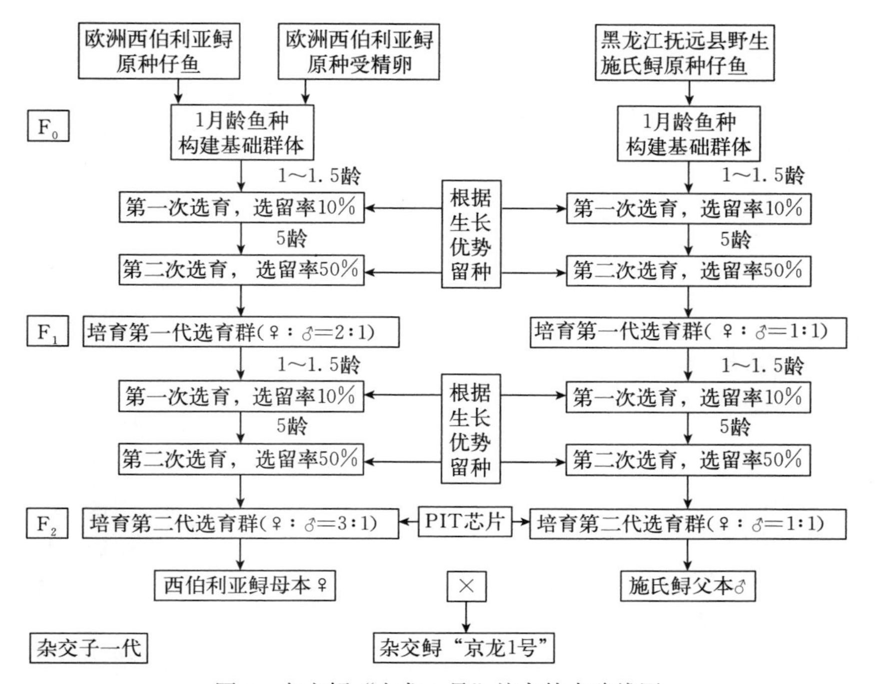

图 1　杂交鲟“京龙 1 号”培育技术路线图

3. 培（选）育过程

（1）亲本选育　以生长速度为选育指标，对母本西伯利亚鲟和父本施氏鲟进行两次群体选育。在 1～1.5 龄达到商品鱼规格前以 10%选择率进行第一次选育；在 5 龄达到性成熟前以 50%选择率进行第二次选育。两次综合选择率 5%。

① 母本西伯利亚鲟选育。

F_1 选育：1999—2004 年，引进 1 批次 10 万尾仔鱼及 9 批次 240 万枚受精卵，每批次随机选择 5 000 尾 1 月龄仔鱼作为基础选育群体。第一次选育在 1～1.5 龄，选择体质健壮、具有生长优势的鱼种留作后备亲鱼继续培育，选留率为 10%。第二次选育在 5 龄左右，选留体质健壮、具有生长优势的后备亲鱼做体外标记，并鉴别雌雄，雌雄比例 2∶1，继续培育用作 F_1 亲鱼，选留率 50%。两次合计选择率 5%。2010 年，经过 11 年选育，完成 F_1 选育。

F_2 选育：最早筛选到性成熟 F_1 是在 2006 年（为 1999 年引进的苗种）。2006—2010 年，连续 5 年从 6 龄以上 F_1 群体中选择体形好的亲鱼进行人工催产，制备 F_2 选育群体。利用微卫星标记进行群体遗传背景分析，避免近交衰退。同时雌雄亲本尽量选择来自不同年龄段、至少不同批次引进的 F_1。每尾雌鱼至少配3尾雄鱼精液进行人工授精。每年选留5尾以上雌鱼的后代。在1月龄生长稳定后，从每尾雌鱼后代中随机挑选活力好的鱼苗1 000～2 000尾，每年不超过1万尾鱼种留作F_2选育群体。在1+龄达到商品鱼规格时进行第一次选择，选留无畸形、体格健壮、具有生长优势的个体继续培育为后备亲鱼，选择率10%；5龄性成熟前进行第二次选择，选择个体健壮的后备亲鱼作为F_2选育系，雌雄比例2∶1，选择率50%，继续培育至性腺发育成熟。F_2首批达到性成熟是在2012年。2016年，完成6龄以上F_2西伯利亚鲟选育系的选育工作，雌雄比例3∶1，并用PIT电子芯片标记选育系。

② 父本施氏鲟选育。

F_1选育：1998—2002年，购买从黑龙江（主要在佳木斯市抚远县）捕获的野生施氏鲟亲鱼剖腹取卵进行人工繁殖的受精卵和鱼苗5批次56万尾，每批次选留5 000尾1月龄鱼种作为选育基础群体。选育路线同西伯利亚鲟，依据生长优势，分别在1+龄和5龄进行选育，选留率分别为10%和50%。2007年，完成F_1选育系的选育工作，6龄以上F_1选育系雌雄比例约1∶1。

F_2选育：最早筛选到性成熟的F_1施氏鲟雌鱼是在2005年（为1998年引进的苗种）。2005—2007年，连续3年从6龄以上F_1群体中选择体形好的雌鱼及5龄以上性腺发育成熟的雄鱼进行人工催产，制备F_2选育群体。每年选留来自5尾以上不同母本的1月龄鱼种1万尾左右，作为F_2选育群体。选育路线同西伯利亚鲟，依据生长优势，分别在1+龄和5龄进行选育，选留率分别为10%和50%。2014年，完成7龄以上F_2施氏鲟选育系的选育工作，雌雄比例1∶1，并用PIT芯片标记。

（2）杂交鲟“京龙1号”制备　从2012年开始，筛选到第一批性腺发育成熟的西伯利亚鲟F_2选育系雌鱼（1999年引进种，2006年F_1选育系繁殖的F_2苗种），以及施氏鲟F_2选育系雄鱼（2005—2007年F_1选育系繁殖的F_2苗种），经过人工催产、人工授精，制备了西伯利亚鲟F_2选育系（雌）与施氏鲟F_2选育系（雄）的杂交子一代，定名为杂交鲟“京龙1号”。

（三）品种特性和中试情况

1. 品种特性

杂交鲟“京龙1号”外部形态符合鲟形目鲟属鱼类特征。口裂较小，一字形。歪形尾，鳃盖膜彼此不相连而与峡部相连。体裸露无鳞，具5列骨板。与母本西伯利亚鲟不同，骨板上具有棘，但没有父本施氏鲟的棘锐利；第一背骨板不是最大的骨板，身体最高点不在第一骨板处；侧骨板通常与躯干部颜色相似。吻须4根，介于吻突与口裂之间，稍靠近口裂。鳃耙无结节。

在相同养殖条件下，杂交鲟“京龙1号”对比双亲具有明显的生长优势：

与母本西伯利亚鲟相比，12 月龄（1 龄）鱼体重提高 22%；与父本施氏鲟相比，12 月龄（1 龄）鱼体重提高 26%。适宜在我国各地水温 4～28 ℃人工可控的淡水水体中进行养殖。

2. 中试情况

2017—2020 年，杂交鲟“京龙 1 号”苗种在河北省阜平县、曲阳县等地进行了连续两年生产性对比中试试验示范，累计试验示范面积 260 余亩。在 9～24 个月的商品鱼养殖阶段，体重比西伯利亚鲟平均增重 23.6%，比施氏鲟平均增重 27.6%，养殖杂交鲟“京龙 1 号”商品鱼比西伯利亚鲟和施氏鲟能够提前至少 1 个月上市，取得了良好的经济效益。

在云南上村开展连续两年中试试验，试验面积 400 余亩。养殖 1 年的杂交鲟“京龙 1 号”的生长速度比西伯利亚鲟平均快 29.5%，比施氏鲟平均快 34.1%；亩产量比西伯利亚鲟平均提高 44.4%，比施氏鲟提高 46.5%。在河北涉县开展两年生产性对比试验，面积 800 亩。养殖 1 年的杂交鲟“京龙 1 号”生长速度比西伯利亚鲟平均快 29.05%，比施氏鲟平均快 29.45%；亩产量比西伯利亚鲟平均提高 40.6%，比施氏鲟平均提高 41.2%；养殖成活率比西伯利亚鲟和施氏鲟平均提高 10%以上。

二、人工繁殖技术

（一）亲本选择与培育

1. 亲本选择

在 F_2 选育系后备亲鱼中，活体穿刺选择卵细胞发育到Ⅳ期末、卵径大于 2.8 毫米的西伯利亚鲟雌鱼，以及穿刺有白浆、显微镜压片可见精子的施氏鲟雄鱼，进行人工催产。

2. 亲本培育

（1）培育环境　在水泥池、池塘或工厂化车间等人工养殖条件下均可培育亲鱼到性腺发育成熟，达到能够催产程度Ⅳ期。养殖水温控制在 4～28 ℃，水体溶解氧含量尽量不低于 5 毫克/升。

（2）饲养管理　投喂鲟亲鱼专用全价配合饲料，日投饵率 0.5%～1%，日投饵 1～2 次。坚持“四定”及“八分饱”投喂原则。根据天气、生长、摄食等情况调整相应投喂量。

（二）人工繁殖

用促性腺激素释放激素类似物配合地欧酮进行西伯利亚鲟和施氏鲟选育亲鱼的人工催产。雌鱼注射两次，雄鱼注射一次，注射剂量随繁殖季节和水温调整。观察到有卵粒游离排出体外后进行腹部切口手术取卵，游离于卵巢腔的卵子从生殖孔和手术切口同时被挤出，卵粒挤净后，用医用丝线缝合伤口。人工授精前滤掉卵巢液，将收集好的精液稀释100倍左右，迅速与卵子混合，并用羽毛搅拌3～5分钟完成授精。用滑石粉悬浊液脱黏30～40分钟，使卵粒不粘连后，置于孵化器进行胚胎孵化，进入小卵黄栓期后随机取样统计受精率。孵化水温尽量保持在14～18℃，5～7天孵出仔鱼。

（三）苗种培育

1. 仔鱼培育

（1）准备工作

① 育苗池。育苗池采用直径2米、高50厘米的圆形玻璃钢水槽，中心位置设排污口及防逃逸设施。水位保持在30～40厘米。放苗前2天鱼池用3%的食盐水消毒。

② 饵料。刚开口的鲟仔鱼主要摄食动物性饵料。养殖场需要提前3天购入常用的活体水蚯蚓，置于低温水体中净化。同时购买符合仔鱼营养需求的专用全价人工配合饲料。

③ 水源。使用地下井水或涌泉水，需符合《渔业水质标准》，水温15～18℃，pH 7.8～8.1，经曝气后注入养殖池。

④ 增氧设施。采用机械增氧或添加液氧，保证养殖水体中溶解氧量充足。

⑤ 用具和药品。鱼苗培育期间常用的工具和药品有小捞网、小网箱、排污吸管、天平、温度计、测氧仪及食盐等。

（2）培育方法

① 仔鱼放养。每个养殖水槽初放养仔鱼8 000～10 000尾为宜。放苗时保证运输袋水温与养殖池水温一致，应先将运输袋放入池水中缓温，袋内外水温一致时逐渐往袋中加入池水，再将仔鱼放入养殖池中。

② 水质要求。鱼苗刚投放时，水流量不宜过大，以利于鱼苗摄食饵料。随着鱼体长大，注水量应逐渐增加，以保证养殖水质清新。仔鱼时期对水温变化较为敏感，适宜水温在16～18℃，在仔鱼暂养期水体昼夜温差不应超过2℃。水体溶解氧量保持在5毫克/升以上，保证鱼苗正常摄食。

③ 投饵管理。

开口时间：仔鱼开口前以卵黄囊内源性营养为主。仔鱼由上浮转为沉底聚集，再散开游动，此时卵黄囊吸收基本完成，仔鱼肠道内黑色色素栓排出体外，就可以进行开口驯化。根据水温情况，一般在出苗后7～9天开始投饵驯化。

投喂方法：仔鱼的开口驯化采用水蚯蚓和配合饲料混合投喂法。初期以投喂水蚯蚓为主，逐渐添加全价人工配合微胶囊颗粒饲料，饲料粒径 0.15～0.2 毫米。水蚯蚓用 2%的食盐水消毒并绞碎后投喂，初期最好静水投喂，日投喂量为体重的 30%～40%，分 8 次投喂。随着鱼苗的生长逐渐加大饲料的粒径及投喂比例，降低水蚯蚓的投喂比例，直到鱼苗完全摄食人工配合饲料。通过混合投喂法，仔鱼在开口 20～30 天后可以完全过渡到摄食配合饲料。对于驯化效果不好的鱼苗，要及时分池饲养，强化培育。

④ 日常管理。

分级饲养：鱼苗个体生长差异较大，因此要对鱼苗及时进行不同规格分池饲养，以提高成活率。

清污：清污是培育鱼苗期间不可忽视的一项工作，每次投喂前要将残饵、粪便、死鱼及时清除，否则会直接影响水质，影响鱼苗的成活率。此外，必须坚持严格的消毒措施，特别是养殖工具用完后要及时消毒，一般用 25%～30%的高锰酸钾溶液浸泡。

2. 幼鱼培育

采用水泥池或玻璃钢水槽培育，设施面积在 3～10 米^2，不易过大；水位保持在 40～50 厘米，水温 16～18 ℃，水体溶解氧量在 5 毫克/升以上；每平方米可放养 5 厘米左右的鱼种 500～800 尾。投喂全价人工配合饲料，日投喂率 3%～5%，日投喂 6 次。随着苗种的生长，及时按不同规格分级管理，调整放养密度、日投饵率、投喂次数、饵料粒径和水流量。坚持每次投喂前清污、捞除死鱼，做好日常管理记录。经 40 天左右的培育，鱼种体长可达 15～20 厘米。

三、健康养殖技术

（一）健康养殖（生态养殖）模式和配套技术

1. 水泥池流水养殖模式

（1）*养殖池条件*　养殖池为长方形、圆形或八角形等，面积在 80～100 米^2，水位保持在 60～100 厘米；水源为地下井水、河水或涌泉水等，pH 7.5～8.2；水质良好无污染，经曝气后注入养殖鱼池。每池配备增氧机 1 台或液氧添加设备。

（2）*鱼种放养*　当养殖水温达到 15 ℃左右，就可以投放鱼种。初放平均尾重 20～30 克的鱼种，放养密度为 40～50 尾/米^2，随着生长适时调整放养密度。鱼种放养前用 2%的食盐水浸泡 2～3 分钟消毒。

（3）*投喂管理*　饲料采用全价人工配合饲料，粗蛋白含量在 40%～43%，前期蛋白含量要高。饲料粒径根据鱼种口径大小调整，日投饵率在 2%～4%，分4～6次投喂，根据鲟夜间觅食习性可增加夜间投喂量。坚持“四定”及“八分饱”投喂原则。

（4）*日常管理*　坚持每天排污1～2次，并及时清理死鱼；每天测量水体溶解氧含量，以调整水流量或适时启动增氧机；每月进行抽样检查，做好体长、体重的测量记录，根据生长情况调整放养密度、投饵率、投饵次数；每15天左右进行鱼池清洗工作。夏季高温要采取遮阴措施防止池水温度过高，阴雨天气加强值班巡视，严防意外情况发生而造成不必要的损失。

2. 池塘养殖模式

（1）*养殖池条件*　选择水源充足、水质良好、交通方便、电力设施齐全的位置建场；水源可以是河水、水库水、地下水等；鱼池面积在5～8亩为宜，水深在1.5～2.0米；土质以壤土或硬质沙壤底为好，保水性好，淤泥厚度10～20厘米。在每口池塘周边设置2～3个饵料台，利于投喂；每口池塘配备1～2台功率为3.0千瓦的叶轮式增氧机。

（2）*池塘消毒*　将池塘干塘暴晒7～10天，彻底清除杂草，利用生石灰75千克/亩干池泼洒。先注水至50～80厘米，逐渐加注水量，以利于水温提升，一般7～10天后药效消失便可放养鱼种。

（3）*鱼种放养*　池塘养殖模式一般放养大规格鱼种，以保证成活率，放养规格在100～150克/尾。当池水温度上升到15℃左右时放养鱼种。放养密度10～15尾/米^2，每亩6 000～10 000尾。鱼种要用2%的食盐水消毒2～3分钟再下塘。

（4）*生态套养*　每亩池塘套养规格为100克/尾的鲢鳙鱼种150～200尾，以利于水质调节；不能套养鲤，避免竞争抢食。

（5）*投喂管理*　饲料采用全价人工配合饲料，饲料蛋白含量在40%以上，日投饵率2%～4%，日投喂4～6次。坚持“四定”“八分饱”原则，掌握“慢—快—慢”的投喂方法，即先少量投饲吸引鱼种摄食聚集，再加快投饲，后再少量投饲。

（6）*日常管理*　坚持巡塘制度，做好水温、溶解氧、生长记录；根据生长情况、天气变化、水温变化、摄食状况等及时调整饵料粒径、投饵率、投饵次数；定期加注新水，尤其是要在夏季高温季节加注低温水源，保证池水温度在26℃以下；发现缺氧征兆要及时开启增氧机，特别是阴雨天要防止泛塘；高温季节要向池塘定期泼洒微生态制剂，加强水质调控，保持良好的水质环境。

（7）*越冬管理*　越冬鲟的池塘要提前15天用生石灰清塘，并塘时操作要轻，尽量不要使鱼体受伤，入池前用2%的食盐水浸泡消毒2～3分钟。越冬鲟要强化培育，冬季水温低，鱼类的免疫力下降，加上长期得不到食物，会逐渐消瘦，并容易感染各种细菌。因此，在结冰前1个月，应强化培育，并在饲料中添加多种维生素，增强鱼的体质和抵御不良环境的能力。在结冰前只要水温不低于5℃，都应该坚持投喂。越冬期间定期补充新水，及时清扫冰上覆雪，破除乌冰。水位保持在1.5～1.7米。

3. 简易工厂化温棚微流水养殖模式

（1）*养殖池条件*　养殖池为水泥池，面积100～150米²，水位1.0～1.5米，进排水独立，坡降5%～10%，鱼池最低处或池底中央设排污口。设置简易镀锌管架大棚，夏季顶部盖遮阴网，冬季覆盖塑料薄膜。水源采用地下井水，水质清新无污染，经曝气池曝气后注入养殖池。每池配备功率为0.75千瓦的增氧机1台，或全场配备液氧添加设备1套（液氧储存罐、输气管道、纳米管、自动控制设备等）。

（2）*池塘消毒*　采用二氧化氯、漂白粉或高锰酸钾消毒，全池泼洒。净水冲洗后注入新水。

（3）*鱼种放养*　当水温上升到15℃左右时，选取体质健康、无伤无病、活动能力强、规格整齐的鱼种经2%的食盐水消毒后放养入池，放养规格要求平均体重在50～100克/尾，初放养密度30～40尾/米²。

（4）*饲料投喂*　投喂全价配合饲料，蛋白含量在40%以上，不同养殖阶段的饲料粒径做出相应调整。日投饵率2%～4%，日投饵4～6次。坚持“四定”“八分饱”原则。根据天气、生长、摄食等情况计算好相应投喂量。

（5）*日常管理*　坚持巡视制度，做好日常记录；每天排污一次，集中换水一次，每次换掉1/4～1/3池水。适时开启增氧设备，保证养殖水体溶解氧量在5毫克/升以上。高温季节每周使用一次微生态制剂来改良水质，加注低温井水使养殖水温不超过26℃，以保证其良好的生长摄食环境。每月进行一次打样工作，根据生长情况及时进行规格分级，调节放养密度。

4. 全封闭式工厂化循环水养殖模式

（1）*养殖条件*　交通方便、电力设施齐全、水源充足且符合《渔业水质标准》。一般采取室内养殖，养殖车间与水处理系统分开布置。养殖池一般为水泥池，形状有圆形、长方形、八角形等，池壁光滑，面积一般在100～200米²，水位保持在1.2～1.5米，中央排污，坡降5%～10%，利于集污排污。每池安装增氧机或车间配备液氧添加系统。

（2）*循环水工艺流程*　水处理技术是循环水养殖的关键技术，主要包括固液分离、生物降解、曝气调温、灭菌消毒、增氧等环节。同时配备自动控制设备、在线水质监测系统、水泵、配套管路等。养殖尾水经水处理系统处理后再重新注入养殖池，达到循环再利用的节水目的。

（3）*鱼种放养*　投放鱼种规格在20～30克/尾，初始放养密度60～80尾/米²。密度不宜过大，严防鱼种间互相摩擦受伤，导致病害发生。

（4）投喂管理　选择质量和信誉好的饲料企业，保证饲料营养物质搭配全面、质量长期稳定。饵料在水中稳定性强、不易溶散、饲料粉末少，适口性好且易转化吸收利用，日投饵率2%～4%，日投喂4～6次，夜晚适当增加投喂量，可利用自动投饵机定时投喂。坚持“四定”“八分饱”的投喂原则。

（5）日常管理　坚持完善的水质监测制度，加强日常巡视，定期维护设备，保证养殖车间及水处理系统的正常运转；养殖池及沉淀池要定期排污，生物降解池要定期排污或反冲洗。养殖期间新水日补充量在20%～30%，必要时加大交换量。养殖过程做好生产记录并根据生长情况及时进行规格分级饲养，调整放养密度、投饵率、投饵次数。适时采取增氧措施，保证水体溶解氧含量不低于5毫克/升。

（二）主要病害防治方法

1. 水霉病

（1）病因　由真菌感染引起，主要是水霉属真菌，鱼体受伤时易感染。

（2）症状　感染水霉的鱼卵表面附着一层白色絮状物，在水中看上去像一个个小棉球。患病的鱼种或成鱼体表好似长了白毛。如不及时处理，胚胎将死亡，病鱼会食欲减退，逐渐瘦弱而死。主要危害鱼卵和幼鱼，附着在卵或幼鱼的表面。

（3）防治　及时将死卵挑出；鱼卵可用0.5毫克/升的水霉净每日浸泡一次，一次15～20分钟，连用3天。苗种或成鱼可用2%～3%的食盐水浸泡5～10分钟。

2. 细菌性肠炎病

（1）病因　病原菌为点状产气单胞杆菌。水质败坏或饲料变质引起。

（2）症状　病鱼不摄食，肛门红肿，轻压腹部有黄色液体流出，肠壁充血，弹性差，后段有大量黄色黏液，肠内无食物。如不及时治疗会导致死亡。幼鱼到成鱼的各个阶段都可能发生。

（3）防治　用氟苯尼考或大蒜素做药饵，添加量为每千克饲料3～5克，连续投喂3～5天。

3. 细菌性败血综合征

（1）病因　病原菌为气单胞菌。鲟养殖中放养密度过大，流水养殖中水流量过小、水质交换不充分，或者饲料质量不好，造成鱼体免疫力下降时易感染。

（2）症状　病鱼体色发白，腹部膨大水肿，腹骨板充血，鳍条出血，肛门红肿，常有黄色或血色黏液流出。病鱼少数下潜困难，死鱼多数仰卧或侧卧，部分漂浮水面。肝细胞发生了空泡变性、慢性炎症，最后导致肝细胞坏死。

（3）防治方法　配制中药药饵，茵陈3克，板蓝根2克，鱼腥草2克，穿心莲2克，大黄1克，煎汁后拌料1千克，连用5～7天；1毫克/升二氧化氯浸洗1小时，连用3～5天。

4. 弧菌病

（1）病因　病原菌为弧菌。鲟养殖密度大、水环境条件较差、水中的溶解氧不足时易感染。

（2）症状　发病初期体表有瘀血点、瘀斑、不规则红斑，多见于腹部及尾部。严重时吻端充血，鳍基充血发红，尾柄肌肉腐烂，形成出血性溃疡。肝、脾、肾、肠均充血，肝脏肿大呈土黄色，肠道内有淡黄色溶液。镜检病灶处组织可见微弯曲的细菌。

（3）防治方法　内服氟苯尼考抗菌药饵，每千克饲料添加2～4克，疗程3～7天；用聚维酮碘3～5毫克/升浸泡0.5小时。

5. 细菌性烂鳃病

（1）病因　病原菌为柱状屈挠杆菌。水质变坏引起。

（2）病状　病鱼行动迟缓，体色较淡，离群独游，鳃上黏液增多，鳃丝红肿，鳃的某些部位因局部缺血呈淡红色或白色；严重时，鳃小片坏死脱落，鳃丝末端缺损。

（3）防治方法　口服添加大蒜素的抗菌药饵，每千克饲料添加3～5克，疗程5～7天；外用2%～3%的食盐水浸洗3～5分钟。

6. 应激性出血病

（1）病因　操作或天气、水温突变等原因引起。

（2）症状　该病发病前鱼无明显症状，活动正常，但当外界环境发生剧烈变化时，如水温突变、水质突然变坏、长途运输等，鲟全身快速充血和出血，造成大量死亡。发病时鲟的鳃盖、鳃丝明显地充血、出血，腹骨板和背骨板充血明显。

（3）防治方法　投喂全价优质的饲料；定期投喂一些中草药饵。倒池或进行鱼苗长途运输时，密切注意水温、溶解氧变化，操作要轻。

7. 车轮虫病

（1）病因　病原体为车轮虫。

（2）症状　寄生数量少时无明显症状；数量多时病鱼消瘦，游动缓慢，肠道无食物，严重时能引起死亡。苗种到成鱼的各个阶段都会发生，主要寄生于体表和鳃上。

（3）防治　将病鱼用2%～3%的食盐水浸泡5～10分钟，连用3～5次。

8. 小瓜虫病

（1）病因　病原体为小瓜虫，流行于春季低温季节。

（2）症状　病鱼的体表和鳃丝上可见白点，严重时白点连成片。病鱼食欲减退，日益消瘦，当鳃丝被大量寄生时会引起鳃组织坏死、影响呼吸甚至导致死亡。主要危害幼鱼。

（3）防治　用50毫克/升的甲醛溶液浸泡30～60分钟。

9. 肝性脑病

（1）病因　由于饲料、添加剂产生的毒物使肝首先受损，引起肝组织病变，发生肝坏死，导致肝内、体内代谢毒物不能在肝脏解毒，这些毒物经血液输入脑组织，使脑中毒、病变、坏死。脑坏死成为致死因素，同时也会发生其他肝性综合征。

（2）症状　发病初期鲟乱窜、狂游、跳跃；到后期则出现昏迷、沉底、缓游、反应迟钝等症状，直至死亡。病鱼体色、体表（黏液）正常，偶有头部前端和吻部腹面表皮脱落，背面粉红。解剖发现肝脏紫色、褐色或灰色，肝糜烂，胆囊正常，肠内无食物，体内未见异常组织结构，脑组织坏死、糜烂，难辨结构。

（3）防治　合理投饲，顺利转食。采用全价鲟配合饲料，并采取正确的投饲方法：禁止投喂对肝有损害的物质，合理用药，避免药源性肝损害以及肝病；合理添加维生素E和胆碱，有利于肝功能恢复；使用保肝、健脾、解毒等功效的中草药复合制剂，提高鲟的非特异性免疫水平，可有效防治肝病及肝性脑病。

四、育种和种苗供应单位

（一）育种单位

1. 北京市农林科学院水产科学研究所

地址和邮编：北京市丰台区马家堡路角门18号，100068

联系人：胡红霞

电话：010－67583152

2. 北京鲟龙种业有限公司

地址和邮编：北京市怀柔区九渡河镇局里村北京鲟龙种业有限公司，101402

联系人：石振广

电话：13803664988

（二）种苗供应单位

1. 北京市农林科学院水产科学研究所十渡鲟鱼繁育场

地址和邮编：北京市房山区十渡镇西河村，102411

联系人：郭洪胜

电话：13901083850

2. 北京鲟龙种业有限公司

地址和邮编：北京市怀柔区九渡河镇局里村北京鲟龙种业有限公司，101402

联系人：姜松

电话：15321819876

五、编写人员名单

胡红霞，朱华，马国庆，石振广，姚志刚，田照辉，宋海亮等

杂交鳢“雄鳢1号”

一、品种概况

（一）培育背景

鳢是我国重要的优质淡水鱼类，产量高、肉质好，无肌间刺，药用价值高，经济效益好，深受消费者喜爱。近年来，鳢养殖产量稳步增长，2020年产量达50.11万吨，主产区分布在广东、山东、浙江等地。由于鳢养殖单产高、经济效益好，已成为我国重要的特色淡水养殖品种之一。

鳢科鱼类性别二态性特别显著，雄性个体生长速度快、个体大、饲料系数低，而雌鱼生长慢、个体小、运输成活率低，且性腺发育导致饲料系数升高。在商品鱼定价中，1千克以上的大个体比1千克以下的小个体每千克高6～10元。目前，养殖群体中的小个体雌鱼严重影响了养殖经济效益的提高，而全雄单性养殖可将综合效益提高40%以上。

基于上述背景，选育单位分别以珠江水系斑鳢和山东乌鳢为基础群体，以体重为选育指标进行选育，并利用分子标记辅助育种技术和生殖内分泌调控技术创制超雄斑鳢，将超雄斑鳢与乌鳢母本配套系杂交获得高雄性率的新品种杂交鳢“雄鳢1号”。

（二）育种过程

1. 亲本来源

母本：乌鳢（XX♀）。2007年从山东微山县南四湖渔业有限公司引进并以体重为选育指标经连续2代群体选育获得的乌鳢雌鱼（XX）为杂交鳢“雄鳢1号”母本。

父本：超雄斑鳢（YY♂）。2005年从广东珠江水系收集并以体重为选育指标经连续4代群体选育的斑鳢雄鱼（XY）与通过性别控制技术诱导产生的生理雌鱼（XY）交配获得的超雄斑鳢（YY）为杂交鳢“雄鳢1号”父本。

2. 技术路线

杂交鳢“雄鳢1号”培育技术路线见图1。

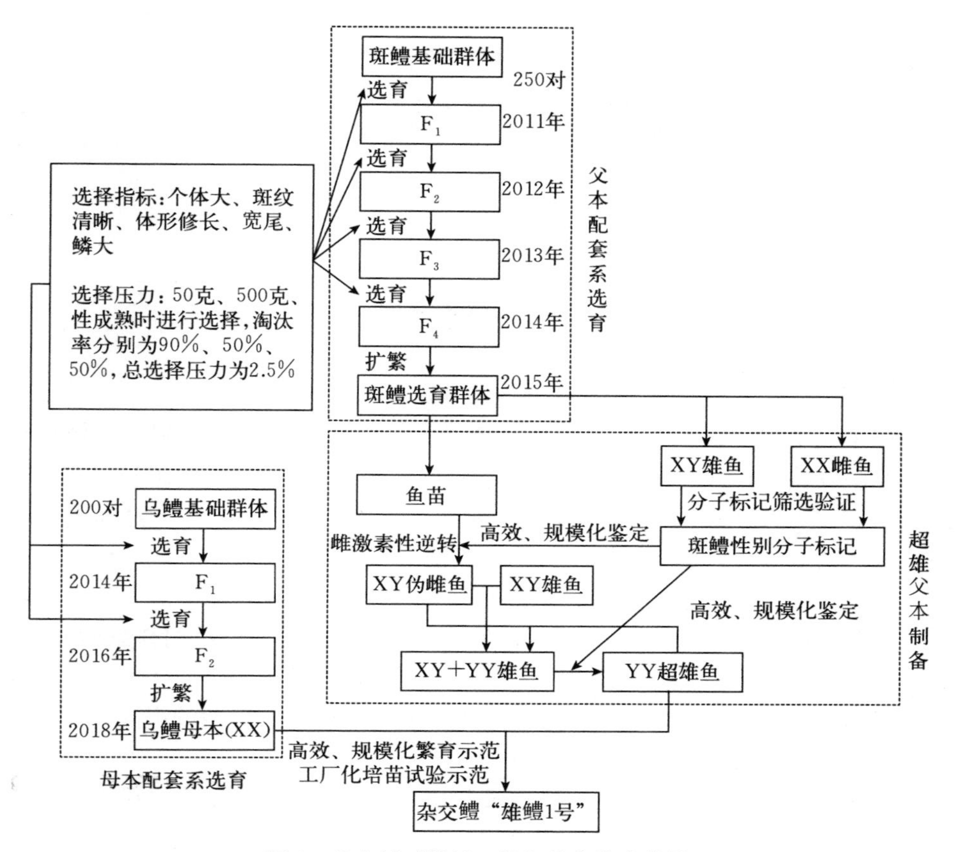

图 1　杂交鳢“雄鳢 1 号”培育技术路线

3. 培育过程

（1）*超雄斑鳢父本培育*　2011 年在中国水产科学研究院珠江水产研究所良种基地斑鳢选育群体中挑选亲鱼 500 尾（雌雄各 250 尾），在佛山市南海百容水产良种有限公司丹灶基地进行繁殖，后代在养殖过程中以个体大、宽尾、鳞大为目标性状进行选育，在 50 克、500 克和性成熟时分别按 90%、50%、50%的淘汰率进行 3 次筛选，总选留率为 2.5%。2012—2014 年用同样的方法继续选育 3 代。

2015 年 4 月，挑选选育系斑鳢亲鱼个体 200 尾进行随机配对繁殖，获得苗种 40 万尾，取其中 2 万尾用 17β-雌二醇激素进行性逆转。2016 年性逆转的鱼培育成熟后，筛选具有明显雌性特征的亲鱼，进行 PIT 电子标记，提取组织 DNA，利用斑鳢性别分子标记进行遗传性别鉴定，其中具有 XY 基因型的生理雌鱼为伪雌鱼。

2016年将性成熟伪雌鱼与普通雄鱼进行交配繁殖，后代经分子标记鉴定，XX、XY、YY基因型的数量之比基本符合1∶2∶1，其中YY基因型为超雄鱼。2017年进一步将YY基因型超雄鱼与伪雌鱼繁殖，获得全雄后代，2018年培育至性成熟并进行分子鉴定，XY与YY基因型基本符合1∶1，超雄鱼占比49.7%。选择体形好、体格健壮的斑鳢超雄鱼作为杂交鳢“雄鳢1号”的父本。

（2）母本培育　2012年，在中国水产科学研究院珠江水产研究所良种基地乌鳢选育群体中挑选雌雄亲鱼各200尾，在佛山市南海百容水产良种有限公司湖北荆州基地进行繁殖，获得水花50万尾，苗种培育获得8厘米鱼种10万尾，过筛分选获得大个体鱼种2万尾进行后备亲本培育，培育过程中在50克、500克和成熟期分别按90%、50%、50%的淘汰率留取斑纹清晰、体形修长、宽尾、体健个大的子代500尾（雌雄各选留250尾）为亲本，鱼种总选留率为2.5%。2014—2016年再选育1代后进行扩繁，扩繁的后代于2018年培育成熟，其中雌鱼作为杂交鳢“雄鳢1号”的母本。

（3）杂交鳢“雄鳢1号”生产　2018年，将上述培育获得的超雄斑鳢父本与乌鳢母本进行杂交，获得雄性率高、生长速度快的优良品种杂交鳢“雄鳢1号”鱼苗300万尾，培育成大规格苗种165万尾。2019年和2020年分别繁育杂交鳢“雄鳢1号”鱼苗1 163万尾和1 379万尾。

（三）品种特性和中试情况

1. 品种特性

（1）生长速度快、规格整齐　杂交鳢“雄鳢1号”雄性率93%；养殖7～9个月，生长速度比“乌斑杂交鳢”提高26.2%，1千克以上个体达91%～96%。

（2）全程摄食配合饲料，饲料利用率高　相同养殖和产量条件下，杂交鳢“雄鳢1号”比“乌斑杂交鳢”饲料投入减少12.6%～27.4%。

（3）养殖适应范围广　适宜在我国水温12～30 ℃的人工可控淡水水体中养殖。

2. 中试情况

2018—2021年，在广东三水、珠海、中山及山东临沂连续3年开展了杂交鳢“雄鳢1号”和“乌斑杂交鳢”的生产性对比试验，并在广东（佛山、中山）、安徽、上海连续3年开展杂交鳢“雄鳢1号”和“乌斑杂交鳢”的养殖中间试验，累计试验面积540亩。试验结果表明，杂交鳢“雄鳢1号”雄性率93%～98%，在相同养殖条件下，生长速度比“乌斑杂交鳢”提高26.2%～36.6%，饲料系数降低12.6%～27.4%，1千克以上大规格优质商品鱼比例为88%～100%，比对照品种提高18%～30%，市场价值和养殖效益明显提高。

二、人工繁殖技术

（一）亲本选择与培育

1. 亲本选择

杂交鳢“雄鳢1号”的亲本由品种选育单位或授权的繁育单位提供。

母本乌鳢要求2冬龄以上，体质健壮、斑纹清晰、无伤、无病，体重在1 000克以上；腹部膨大且柔软，生殖孔大而微凹，呈三角形，孔口呈粉红色；胸腹部鳞片呈灰白色，颜色相对较浅。

父本超雄斑鳢要求1冬龄以上，体质健壮、斑纹清晰、无伤、无病，体重在750克以上；生殖孔狭小而微凸，呈三角形，孔口呈淡红色；背鳍、臀鳍上灰白色斑点（追星）较多。

2. 亲本培育

（1）培育环境　亲鱼池应水源充足，水质清新、无污染；进、排水分开，交通便利，供电正常。池塘面积660～1 500米^2，水深1.5～2.0米，底部淤泥厚度少于20厘米。

（2）饲养管理　亲鱼放养前先进行鱼塘清整，然后用生石灰或漂白粉彻底消毒。乌鳢、斑鳢必须分开培育，做好隔离措施，严防两种亲鱼混杂。乌鳢亲鱼的放养密度为0.3～0.4千克/米^2，斑鳢亲鱼的放养密度为0.2～0.25千克/米^2。

亲鱼强化培育选用动物蛋白或鲜活饵料，如淡水或海水野杂鱼、虾等，日投喂量为鱼体重的6%～8%，分上午、下午2次进行。投饵应坚持定时、定点、定质、定量的“四定”原则，同时视摄食状况和天气情况适当调整。在培育期间，定期用微生态制剂调控水质；每月注水一次，每次注水10～20厘米；每15天用生石灰化浆全池泼洒一次，用量为25～30克/米^2。

（二）人工繁殖

1. 催产

常用的催产剂有鱼用绒毛膜促性腺激素（HCG）、鱼用促黄体素释放激素类似物（LRH－A）。采用胸鳍基部注射，雌鱼分两次注射，第一针剂量为每千克雌亲鱼体重LRH－A 4微克，第二针剂量为每千克雌亲鱼体重LRH－A 12～14微克＋HCG 1 000国际单位；两针注射的时间间隔为12～14小时。雄鱼一次注射，与雌鱼第二针同时进行，针剂量为雌鱼的1/2。催产药物的用量根据亲鱼成熟度增减。将注射催产剂的亲鱼按雌雄比1∶1放入清洗干净的产卵设备中自然产卵。产卵设备可以用塑料箱或泡沫箱，也可以是小水泥池或土池，以泡沫箱最为方便经济。水温控制在27～28℃。

2. 孵化

产卵后4～5小时收集受精卵，孵化设施可选用孵化缸、孵化槽或泡沫箱，也可使用面积为6～20米^2、水深15～20厘米的水泥池。微流水孵化放卵密度为5×10^4～6×10^4粒/米^2，静水孵化放卵密度为2×10^4～3×10^4粒/米^2。微流水孵化以每小时换水0.5～1.0米^{3}为宜，保持水位稳定；静水孵化每天换水30%～50%，边排边进。在孵化过程中要及时捞除白卵、死卵和垃圾，确保孵化用水的清新、清洁，直至鱼苗孵出。

（三）苗种培育

受精卵经26～30小时孵化出膜，仔鱼开始漂浮于水面，而后随着卵黄的缩小和油球的消失，逐渐沉底集群，少数不能沉底的仔鱼为次鱼，用小抄网捞起弃掉。此时只要保持水质良好就可，不需要特别管理。仔鱼出膜后4～5天可以开口摄食，进入苗种培育阶段。

苗种培育采用池塘培育模式。池塘面积以660～1 500米^{2}为宜，淤泥厚度不超过10厘米。清塘准备工作在鱼苗下塘前7～10天进行，首先清除池塘四周的杂草，池底用生石灰彻底消毒，2天后注入新水50～60厘米，进水口须用80目网纱过滤，杜绝野杂鱼或敌害生物进入。注完新水后往塘里施放一定数量的有机肥或绿肥培育浮游生物。鱼苗下塘前应先试水，确定消毒药物药性消失后方可放苗。池塘培育的放苗密度为每亩放苗10万～12万尾；同一池塘放养同一批孵出的鱼苗；水温差应不超过2℃。鱼苗刚投入时以水中的浮游生物为食，无需投饵。

驯食在鱼苗下塘后第四天进行，开始时的饵料由浮游动物与鱼糜混合而成，之后逐渐减少饵料中浮游动物的比例，增加鱼糜的比例，直至过渡到全部为鱼糜。待鱼苗习惯于摄食鱼糜后，在鱼糜中添加少量杂交鳢幼鱼粉料，拌成团状投喂，以后逐步减少鱼糜量，直至全部用人工饲料。在此阶段每天投喂6～8次。

鱼苗经过8～12天驯食已完全摄食人工配合饲料，这时可以根据鱼苗的口裂大小转投粒径合适的颗粒饲料。每天投喂3～5次，日投喂量为鱼体重的8%～10%，刚转颗粒料时要先用水把颗粒泡软，以后逐步缩短泡水时间至完全过渡到干饲料。

驯食过程要坚持定时、定点、定质、定量的“四定”原则，不得投喂任何鲜活食物，以免影响驯食效果。此外应在饵料中定期加入少量大蒜素，以防止由于食物转换可能产生的肠胃炎和病害。

当鱼苗长至3厘米左右时，应及时进行分养。分养时，选择天气晴朗的清晨进行全池拉网，鱼苗经过筛计数后按规格大小分池饲养，直至培养到 10 厘米左右的鱼种阶段。

三、健康养殖技术

（一）健康养殖模式和配套技术

杂交鳢“雄鳢 1 号”成鱼养殖以池塘养殖为好。水面一般 5～8 亩为宜，水深 1.5～2.5 米，池底淤泥厚度不超过 20 厘米，鱼池四周环境安静，排灌方便。鱼种下池前，要将鱼池彻底排干晒底，用生石灰和茶粕清塘消毒，池水 pH 要求为 7.2～8.0，透明度为 30～40 厘米。每个鱼塘配增氧机 4 台。

鱼种放养时间一般在 5—8 月，鱼种投放前一天应试水，确定水中药性消失方可放养。鱼种要求已完全摄食人工配合饲料，体长在 6 厘米以上，规格整齐，体质健壮，无伤无病。放苗前鱼种先用 3%～5%的食盐水浸泡消毒 5～10 分钟，放养密度一般为每亩 5 000～8 000 尾。

饲料投喂以鳢科鱼类专用配合饲料为主，粗蛋白含量 38%～40%，颗粒直径视鱼体大小灵活调整。投饲分上午、下午 2 次进行，日投饵量视规格大小而定；阴雨天气或水温低于 18 ℃时应酌情减少投喂量。投饲应坚持定时、定点、定质、定量的“四定”原则。

成鱼养殖的日常管理包括：

① 每天清晨巡塘，观察水质变化及鱼的活动情况，发现浮头或鱼病应及时处理。

② 每 15～20 天注水一次，使水深保持在 1.5 米以上，同时施放少量复合微生态制剂（EM 液）帮助分解水中的有害物质。

③ 每 15 天用硫酸铜 0.5 毫克/升杀虫一次，用二氧化氯 0.4 毫克/升杀菌消毒一次。

④ 当池水 pH 在 7.0 以下时，可全池泼洒生石灰调高 pH，每次用量为 22.5～30 千克/米^2。

⑤ 每平方米应配套放养鳙 60～80 尾，以避免浮游动物过度繁殖而影响水质。

⑥ 漂浮于池面的垃圾、病死鱼要及时捞除，并挖坑深埋。

⑦ 下雨天要严防池水溢堤逃鱼。

（二）主要病害防治方法

在人工养殖条件下，由于高密度放养，投饵量大，水体中排泄物和残饵多，易造成水质恶化，加上人为操作不当和饲料营养不全等因素，“乌斑杂交鳢”的病害屡有发生，应引起高度重视，注意疾病预防和治疗。

1. 预防措施

① 鱼苗、鱼种入塘前，严格进行消毒。

② 同池放养的鱼种，规格必须基本一致，以防鱼种之间相互咬伤和吞食。

③ 每15天施用生石灰22.5～30千克/米^2，使池水保持良好的水质。

④ 当养殖水体由于养殖密度大、池底淤泥沉积较多而水质恶化时，最好经常添加微生物制品改良养殖水质，避免病菌繁殖。

⑤ 每25天每千克鱼体重用大蒜素100毫克拌饲料投喂2次。

2. 常见疾病及治疗

（1）车轮虫病

症状：病鱼消瘦，体色发黑，体表黏液增多，不摄食，到最后阶段游动缓慢，呼吸困难。镜检体表黏液和鳃丝，可见车轮虫游动。

防治方法：①用硫酸铜与硫酸亚铁合剂（5∶2）全池泼洒，使终浓度为0.7毫克/升。②用40毫克/升的甲醛溶液全池泼洒。

（2）肠炎病

症状：病鱼不摄食，体色发黑，大多在水面慢游，不怕人。病鱼腹部膨大，肛门红肿。解剖可见肠道充血，肠壁较薄，肠内含黄色黏液，部分肠道充气，偶见腹水。该病传染快，发病急，死亡率高。主要发病时间是气温较高的夏秋季，流行高峰期水温为24～32℃。

防治方法：①排去池中污水，注入新水。用25～30毫克/升的生石灰全池泼洒，第二天用0.2～0.5毫克/升的二氧化氯全池消毒，每隔48小时重复一次。②每千克鱼体重用大蒜素100毫克拌饲料投喂，连续5天。

（3）赤皮病

症状：鱼体表面局部出血，鱼鳞脱落，特别是腹部两侧。病鱼行动缓慢，常漂浮于水面独游。

防治方法：①经常用25～30毫克/升的生石灰全池泼洒消毒。②在分养、捕捞、搬动中要小心操作，尽量少让鱼体受伤。③用0.2～0.5毫克/升的二氧化氯全池消毒，每隔48小时重复一次。④磺胺间甲氧嘧啶钠拌饲料口服（用量按厂家说明），连用6天。

（4）竖鳞病

症状：鱼体鳞片出现局部或全身竖起，松果状；鱼体有水肿现象并局部充血。病鱼离群独游，反应迟钝。

防治方法：①在分养、捕捞、搬动中要小心操作，尽量少让鱼体受伤。②鱼种放养前用3%的食盐水浸泡10～15分钟。③用30毫克/升的甲醛溶液全池消毒，3天后重复一次，治愈后应马上换水。④磺胺间甲氧嘧啶钠拌饲料口服（用量按厂家说明），每天一次，连续5天。

（5）水霉病

症状：主要发生在受精卵孵化阶段和鱼苗阶段，水环境不良或水温低时易感染，特别是在阴雨天，感染可引起鱼苗的大批死亡。水霉菌多是腐生性的，大多是运输、寄生虫侵袭鱼体等导致发病。霉菌丝侵入鱼体内后，蔓延扩展，向外生长成棉毛状菌丝，似白色棉毛。病鱼体表黏液增多，焦躁或反应迟钝，食欲减退，最后瘦弱死亡。

防治：①保持孵化水体清新，苗种操作、运输动作要轻。②鱼体捕捞、搬动后，用质量分数3%的食盐水浸泡10～15分钟。

四、育种和种苗供应单位

（一）育种单位

1. 中国水产科学研究院珠江水产研究所

地址和邮编：广东省广州市荔湾区兴渔路1号，510380

联系人：陈昆慈

电话：13609700201

2. 佛山市南海百容水产良种有限公司

地址和邮编：广东省佛山市南海区丹灶镇下安村“外沙围”，528200

联系人：尹建雄

电话：13814750999

3. 中国科学院水生生物研究所

地址和邮编：湖北省武汉市武昌区东湖南路7号，430000

联系人：汪亚平

电话：13507182035

4. 海南百容水产良种有限公司

地址和邮编：海南省定安县龙湖镇文笔峰风景区旁1，571200

联系人：尹建雄

电话：13814750999

5. 广东海大集团股份有限公司

地址和邮编：广东省广州市番禺区南村镇万博四路42号，511400

联系人：江谢武

电话：13928899159

（二）种苗供应单位

佛山市南海百容水产良种有限公司

地址和邮编：广东省佛山市南海区丹灶镇下安村“外沙围”，528200
联系人：尹建雄
电话：13814750999

五、编写人员名单

陈昆慈，赵建，尹建雄，汪亚平，欧密等

大菱鲆“多宝2号”

一、品种概况

（一）培育背景

大菱鲆（*Scophthalmus maximus*）属鲽形目、鲆科、菱鲆属，是原产于欧洲的著名海水养殖良种，具有生长迅速、肉味鲜美、经济价值高等优点。于1992年引入我国，并在工厂化养殖方面取得重大成功，产生了年产量达6万多吨、年产值逾40亿元的巨大社会价值和经济价值。

大菱鲆为冷水性鱼类，最适生长温度为14～17℃，养殖耐受温度范围较窄，温度对其养殖以及育苗都有着显著的影响。相较于大菱鲆的适宜养殖水温，我国北方夏季自然海水温度偏高，目前主要通过抽提深井海水降温解决这一问题，虽然这种方法效果显著，但抽提海水不仅需要较大的耗能，也给环境带来压力，在一些深水井分布密度较大的地区，由于过度抽取，地下水位已严重下降。此外，大菱鲆在南方越冬-北方度夏接力推广养殖过程中，受春末至秋末的高温限制，通常养殖周期为12月至次年3月或4月，养殖周期较短限制了经济效益的提高。针对大菱鲆适宜养殖水温较窄造成高温养殖环境下生长缓慢、成活率较低，抽提深井海水降温养殖能耗大，以及南北接力推广养殖周期较短等问题，对大菱鲆的耐温性状进行遗传改良，选育出生长性能优良的耐高温新品种，对大菱鲆节能养殖、提高养殖效益具有重要意义。

（二）育种过程

1. 亲本来源

基础群体来源于中国水产科学研究院黄海水产研究所试验基地国家级大菱鲆良种场——烟台开发区天源水产有限公司所引进的英国、法国、丹麦和挪威4个不同地理群体的大菱鲆。其中，英国群体为2002年8月11日从英国引进海捕亲本孵化成的5厘米苗种，共10 000尾；法国群体为2003年9月22日从法国引进海捕亲本孵化成的5厘米苗种，共20 000尾；丹麦群体为2003年4月4日从韩国由丹麦卵孵化而成的5厘米苗种，共20 000尾；挪威群体为

2002年6月10日从挪威引进海捕亲本孵化成的5厘米苗种，共20 000尾。

2. 技术路线

大菱鲆“多宝2号”培育技术路线见图1。

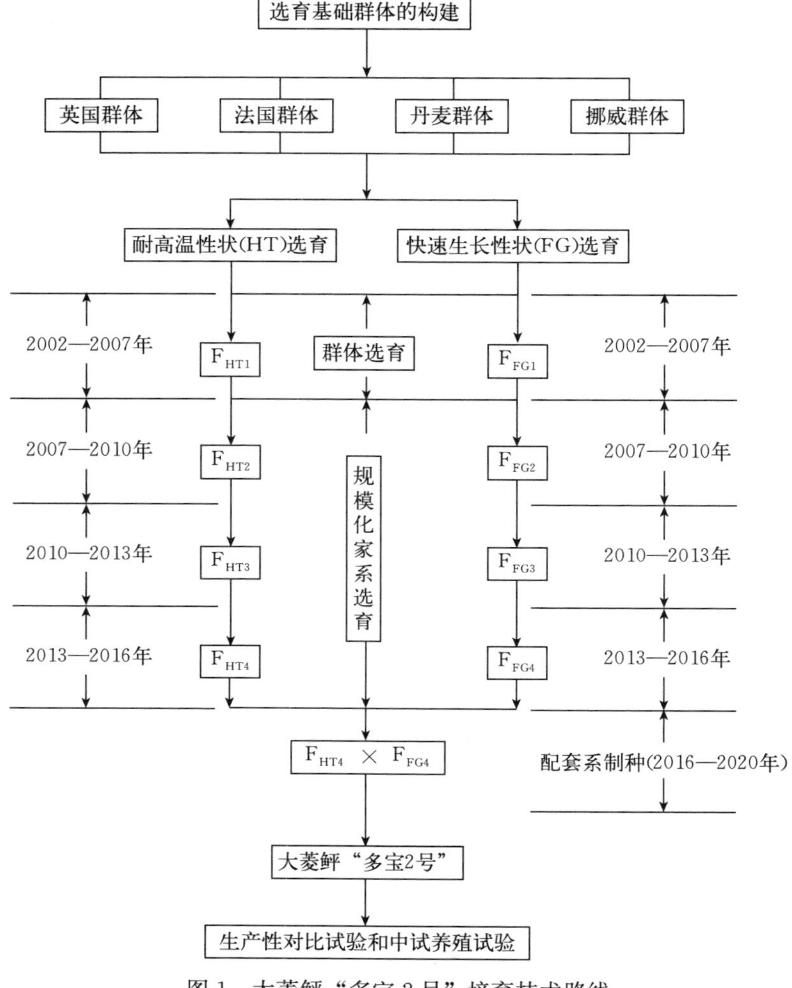

图1 大菱鲆“多宝2号”培育技术路线

3. 培（选）育过程

项目组于2002年起，以来源于英国、法国、丹麦和挪威4个不同地理群体的大菱鲆为基础群体，以耐高温和快速生长为选育目标对大菱鲆进行遗传改良。经过一代群体选育和三代连续家系选育，到2014年，选育出耐高温核心育种群和快速生长核心育种群。2016年，从选育出的两个核心育种家系中选择亲本，采用配套系育种技术进行杂交制种；2017 年对杂交制种家系进行耐高温和快速生长性能综合评估，筛选出耐高温和生长性能优良的交配组合，选育出大菱鲆“多宝 2 号”新品种；2018—2020 年对筛选出的交配组合进行生产性对比试验。

具体选育过程如下：2002—2007 年，在烟台天源水产有限公司，采用群体选育的方法，从英国、法国、丹麦和挪威 4 个不同的大菱鲆群体，选出耐高温亲本 800 尾、快速生长亲本 1 000 尾。2007 年开始，采用家系选育技术开始对大菱鲆耐高温和快速生长性状进行传代选育，采用巢式设计分别构建了 56 个母系全同胞耐高温选育家系和 56 个母系全同胞快速生长选育家系。对耐高温性状选育：从构建的 56 个家系中筛选出生长状态良好、成活率高的 32 个全同胞家系，当生长到 12 月龄时，对其开展对高温耐受性研究，以成活率作为耐高温性状指标。耐高温实验结束后，分别计算各家系的存活率。对快速生长性状选育：利用构建的 56 个家系开展快速生长选育，在培育至商品鱼规格（500 克/尾）时，测量各家系体重。利用动物模型 BLUP 法对成活率/体重性状进行遗传评定，根据成活率家系育种值/体重个体育种值和计算的近交系数，选留 1 000 尾耐高温亲鱼和 2 300 尾快速生长亲鱼，基于线性规划原理制订传代选育家系配种方案。2010 年，对耐高温性状选育，依据耐高温 F_{HT2} 高育种值家系个体建立耐高温选育系 32 个；2011 年，12 月龄时，对耐高温选育家系开展高温耐受性实验。耐高温实验结束后，分别计算每个家系的存活率。同时对快速生长性状选育，构建传代选育母系全同胞家系 57 个；长至商品鱼规格时，测量各家系体重。通过对耐高温条件下的成活率/生长性状的遗传评定，选育出耐高温核心育种群和快速生长核心育种群。根据耐高温条件下的家系成活率育种值/体重个体育种值和计算的近交系数，选留 1 000 尾耐高温选育亲鱼和 1 200 尾快速生长选育亲鱼。2013 年，对耐高温性状选育，依据耐高温 F_{HT3} 高育种值家系构建耐高温选育系 32 个；2014 年，当生长到 12 月龄时，对所构建的耐高温选育家系开展高温耐受性实验。耐高温实验结束后，分别计算每个家系的存活率。同时对快速生长性状选育，构建传代选育母系全同胞家系 50 个；长至商品鱼规格时，测量各家系体重。根据成活率家系育种值/体重个体育种值和计算的近交系数，分别选留 800 尾耐高温选育亲鱼和 1 000 尾快速生长选育亲鱼，构建耐高温选育核心育种群和快速生长选育核心育种群。2016 年，从选育出的耐高温核心育种群内依据耐高温性状分子标记的富集程度选择亲本，从快速生长核心育种群内依据个体育种值选择亲本，采用配套系育种技术构建 40 个性状间组合家系，进行制种。对所构建的性状间组合家系，在 12 月龄开展高温耐受性实验，计算每个家系的存活率，并测量体重。通过对两性状数据进行综合评估，筛选出耐高温和生长性能优良的交配组合；

2018—2020年对筛选出的交配组合与普通商品苗种、大菱鲆“多宝1号”苗种、耐高温选育系、快速生长选育系以及反交组合系群体进行生产性对比实验，选育出大菱鲆“多宝2号”新品种。

（三）品种特性和中试情况

1. 品种特性

在相同周年养殖条件下，经过23～25℃高温养殖期，大菱鲆“多宝2号”与未经选育的大菱鲆相比，15月龄鱼体重平均提高30.63%，养殖成活率平均提高26.70%。适宜在山东、江苏、福建、辽宁、河北、天津等沿海人工可控的海水水体或地下井盐水水体中养殖。

2. 中试情况

2018—2020年，在江苏养殖区2个试验点（连云港工厂化养殖基地2个），连续3年开展大菱鲆“多宝2号”与普通养殖群体完整周期的工厂化养殖生产性对比试验；2019—2020年，在福建养殖区2个试验点（福建三都澳网箱养殖基地2个），连续2年开展大菱鲆“多宝2号”与普通养殖群体完整周期的陆海接力“工厂化＋网箱”养殖生产性对比试验。工厂化养殖累计37 958.25米^2，网箱养殖累计90 525米^3。试验结果表明，大菱鲆“多宝2号”耐高温和快速生长性状能够稳定遗传，在相同周年养殖条件下，经过23～25℃高温养殖期，与未经选育的大菱鲆相比，15月龄鱼体重平均提高30.63%，养殖成活率平均提高26.70%；高温耐受性强，能够安全度过夏季高温，增产效果明显。

二、人工繁殖技术

（一）亲本选择与培育

1. 亲本选择

大菱鲆“多宝2号”父本来源于培育的耐高温核心育种群，母本来源于快速生长核心育种群；父本选择依据家系育种值辅助耐高温性状分子标记，母本选择依据个体育种值。

2. 亲本培育

（1）培育环境　适宜水温在10～15℃，盐度在20～35，pH在7.6～8.2，光照500～1 500勒克斯，溶解氧大于6毫克/升；要求水源无污染，水质符合NY 5052—2001的规定；养殖水池方形、长方形、圆形或八角形。

（2）饲养管理

① 日常管理。培育密度3～5尾/米^2。采卵前45～60天开始控光，直至

采卵结束水面光照强度为 60～200 勒克斯，光照时间由 8 小时/天逐渐增至 16 小时/天。光源设施宜选用白炽灯。流水培育，每天流水量为培育水体的 400%～600%。

② 饲料及投喂。可使用软颗粒配合饲料等优质饵料。饲料应符合 SC/T 2031—2020 的要求，大小适口，日投饲量为鱼体重的 1%～3%，日投喂 1～2 次。

（二）人工繁殖

1. 亲鱼生殖调控

设置全人工光、温控制条件，照明灯可安装在亲鱼水槽的盖板下面，也可以安装在有遮光幕的亲鱼池上方离水面 1～1.2 米处，光照时间由每天 8 小时逐渐增至每天 16 小时，水温由 8 ℃逐步增至 14 ℃。如此经过连续 2 个月的调控，即可使亲鱼分期、分批成熟，达到一年中每个月都有亲鱼产卵、育苗。

2. 人工授精

采用人工挤压鱼体腹部法分别采集成熟的卵和精液，干法授精。按 10 万粒卵加入 1～5 毫升精液的比例将精卵混合，快速搅拌均匀使精卵充分接触，再加入少量经沉淀沙滤的海水（符合 NY 5052—2001 的规定），使精液、卵子、水的体积比约为 0.5∶100∶100，继续搅拌 1 分钟，然后静置 5 分钟，再加入海水，静置 10～15 分钟，待吸水膨胀后，清水冲洗 1～2 次，放入 2 000 毫升量筒中，用海水使上浮卵和沉淀卵分离，记录上浮卵数，上浮卵经消毒后放入孵化器中孵化，消毒用药应符合 NY 5071—2002 的规定。

3. 受精卵孵化

可使用孵化网箱、孵化池、孵化器等设施孵化。孵化网箱（80～100 目筛绢）孵化，密度不高于 50 万粒/米^3；孵化池孵化，密度为 1 万～2 万粒/米^3；孵化器孵化，密度不高于 100 万粒/米^3。

（1）孵化条件

水质：应符合 NY 5052—2001 的规定。水温 12～16 ℃，以 13～15 ℃最好；盐度 28～35；pH 7.8～8.2；溶解氧>6 毫克/升；氨氮<0.1 毫克/升。

光照度：100～2 000 勒克斯，以 500 勒克斯最好。

（2）孵化管理

充气：为保持孵化池中有充足的氧气，需在孵化池中保持循环流水，并用若干充气石充气，使孵化池内溶解氧的浓度保持在 6 毫克/升以上。在每个孵化箱中央安置气石 1 个，以保持微流水，使受精卵在水体中呈均匀分布状态。

水流量：每天水的循环量保持在 2～3 个量程。

吸沉卵：及时吸出沉卵。

（3）孵化周期　在12～14 ℃条件下，1周以内孵化。在13 ℃条件下，116小时孵化。

（4）出膜及管理　破膜后用光滑的器皿将仔鱼移入饲育槽中，分离卵膜和仔鱼，调整水量，保证溶解氧充足，同时清除死苗，保持清洁卫生。之后进入苗种培育程序。

（三）苗种培育

1. 鱼苗培育

（1）培育池　分前期培育池和后期培育池。

① 前期培育池。圆形或方形水泥池，面积10～20米^2，深0.8～1.0米。

② 后期培育池。面积20～40米^2，水深1～1.5米，有独立的进、排水口；池底向排水口以一定的坡度倾斜，以利于排水。

（2）培育水质　使用沙滤海水，水质应符合NY 5052的规定。育苗开始时采用静水培育5～6天，而后开始流水培育，水交换量应随鱼苗的生长和密度的增大而逐步增加。早期仔鱼培育期，水温应与孵化水温一致，第二天开始缓慢升温，10天后升至最适水温18～19 ℃；pH 7.6～8.2；光照强度200～1 500勒克斯，光线均匀柔和；盐度28～32；溶解氧大于6毫克/升；氨氮小于1毫克/升。

（3）培育密度　培育密度根据水温、溶解氧、氨氮等水平而定。一般情况下，初孵仔鱼密度1×10^4～2×10^4尾/米^2。仔鱼体重0.1克/尾，培育密度2 000～3 000尾/米^2；仔鱼体重0.5克/尾，培育密度1 500～2 000尾/米^2；变态伏底稚鱼（体重2克/尾）1 000～2 000尾/米^2。小球藻添加量：在苗种培育早期，从进水管以微流速加入，使水体中小球藻的浓度保持在8万～10万个/毫升，一方面用于保持水色，另一方面提高轮虫活力。苗种培育期间使用的小球藻应新鲜无污染。

（4）饵料投喂

① 轮虫。轮虫作为开口饵料，孵化后第三天开始投喂，连续投喂15～20天，每日投喂2～4次，每次投喂使轮虫在水体中的密度达到5～10个/毫升，苗种培育期间使用的轮虫应冲洗干净，无病原。

② 卤虫无节幼虫。第九或第十天开始投喂卤虫无节幼体，连续投喂20天左右，每日投喂2～4次，每次投喂使卤虫密度由开始的0.1～0.2个/毫升逐步增加至1～2个毫升。苗种培育期间使用的卤虫应与卤虫壳完全分离。

③ 微粒配合饵料。第十二或第十五天开始投喂颗粒配合饲料直至育苗结束。配合饲料的安全卫生指标应符合NY 5072的要求；粒径需随鱼的生长发育逐步加大，苗种在前25天的颗粒饲料粒径为250～400微米，0.1～0.15克

体重的仔稚鱼颗粒饲料粒径为400～600微米，0.5克体重颗粒饲料粒径为800微米左右。配合饲料日投饲量为鱼体重的5%～15%。饲料颗粒大小适口，投喂及时，宜少投勤投。

（5）池底吸、排污　使用专用的清底工具（丁字形吸污器），一般每天清底1～2次。

（6）水量管理　1～5天仔鱼可采用静水培育方式，日换水量可由1/5增至全部换水，日换水次数可由每天1次逐步增至每天2次；从第六天开始建立流水培育程序，水交换量随仔鱼的生长和密度的增大而逐步增加，可渐增至3～4个循环/天；仔鱼体重0.1克/尾，换水量5～6个循环/天；仔鱼体重0.5克/尾，换水量6～8个循环/天；变态伏底稚鱼（体重2克/尾），换水量8～10个循环/天。

（7）分苗　随着鱼苗的生长应定期进行分苗。孵化后第十五至二十天进行首次分苗，第三十至三十五天可以进行第二次分苗，第六十天进行第三次分苗。第一次和第二次分苗可从密度上加以稀疏，第三次则需按大、中、小三个等级进行分拣，分类培育。

2. 鱼种培育

60～70天后苗种可达3厘米，此时绝大多数苗种已完成变态，逐渐转入底栖生活。为提高养殖苗种质量，需转入中间培育阶段，至5厘米以上才可作为有效苗种供给养殖。

（1）中间培育池　池深80～100厘米，池底面积30～50米^{2}的圆形或方形池。要求水循环和排污功能良好。

（2）苗池消毒　放苗前用漂白液浸泡、消毒苗池，冲洗干净后，加入过滤海水备用。

（3）放苗密度　全长3～5厘米的苗种，放苗密度为1 000～2 000尾/米^2。

（4）饵料及投喂　饵料要求营养均衡，可使用优质的配合饲料，也可采用自制的软颗粒饲料。投喂早期每日投喂8～10次，随鱼体长大，渐减至3～4次。

（5）水质管理　为防止残饵的污染，每次投饵后必须排尽池水，排出沉淀的残饵和粪便，撇除油膜，换水量为8～10个循环/天。

3. 苗种运输

苗种运输前应停食1天以上；运输方式有箱式、桶式容器充气运输及塑料袋充氧运输，可根据具体情况选用。运输用水的温度、盐度应根据养成水环境条件提前进行调节，温差不大于2℃，盐度差不大于5。鱼苗运输过程中避免鱼体受伤、碰撞、漏气、漏水、氧气不足等现象发生。

三、健康养殖技术

（一）健康养殖（生态养殖）模式和配套技术

1. 养殖模式

工厂化养殖和网箱养殖两种模式。

2. 配套技术

（1）养殖环境条件

① 工厂化养殖。水温在10～25 ℃，盐度在20～35，pH在7.6～8.2，光照500～1 500勒克斯，溶解氧大于6毫升/克；水源无污染，水质符合NY 5052—2001的规定；养殖水池方形、长方形、圆形或八角形，水深40～60厘米。

② 网箱养殖。

养殖海区选择：宜选择表层水温最高不超过25 ℃、水深8～10米、风浪小、水交换良好、水质清澈无污染、潮流平稳能避风浪的近岸或内湾水域架设网箱。养殖海区应符合GB/T 18407.4的规定。

网箱材料与规格：宜采用HDPE材质、方形或圆形且具有钢结构框架的抗风浪网箱，方形网箱规格为3米×3米、4米×4米或5米×5米，深度为2～5米。网衣水下深度3～5米。

网箱使用：每个网箱区连续养殖2年后，应收上挡流装置及网箱，休养1年以上。

（2）鱼苗的选择　应选择5厘米以上的苗种，要求苗种体形完整，无伤、无残、无畸形和无白化。双眼位于身体左侧，有眼侧呈青褐色，有点状黑色素，无眼侧光滑呈白色。

（3）鱼种放养密度

① 工厂化养殖。鱼苗入池的温差要控制在2 ℃以内，盐度差在5以内，以减少鱼苗因环境改变而发生应激反应。放养密度要根据大菱鲆的生长情况进行调节，不同生长阶段的放养密度见表1。

表1　工厂化养殖条件下养成阶段大菱鲆的放养密度

平均全长（厘米）	平均体重（克）	放养密度（尾/米^2）
5	3	200～300
10	10	100～150
20	85	50～60

（续）

平均全长（厘米）	平均体重（克）	放养密度（尾/米^2）
25	140	40～50
30	320	20～25
35	460	15～20
40	800	10～15

② 网箱养殖。放养密度依据放养鱼苗的规格而定，一般体重应超过100克/尾，放养密度为1 500～10 000克/米^3。

（二）主要病害防治方法

1. 弧菌病

【病原】鳗弧菌，杀鲑弧菌。

【症状】病鱼消瘦，发黑，竖身游泳，鳍条有缺损，严重时糜烂。

【流行季节】各季节。

【防治方法】保持良好水质，补充饲料营养。治疗时可用恩诺沙星粉等，每天每千克体重用药70～80毫克，制成药饵，连喂5～8天，能收到一定的效果。

2. 腹水病

【病原】爱德华氏菌。

【症状】病鱼腹部膨大，肛门红肿，有时肠道从肛门脱出。

【流行季节】各季节。

【防治方法】保持水质清新，投喂鲜活饵料。

3. 病毒性出血性败血症

【病原】弹状病毒。

【症状】鳍发红，肛门淤血，腹部肿大，肌肉及内脏器官不同程度的出血，鳃丝苍白，肝、脾组织固缩、坏死。

【流行季节】夏季高温时易暴发。

【防治方法】降低放养密度，加强水质管理，及时隔离患病鱼。

4. 盾纤毛虫病

【病原】盾纤毛虫。

【症状】感染初期鱼体出现白斑、黏液增多，随着病情的发展，病灶处组织红肿，严重时溃烂出血，患病鱼体色变暗、活力减弱、摄食量降低，时常会出现打转的情况。

【流行季节】各季节，春、夏两个季节为高发期。

【防治方法】保持良好的养殖水环境，定期清扫池底和消毒，投喂优质、新鲜的饲料，使用安全药物防控。

四、育种和种苗供应单位

（一）育种单位

1. 中国水产科学研究院黄海水产研究所

地址和邮编：山东省青岛市南京路106号，266071
联系人：马爱军
电话：0532－85835103

2. 烟台开发区天源水产有限公司

地址和邮编：山东省烟台市福山区丹阳小区69号，264003
联系人：曲江波，徐荣静
电话：0535－6979388，13001615471，13863892450

3. 威海市中孚水产养殖有限责任公司

地址和邮编：山东省威海市经技区泊于镇松郭家村，264500
联系人：乔学伟，李明
电话：0631－5571666，13706310666，13305457555

（二）种苗供应单位

1. 烟台开发区天源水产有限公司

地址和邮编：山东省烟台市福山区丹阳小区69号，264003
联系人：曲江波，徐荣静
电话：0535－6979388，13863892450

2. 威海市中孚水产养殖有限责任公司

地址和邮编：山东省威海市经技区泊于镇松郭家村，264500
联系人：乔学伟，李明
电话：0631－5571666，13706310666，13305457555

五、编写人员名单

马爱军，王新安，黄智慧，曲江波，刘志峰，乔学伟，孙志宾，徐荣静，崔文晓，杨双双，李明，杨敬昆，张金生等

金鲳“晨海1号”

一、品种概况

（一）培育背景

卵形鲳鲹（*Trachinotus ovatus*）和布氏鲳鲹（*T. blochii*）属于鲳鲹属中不同种，统称为金鲳。卵形鲳鲹是中上层暖水性广盐性鱼类，生长速度快、容易饲养、适合深水网箱养殖，分布于印度洋、地中海和东南亚等地区的热带、亚热带海域；布氏鲳鲹为暖水性中上层鱼类，繁殖力（平均产卵量和年产卵次数）优于卵形鲳鲹，分布于太平洋、印度洋等温带和亚热带海域。

自 1990 年突破金鲳人工育苗技术以来，金鲳养殖得到快速发展，2020 年金鲳全国海水养殖产量达 10.17 吨，同比增加 127%。目前，金鲳在我国的主要养殖区域为广东、广西、海南和福建等省份，养殖模式以深水网箱养殖为主。随着金鲳产业的发展，也暴露了一系列的问题：缺乏选育的良种、过度近交引起种质退化、生长速度减慢、养殖病害频发等。这些问题限制了整个金鲳产业的发展。

刘少军院士团队在长期而系统的远缘杂交育种过程中总结和归纳出了“一步法”与“多步法”杂交育种技术，是鱼类遗传育种中的重要指导理论。研究团队从产业需求的角度出发，希望通过杂交的方式整合卵形鲳鲹与布氏鲳鲹两者的优势，培育在生长和繁殖力上具有优势的新型杂交金鲳亲本（母本），并进一步规模化创制优质杂交金鲳。

（二）育种过程

1. 亲本来源

该品种是以 1995 年从中国台湾收集的 627 尾布氏鲳鲹和 1996 年从广东收集的 1 825 尾卵形鲳鲹为基础群体，以以生长速率为选育指标经 3 代群体选育的卵形鲳鲹（♀）和 4 代群体选育的布氏鲳鲹（♂）杂交获得的子一代为母本，以 3 代群体选育后的卵形鲳鲹为父本。

2. 技术路线

金鲳“晨海 1 号”培育技术路线见图 1。

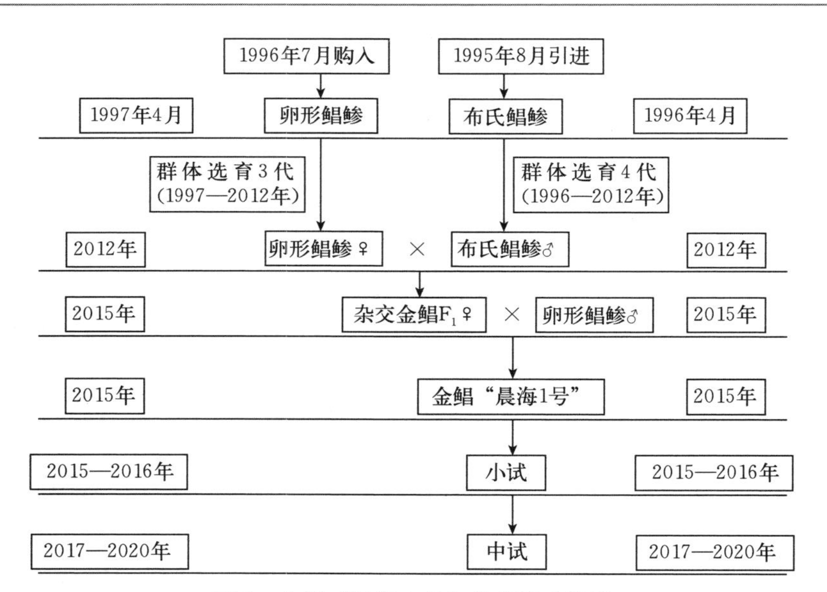

图 1　金鲳“晨海 1 号”培育技术路线

3. 培（选）育过程

1995 年 8 月从中国台湾购买一批布氏鲳鲹（823 尾），从中选择 627 尾生长较快、性腺发育较好的个体开展苗种繁育工作。1996 年从广东购买一批卵形鲳鲹（2 102 尾），从中选择 1 825 尾生长较快、性腺发育较好的个体开展苗种繁育工作。1996—2012 年，连续对布氏鲳鲹进行 4 代群体选育。1997—2012 年，连续对卵形鲳鲹进行 3 代群体选育。2012 年，利用选育的雌性卵形鲳鲹和雄性布氏鲳鲹进行杂交获得 F_1 群体。2012—2015 年对 F_1 群体进行种鱼选择，筛选优质亲本进行培育。2015 年，选择雌性杂交 F_1 与雄性卵形鲳鲹制备子代，即金鲳“晨海 1 号”。

（三）品种特性和中试情况

1. 品种特性

金鲳“晨海 1 号”体高而侧扁，尾柄短细，体长约为体高的 2 倍，呈卵形，体被小圆鳞，体表呈银白色，臀鳍呈金黄色；在同等条件养殖 4 个月，与未经选育的卵形鲳鲹相比，体重提高 20.44%以上。主要适宜在我国华南沿海地区水温为 21～31 ℃和盐度为 18～32 的人工可控的海水水体中养殖。

2. 中试情况

2017—2020 年，在广西、广东、海南进行中试养殖，并连续开展金鲳“晨海 1 号”与普通卵形鲳鲹群体的生产性对比试验，共计养殖测试 9 580 万尾苗种。试验结果表明，金鲳“晨海 1 号”规格整齐，与未经选育的卵形鲳鲹相比，体重提高 20%～30%，养殖效益明显。

二、人工繁殖技术

（一）亲本选择与培育

1. 亲本选择

以 1995 年从台湾收集的 627 尾布氏鲳鲹和 1996 年从广东收集的 1 825 尾卵形鲳鲹为基础群体，以以生长速率为选育指标经 3 代群体选育的卵形鲳鲹（♀）和 4 代群体选育的布氏鲳鲹（♂）杂交获得的子一代为母本，以 3 代群体选育后的卵形鲳鲹为父本。所选亲本应体质健壮，性腺发育成熟，活力较好。

2. 亲本培育

（1）培育环境　亲鱼的培育一般选择在潮流通畅的网箱养殖区进行，选择水温保持在 24 ℃以上的海域强化培育。

（2）亲鱼选择　选择 3 龄以上雌性杂交 F_1（体重≥4.0 千克）、5 龄以上雄性卵形鲳鲹（体重≥5.0 千克）作为亲本进行强化培育。

（3）饲养管理　每天投喂两次，上午、下午各 1 次，主要投喂新鲜的小杂鱼，可根据情况添加适量的复合维生素和维生素 E，以促进亲鱼性腺发育。

（二）人工繁殖

1. 人工催产

要结合亲鱼性腺发育情况、水温及天气等因素而定。催产激素使用促黄体素释放激素类似物（LRH－A）和绒毛膜促性腺激素（HCG），注射方法采用行背肌注射或胸鳍下方腹腔注射。

2. 自然受精

亲鱼进行催产注射后放入产卵网箱内，让其自然产卵受精。

3. 受精卵孵化

收集的受精卵清洗后再进行孵化；鱼卵进入孵化桶之前，要对孵化桶和各类网具进行消毒处理。使用海水将受精卵中的杂物过滤干净，再倒入孵化桶中。鱼卵孵化适宜水温为 24～26 ℃，避免光线直射。孵化用水要求水质良好、水色透明、无味、pH 8.0～8.5。孵化桶里浮动的受精卵需要及时补充氧气，使水中溶解氧保持在 6 毫克/升以上。孵化过程中必须经常去除水面污膜，勤换水，以提高孵化率、减少畸形。

4. 出鱼暂养

仔鱼孵化后即可转移至室内水泥池或室外土池中进行培育，可适当投喂轮虫等开口饵料，使其进入鱼苗培育阶段。

（三）苗种培育

1. 培育池

面积 1～3 亩为宜，苗种放养前应做好清池、消毒工作，彻底清除池中水生昆虫及杂鱼等有害生物。

2. 鱼苗选择

挑选体质健壮、规格均匀整齐、无损伤和抢食快速的苗种放养。

3. 规格与密度

一般 3～5 厘米规格的苗种，按每立方米水体 300 尾左右进行投放。

4. 饲养管理

金鲳幼鱼阶段前期主要投喂绞碎的新鲜小杂鱼，拌以少量人工配合饲料鳗鱼粉驯化投喂，小杂鱼和鳗鱼粉比例为 3∶1。幼鱼规格达 3 厘米以后，开始投喂海水膨化饲料，根据鱼体大小逐步增大饲料粒径。具体投喂时间根据流水、天气情况安排。应选择在大潮水的停潮期或者小潮水期投喂，尽量避免流水过急将饲料冲出围料网造成浪费。金鲳鱼苗阶段投料遵循“少量多餐”原则，24 ℃水温条件下，日投喂量为鱼体重的 10%～20%，鱼类的饱食率控制在 70%～80%。小潮汛多投，大潮汛少投；水体透明度大时多投，浑浊时少投。

5. 防逃逸措施

由于金鲳“晨海 1 号”是杂交品种，且在海上网箱养殖，必须严格做好以下防逃逸措施，避免对自然海域造成种质污染。

（1）养殖网箱的网衣应选择材质较好的聚乙烯、尼龙等柔性材料的网衣；

（2）做好渔排及网衣的固定工作，避免出现网衣脱落、掉落情况；

（3）渔网网目的选择视鱼苗规格而定，确保网眼直径小于鱼苗规格；

（4）在养殖网箱外围多布设一层网衣，可进行双层防护；

（5）定时清洗网衣，去除网衣上残留的附着物，检查网衣是否破损；

（6）如遇恶劣天气，应及时转移至内港风浪较小处规避风险；

（7）养殖达到上市规格时，应全部捕捞上岸出售，避免养殖至性腺发育成熟。

三、健康养殖技术

（一）健康养殖（生态养殖）模式和配套技术

1. 养殖环境条件

宜选择风浪较小、水流通畅、海底地势平缓、底质为泥质或泥沙质的养殖海区。可采用传统木排养殖或网箱养殖，要求水深 8 米以上；海水流速小于

1.0米/秒，流向平直而稳定，采用挡流、分流等措施后网箱内流速小于0.8米/秒；周围无直接工业“三废”及农业、生活等污染源。

2. 水环境因子

水环境因子应符合下列要求：水温20～32℃；盐度3～35；透明度1米以上；pH 7.5～9.0；溶解氧含量4毫克/升以上。

3. 放养密度

一般3～5厘米的苗种，按每立方米水体300尾左右进行投放。

4. 日常管理

（1）养殖过程中做好网箱的日常检查工作，定期安排潜水员对网箱安全情况进行观测检查。

（2）在灾害性天气到来之前，应采取在网箱上加盖网具；检查和调整框架、锚、桩索使其牢固，加固网箱的拉绳和固定绳；尽量清除网箱框架上的暴露物；养殖人员、船只迁移至避风港等措施。

（3）在强风暴过后应及时检查网箱的受损情况，并及时修复保证生产。

（4）在网箱养殖区安装警示标志，防止食鱼鸟和其他水生动物对养殖鱼类造成危害，及时清除垃圾和大型漂浮物。

（5）做好日常检测与记录，每天做好养殖日志。

（二）主要病害防治方法

1. 刺激隐核虫病（白点病）

【病因及症状】刺激隐核虫（小瓜虫）寄生在鱼鳃上，吃食组织细胞、血细胞，刺激鱼体，导致鳃上皮肿胀增生，引起营养缺失和鱼鳃呼吸功能障碍。病鱼体表和鱼鳃出现白点，黏液增多，严重时缺氧浮头。

【流行季节】春季、秋季。

【防治方法】

（1）放养密度合理，鱼排之间的距离不能太近，减少感染，一旦发病立即隔离并拖至流水更好区域；

（2）及时换网分笼，洗掉附着在网箱上的小瓜虫包囊；

（3）适时卖掉大鱼，分疏中小鱼；

（4）对于有历史记录的发病海域，中秋节前半个月小潮水期用硫酸铜片或高锰酸钾挂袋预防。

2. 车轮虫病

【病因及症状】车轮虫会损伤上皮细胞，上皮细胞及黏液细胞增生、分泌亢进，鳃上的毛细血管充血、渗出，导致无法正常呼吸而死亡。病鱼体表及鳃部分泌大量黏液，形成一层黏液层；鱼体消瘦，发黑，游动缓慢，呼吸困难，最后死亡。

【流行季节】养殖期间。

【防治方法】

（1）100毫升/米^{3}甲醛溶液（淡水）浸泡10分钟；

（2）50%的硫酸铜与硫酸亚铁合剂（5∶2）和50%的细沙混合后挂袋。

3. 肠炎病

【病因及症状】肠道负担大，消化道上皮受损，感染病菌（链球菌、气单胞菌）。病鱼肛门红肿、肠道充血。

【流行季节】养殖期间。

【防治方法】

（1）保证饲料质量；

（2）投喂不要过饱，约八分饱即可，傍晚投喂时饲料常被晒得有些热，投喂前应打开袋子让热气散去，投喂量应比三餐平均投喂量略少；

（3）每15天，按每千克饲料加大蒜素3克、鱼用复合维生素3克，连续投喂3天预防；

（4）鱼得病时可搭配甲砜霉素粉拌料投喂。

4. 诺卡氏菌病

【病因及症状】鱼体感染诺卡氏菌。患病鱼瘦小，鳃盖、鱼鳍、脊柱等部位生长大量白色结节，长期不吃料，最终消瘦而死。

【流行季节】8—10月。

【防治方法】

（1）确保饲料质量安全，防水防晒，严禁投喂霉变饲料；

（2）苗种购入前要做诺卡氏菌等细菌、病毒的检测，检测合格方能采购；

（3）金鲳和其他品种分开养殖，尽量不要放在同一条渔排上；

（4）若发病，使用抗生素类药物拌料投喂，连续7天，拌药期间降低投料量。

5. 神经坏死病毒病

【病因及症状】通过垂直传播、亲本传染、运输应激诱发。鱼苗身体颜色发黑，在网箱边分散游动，活力差。

【流行季节】放苗2周内。

【防治方法】

（1）无寒潮预告、天气稳定后进苗，鱼苗采购地和本地水温差应小于5℃；

（2）选择专业的运输车辆和搬运工人运苗，避免运输过程鱼苗应激；

（3）投喂：进苗当天不喂料，次日少量投料，三至五分饱即可，以后逐日增加至八分饱；

（4）拌料投喂氨基电解多维。

四、育种和种苗供应单位

（一）育种单位

1. 海南晨海水产有限公司

地址和邮编：海南省三亚市崖州区崖州湾科技城雅布伦产业园五号楼一楼101，572000

联系人：蔡春有

电话：13876861621

2. 湖南师范大学

地址和邮编：湖南省长沙市岳麓区麓山路36号，410081

联系人：吴昌

电话：13548543670

3. 海南热带海洋学院

地址和邮编：海南省三亚市吉阳区育才路1号，572099

联系人：黄海

电话：18876860068

4. 中国海洋大学三亚海洋研究院

地址和邮编：海南省三亚市崖州湾科技城用友产业园1号楼7层，572024

联系人：胡景杰

电话：13681443506

5. 海南大学

地址和邮编：海南省海口市美兰区人民大道58号，570228

联系人：骆剑

电话：13647556387

（二）种苗供应单位

海南晨海水产有限公司

地址和邮编：海南省三亚市崖州区崖州湾科技城雅布伦产业园五号楼一楼101，572000

联系人：蔡春有

电话：13876861621

五、编写人员名单

蔡春有，吴昌，黄春仁，黄海，胡景杰，骆剑，陈贞年等

凡纳滨对虾“渤海1号”

一、品种概况

（一）培育背景

凡纳滨对虾（*Litopenaeus vannamei*），又称南美白对虾，最早由中国科学院海洋研究所的张伟权研究员等于1988年从美国夏威夷引进我国，1999年之后该品种在全国大范围养殖，我国一跃成为世界凡纳滨对虾养殖产量最高的国家。

凡纳滨对虾具有盐度适应范围广的特点，使得其养殖范围从海水扩展到内陆淡水、盐碱地以及沿海高盐度的盐田地区。近年来，随着盐业产业的升级和综合开发利用，利用晒盐水域进行凡纳滨对虾养殖发展迅速。同时，在高盐度条件下养殖的“盐田虾”味道鲜美，营养丰富，虾青素、DHA含量较普通盐度下养殖的凡纳滨对虾高，营养品质有了显著提升，深受消费者的欢迎。

据统计，全国的盐田养殖面积共400万亩，当前盐田水面的利用率极低，而利用盐田进行凡纳滨对虾养殖对于实现盐业企业的绿色产业升级、促进我国对虾养殖业的发展具有重要意义。然而盐田中海水盐度高，二级蒸发池盐度达55以上，并且盐田养殖面积大，无法进行精细化管理，因而对于凡纳滨对虾品种的耐高盐和抗逆性要求高。尽管国内和国际对凡纳滨对虾进行了系统改良，但是目前尚缺乏耐高盐品种，产业迫切需要适合盐田养殖的耐高盐品种。

（二）育种过程

1. 亲本来源

2015年，对渤海水产育种（海南）有限公司保存的凡纳滨对虾“广泰1号”核心种质库中的4个品系（A系、B系、C系和D系）以及引进的厄瓜多尔群体等，分别构建家系，并在仔虾V期（P5）对不同的家系进行“盐化测试”，即将每个家系P5仔虾的培育海水盐度逐步提高，在P5至P12期，盐度由30升至55，计算不同家系在“盐化测试”后的成活率。根据不同家系的成活率，筛选出对高盐适应能力强的家系。结合家系的品系归类数据进行分析，发现“广泰 1 号”核心种质库中的 D 系和厄瓜多尔来源的群体（E 系）在“盐化测试”后的成活率高，显示出较强的耐高盐能力，因此将“广泰 1 号”D 系和厄瓜多尔群体（E 系）作为育种群进行系内选育和杂交测试。

2. 技术路线

凡纳滨对虾“渤海 1 号”培育技术路线见图 1。

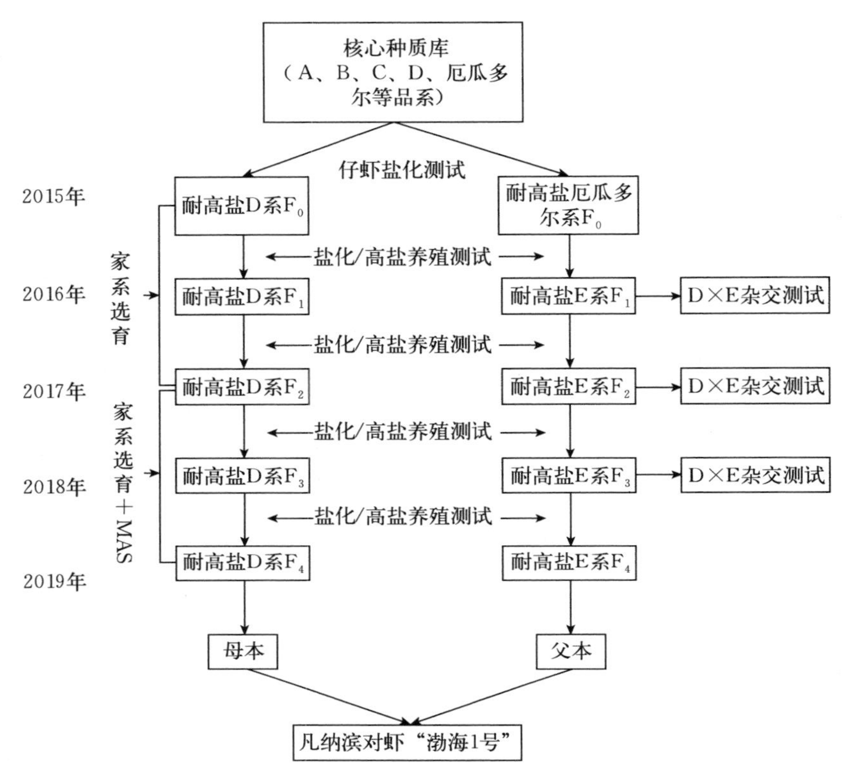

图 1　凡纳滨对虾“渤海 1 号”培育技术路线

3. 培（选）育过程

2015 年，对渤海水产育种（海南）有限公司保存的凡纳滨对虾“广泰 1 号”核心种质库中的 4 个品系（A 系、B 系、C 系和 D 系）以及引进的厄瓜多尔群体等种质，分别构建家系，并在仔虾Ⅴ期（P5）后对不同的家系进行“盐化测试”，即将每个家系 P5 后的仔虾培育海水盐度逐步提高，盐度由 30 升至 55，计算不同家系在“盐化测试”后的成活率。根据不同家系的成活率，筛选出对高盐适应能力强的家系。结合对家系的品系归类数据进行分析，发现“广泰 1 号”核心种质库中的 D 系和厄瓜多尔来源的群体（E 系）在“盐化测试”后的成活率高，显示出较强的耐高盐能力。之后将 D 系、E 系的家系在

55盐度下进行“高盐养殖测试”，测试高盐度养殖条件下的生长速度和成活率。测试结束后，考虑到D系本身具有生长速度快、繁殖力高的特点，所以对耐高盐D系按照生长速度占60%，耐高盐成活率占40%的选择系数进行家系选留。由于E系本身具有成活率高的特点，因此E系按照生长速度占40%，成活率占60%的选择系数进行家系选留。

2016年使用选留的耐高盐D系 F_1 和耐高盐E系 F_1 构建家系，分别建立50个家系，同时构建D系和E系间的杂交家系以测试杂交效果。由于D系本身具有繁殖力高的特点，因此在构建杂交家系时以D系作为母本、E系作为父本进行杂交。对所建立的D系和E系的家系同时进行仔虾的“盐化测试”，筛选出前40个家系进行后续的“高盐养殖测试”，同时杂交家系也同步进行“盐化测试”和“高盐养殖测试”，养殖3个月后测定不同家系的生长速度和成活率。根据D系和E系的选留标准筛选出系内最优的前10个家系进行留种。

2017—2018年，采用相同的选育方案进行D系和E系内的选育和杂交测试，同时结合前期筛选的耐盐相关SNP标记辅助耐高盐选育，在家系留种时优先选留耐高盐相关SNP标记纯合的家系，通过传统选育结合分子标记辅助选育，于2018年底获得耐高盐D系 F_4 和耐高盐E系 F_4。多代杂交测试的结果显示，耐高盐D系与耐高盐E系杂交的后代耐高盐能力强，且兼具了D系生长速度快、E系成活率高的特点。经过连续4代选育和3代杂交测试，耐高盐D系和E系的性状稳定，且杂交后代对高盐适应能力强，命名为凡纳滨对虾“渤海1号”。

（三）品种特性和中试情况

1. 品种特性

“渤海1号”新品种的特征是耐高盐能力强，主要表现在如下两个方面：

（1）“渤海1号”在盐化过程中的育苗成活率高，与凡纳滨对虾“广泰1号”和厄瓜多尔群体相比，P5期虾苗盐度从30升至55的苗种成活率分别提高15.8%和21.2%。

（2）“渤海1号”在高盐度养殖条件下，与凡纳滨对虾“广泰1号”和厄瓜多尔群体相比，140日龄养殖成活率分别提高14.5%和18.6%，体重分别提高10.8%和15.8%，亩产分别提高27%和37.2%。

2. 中试情况

2022年，在河北、辽宁的盐田养殖池中开展“渤海1号”的中间试验，以当地的普通苗种（厄瓜多尔来源）和“广泰1号”苗种作为对照，测试面积1.2万亩，测试池的盐度范围为50～60，测试池面积为400～1 000亩，“渤海

1号”与对照苗种在完全相同的条件下进行养殖和收获。试验结果表明，凡纳滨对虾“渤海1号”在盐田养殖具有明显优势，与普通厄瓜多尔苗种和“广泰1号”相比，养殖成活率分别提高15.2%和12.5%，亩产分别提高23.5%和32.6%，“渤海1号”在高盐度养殖条件下的生长速度和成活率均具有明显优势，增产效果明显。

二、人工繁殖技术

（一）亲本选择与培育

1. 亲本选择

从选育的耐高盐D系中选择育种值高的雌虾和雄虾交配生产“渤海1号”的母本家系，从选育的耐高盐E系中选择育种值高的雌虾和雄虾交配生产“渤海1号”的父本家系。母本家系和父本家系按照SPF（无特定病原体）亲虾养殖技术进行亲本培育，之后从母本家系中挑选出雌虾作为生产商品苗种的母本，从父本家系中挑选雄虾作为商品苗种的父本。父母本的挑选：要求雌虾规格不小于70克/尾，雄虾规格不小于35克/尾，体表无损伤、个体强健且检测无特定病原。

2. 亲本培育

（1）培育环境　亲虾培育池规格为25～35米^3，培育密度为15尾/米^3，水温28～30℃，盐度在30左右。每日换过滤海水一次，换水量为2/3，光照采用半遮顶自然光。

（2）饲养管理　饲料为无特定病原的沙蚕、牡蛎和鱿鱼，每日三餐；通过提前低温净化减少外来病原生物的引入，且活饵均经PCR检测无特定病原；亲虾培育期间，根据雌虾性腺发育时期的不同，通过对沙蚕投喂比例和投喂量的调节，将亲虾产卵周期控制在7～8天，产卵量控制在30万粒/尾左右。亲虾使用时间不超过3个月。亲虾培育期间不使用任何药物。

（二）人工繁殖

1. 亲虾交配

在每天下午4:00挑选性腺发育好的雌虾和雄虾进入交配池进行交配，交配方式为自然交配。最终挑选携带精荚且位置正确的雌虾进行产卵。

2. 亲虾产卵和幼体孵化

交配后的雌虾在当天晚上8:00和10:00两次移入产卵池，产完卵后于次日凌晨1:30移回亲虾培育池。孵化密度不超过50万粒/米^3，水温28.5℃，光照为微光，产卵和孵化期间不使用任何药物。卵和幼体每30分钟全池轻缓搅动一次。

受精卵通过发育形成无节幼体，并破膜而出，完成幼体孵化过程，在幼体发育至无节幼体Ⅰ期时收集幼体到出苗桶，停气后淘汰中下层的幼体，取上层趋光性强且镜检无畸形刚毛的幼体，计数后移入育苗池。

通过调节亲虾饲料和亲虾使用周期控制幼体质量，同时根据幼体的趋光性对幼体进行分离，淘汰弱质幼体，以提高育苗成活率和虾苗健康状况。

（三）苗种培育

从无节幼体Ⅰ期培育到仔虾的过程称为苗种培育或育苗。在此期间，对虾将经过 6 期无节幼体、3 期溞状幼体、3 期糠虾幼体后变态为仔虾，而高盐度养殖的虾苗还需要经过盐化标粗的阶段，具体的操作要点如下：

水温：幼体进入育苗池的水温为 28.5 ℃，之后逐个小时升高到 30 ℃，糠虾幼体Ⅱ期（M2）降至 29 ℃，仔虾Ⅱ期（P2）降至 28 ℃。

光照：无节幼体、溞状幼体、糠虾幼体至仔虾Ⅱ期（P2）的光照为微光，至仔虾Ⅴ期（P5）过渡到自然光照。

充气：无节幼体期微充气，以幼体不下沉为宜，以后逐渐增加充气量至沸腾状。育苗期间保持不间断充气。

密度：无节幼体投放密度不超过 20 万尾/米^3。

饲料：饲料的选用应符合 GB 13078—2001 的规定，渔用配合饲料安全限量应符合 NY 5072—2002 的规定。无节幼体变态为溞状幼体后，开始投喂牟氏角毛藻、骨条藻，密度为 500 个/毫升；溞状幼体Ⅱ期（Z2）开始辅以高效微囊饵料，日投饵次数为 6 次，以 200 目的筛绢网过滤；溞状幼体Ⅲ期（Z3）开始投喂骨条藻，密度为 100 个/毫升。糠虾幼体投喂微囊饵料、虾片及适量轮虫，以 150 目的筛绢网过滤；糠虾幼体Ⅲ期（M3）开始投喂卤虫无节幼体两餐，微粒饵料四餐；仔虾Ⅰ期（P1）开始投喂卤虫无节幼体四餐，微粒饵料两餐，以 100 目的筛绢网过滤。根据目测摄食情况决定投喂量。到仔虾Ⅻ期（P12）的整个育苗期，卤虫无节幼体的投喂标准为每 100 万尾投喂 5 罐。

标粗和盐化：仔虾Ⅴ期（P5）开始进行标粗，根据养殖目的地的盐度进行苗种的盐化，盐化过程遵循先快后慢的原则，在盐度 30～40 时每日盐化 4～5，在盐度 40～50 时每日盐化 2～3，在盐度 50 以上时每日盐化 2，通过梯度盐化，实现仔虾较高的成活率。

病害：渔用药物的使用应符合 NY 5071—2002 的规定。育苗期间病害防治以预防为主，禁用氯霉素、呋喃类、孔雀石绿等国家禁用药品；根据情况不定期使用芽孢杆菌、乳酸菌和光合细菌等改善水质。

三、健康养殖技术

（一）健康养殖（生态养殖）模式和配套技术

凡纳滨对虾“渤海1号”适合在盐度30～60的大水面池塘、盐田养殖，因此重点介绍大水面养殖的技术模式及配套技术。

1. 池塘要求

养殖池塘为正方形或长方形，长方形池塘的长宽比为（1.5～2）：1。塘面积为2.5～10亩，池深1.5～2米，黑膜塘或土塘。保水性能好，日渗漏不超过3厘米，可彻底自流排干、晒干，有条件的应设置中央排污系统。

养殖池塘为大汪子或盐田，塘面积为500～5 000亩，池深1～1.5米，土塘。保水性能好，日渗漏不超过3厘米，有水流流动，养殖过程盐度逐渐升高。

2. 养殖池塘消毒

养殖前彻底消毒晒塘，收虾后应及时排干水并清除污物，土塘应将池底沙层翻起20厘米以上，大汪子或盐田池底需经过7天以上的太阳暴晒。如暴晒时间不足，应空池闲置30天以上，并在进水前使用30毫克/升有效氯对池底进行消毒，消毒水体深度应保证在5厘米以上，消毒48小时后开始进水。

3. 养殖用水

水源水质应符合GB 11607—1989的规定，海水水质应符合NY 5052—2001的规定。养殖用水应经过沉淀、沙滤或消毒处理后使用；在病害流行期间，必须使用30毫克/升有效氯进行消毒处理后使用。放苗前进水和前50天养殖期间的补水必须使用200目筛绢网过滤，50天以后的换水使用80目筛绢网过滤。

4. 水体消毒

池底暴晒或经消毒48小时后，将消毒水体排出，直接进水，放苗前池塘进水深度不低于120厘米，大汪子或盐田不低于60厘米；上造发病塘达到水位后必须使用30毫克/升有效氯进行水体消毒。

5. 做水肥塘

水体消毒后7天开始培养基础饵料，为保证水质稳定，要求透明度达到50厘米方可放苗，放苗前水环境指标的要求如下：水温20～35℃，盐度35～60，透明度40～60厘米，pH 7.8～9.0。

6. 养殖期间水质管理

（1）换水　池塘养殖放苗后至养殖前中期（30天前）不换水，定期少量添加新水，每次3～5厘米，直到水位达到并保持正常养殖水位；养殖中后期

（30天后）开始换水。大汪子或盐田养殖过程中不换水或少量换水。

（2）增氧和排污

池塘养殖：使用增氧机保证池水最低溶解氧不低于3毫克/升。面积小于6亩的池塘，增氧机单层排布；面积超过6亩的池塘，增氧机应双层排布，以使中央污染区面积缩小。养殖中期开始排污，每天排污1～2次，养殖后期每天排污3～4次，在投料前1小时排放，以排出的水中没有黑色污染物为标准。

大汪子养殖：无设备增氧设施，主要靠风力和浮游植物增氧。养殖过程不能排污。

（3）消毒　正常养殖过程中，提倡定期使用微生物制剂使池塘形成良性生物群落，保持良好水质。不提倡定期使用消毒剂。禁止使用氯霉素及呋喃类等禁用抗生素。为避免药物残留，收虾前30天禁止使用抗生素及激素类药饵。

（4）养殖日志记录　每次观测虾后按时填写养殖日志。

7. 投饵控制

饲料的选用应符合GB 13078—2001的规定，渔用配合饲料安全限量应符合NY 5072—2002的规定。

（1）投喂次数　池塘养殖日投喂次数为4次；大汪子养殖日投喂次数为1次；标粗苗日投喂次数为6次。

（2）投饲位置　池塘养殖放苗后20天全池投喂；20天后在由增氧机形成的无污物环流带投喂。投饲位置应距池壁上口边沿5米，同时投饲应力求均匀。大汪子或盐田养殖30天后开始适量投喂。

（3）投喂数量　通过每餐检查料台残饵量来确定下一餐的投饵量。

（4）测料时间　根据生长情况及时转换料型。

（5）投饵量调整　根据估测的成活率、对虾尾数及平均体重，参考测料情况，计算出实际投饲量。中后期应根据投饲后对虾摄食情况调节投饲量。对虾大量蜕壳的晚上应少投或不投。

8. 技术员的日常管理内容

（1）巡塘　技术员每天最少巡塘三次，巡察水色变化、对虾游塘蜕壳等情况；检查三次观察网，观察对虾摄食及饲料利用情况，同时注意对虾肠道饱满程度及粪便排出情况。

（2）日常塘面工作　日常塘面工作包括塘面清洁、进水渠的清理、增氧机的增减和维护、观察台和观察网的维修、进排水和排污、使用药物等。

每10天测量检查一次对虾生长情况并做好记录。每次测量随机取样不得少于50尾。发现异常现象或出现病虾，应及时查明原因并于当天或次日采取相应措施。

（3）水质检测和记录　每天应测定和记录水温、透明度和pH，有条件的还应测定和记录盐度、溶解氧、亚硝酸盐，并掌握其变化规律。养殖期间水环境指标要求见表1。

表1 水环境指标要求

环境参数	适宜指标	须采取措施的阈值	测定频度
透明度	20～60厘米	20厘米以下，80厘米以上	1次/日
盐度	35～60	日波动大于5	1次/周或大雨时
pH	7.8～8.6	日波动大于0.5	2次/日
溶解氧	5毫克/升以上	低于3毫克/升	透明度低于20厘米或有其他异常时
亚硝酸盐	无	高于0.1毫克/升	1次/周或有其他异常时
氨	非离子态小于0.1毫克/升	亚硝酸盐大于1.0毫克/升	1次/周或有其他异常时

9. 对虾收获

一般在对虾养殖90天后，可以使用插网或者地笼方式进行收获，采取抓大留小的方式分批收获，一方面减少养殖水体的生物量，另外一方面也通过分批收虾降低养殖风险。大水面池塘的收获期一般持续30～50天，可以根据天气、市场行情、对虾规格进行灵活调整，以实现最大的经济效益。

（二）主要病害防治方法

1. 防病措施

由于盐田养殖模式是开放式的养殖模式，因此病害控制以预防为主，辅以水质管理和泼洒微生态制剂。投放种苗前需要进行病原检测，确保无EMS、WSSV、IHHNV、TSV等病原。在养殖过程中，主要做好预防管理，尤其是对条件致病性病原如弧菌的管理，使用乳酸菌、EM菌、硝化细菌等定期进行水质调控，保持水质的稳定。

在管理方面，为避免病害的大面积流行及交叉感染，不同的养殖池之间要做好人员、器具的隔离，各区域发现疫情后相关人员不得跨区域操作，工具不准跨区域使用，并将发病塘使用石灰沿塘边撒出50厘米宽的隔离带。

2. 药物使用

由于盐田池塘面积大，药物使用的成本高，因此不建议整池泼洒，而是采取拌料方式投喂，药物使用应符合NY 5071的规定，使用的渔药应“三证”齐全。应使用高效、低毒、低残留药物，严禁使用氯霉素、呋喃唑酮等禁用渔药。

四、育种和种苗供应单位

（一）育种单位

1. 渤海水产育种（海南）**有限公司**

地址和邮编：海南省文昌市会文镇冯家湾现代化渔业产业园，571343

联系人：黄皓

电话：13976992198

2. 中国科学院海洋研究所

地址和邮编：山东省青岛市南海路 7 号，266071

联系人：李富花

电话：13792839758

3. 渤海水产股份有限公司

地址和邮编：山东省滨州市北海新区马山子镇高田，251907

联系人：刘明良

电话：13792283657

（二）种苗供应单位

1. 渤海水产育种（海南）**有限公司**

地址和邮编：海南省文昌市会文镇冯家湾现代化渔业产业园，571343

联系人：黄皓

电话：13976992198

2. 渤海水产股份有限公司

地址和邮编：山东省滨州市北海新区马山子镇高田，251907

联系人：刘明良

电话：13792283657

五、编写人员名单

李富花，于洋，黄皓，相建海，蔡重志，胡绍令等

凡纳滨对虾“海茂1号”

一、品种概况

（一）培育背景

凡纳滨对虾（*Litopenaeus vannamei*），俗称南美白对虾、太平洋白虾，原产于美洲太平洋沿岸水域，主要分布在秘鲁北部至墨西哥湾沿岸，以厄瓜多尔沿岸分布最为集中。我国华南地区自 1997 年从美国夏威夷海洋研究所引进凡纳滨对虾，中国科学院南海海洋研究所等单位采用人工诱导亲虾自然交配产卵，突破苗种规模化繁育技术难题，实现虾苗产业化生产以来，凡纳滨对虾养殖在我国发展迅速，养殖地域和规模不断扩大，养殖产业对优质种苗的需求量持续增加。目前我国凡纳滨对虾年苗种生产量超过 2×10^{12} 尾，年养殖产量突破 200 万吨，是我国海水、咸淡水和淡水养殖区域均有养殖的第一大养殖对虾。

凡纳滨对虾全人工繁育技术的突破，促进了我国凡纳滨对虾遗传育种的快速发展。目前我国已选育出 10 多个通过全国水产原种和良种审定委员会审定的凡纳滨对虾新品种，同时也不断引进“SIS”“正大”和“普利茅”等国外生产虾苗品种以满足市场需求，但仍不能满足我国凡纳滨对虾养殖环境不断变化、养殖模式日益多样化的需求。多数现有凡纳滨对虾品种难以适应我国养殖环境和模式的变化，抗病力显著偏低，死亡率居高不下，造成了巨大的经济损失，严重制约了我国凡纳滨对虾养殖产业的持续健康发展。

（二）育种过程

1. 亲本来源

凡纳滨对虾“海茂 1 号”亲本来源于 2016 年 2 月从美国普利茅种虾公司（Primo Broodstock INC）引进的 4 000 对（8 000 尾）凡纳滨对虾亲虾（简称“PRIMO”）和 2016 年 2 月从美国虾改良系统夏威夷有限责任公司（Shrimp Improvement Systems Hawaii LLC）引进的 800 对（1 600 尾）凡纳滨对虾亲虾（简称“SIS”）。

2. 技术路线

凡纳滨对虾“海茂 1 号”培育技术路线见图 1。

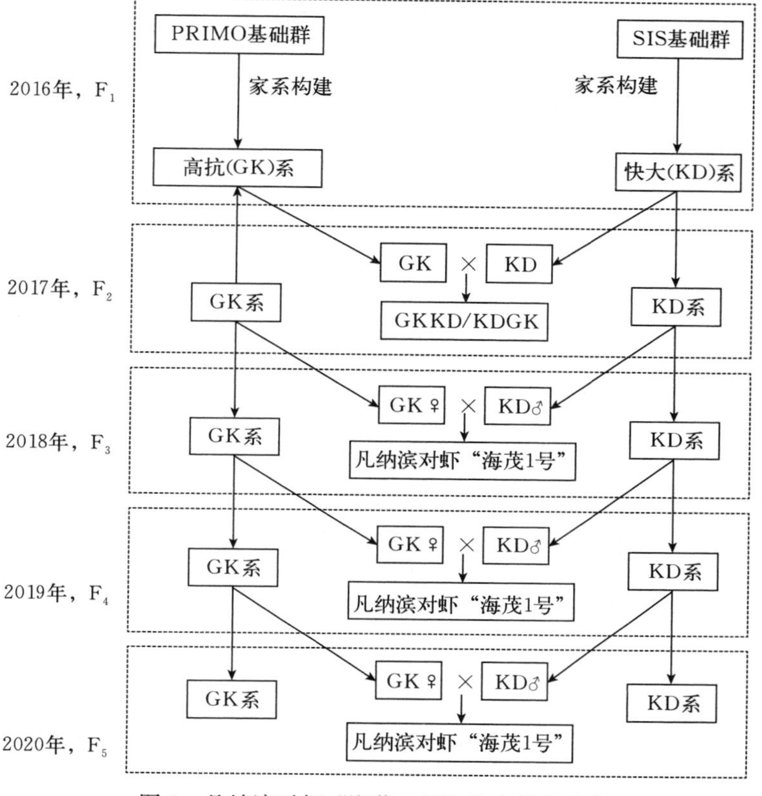

图 1　凡纳滨对虾“海茂 1 号”培育技术路线

3. 培（选）育过程

凡纳滨对虾“海茂 1 号”新品种是以 2016 年从美国普利茅公司和美国改良系统夏威夷有限责任公司引进的凡纳滨对虾群体为基础群体，分别经连续 2 代家系选育获得的抗哈氏弧菌和生长快选育系为母本和父本，杂交获得的子代。

2016 年 2 月，从引进的 PRIMO 和 SIS 亲虾群中，各挑选亲本 100 对（♀：♂=1：1），以抗病力较强的 PRIMO 亲虾构建高抗（GK）系育种基础群，以生长速度较快的 SIS 亲虾构建快大（KD）系育种基础群。采用定向交尾、人工植精或全人工授精方法，分别构建高抗系（GK）F_1 和快大系（KD）F_1 家系 100 个（雌雄各 100 尾）。每个家系经过幼体选择、虾苗选择、标志选择、成虾选择和亲虾选择共 5 次标准化选择，分别选择高抗病力（抗病成活率高）的家系入选GK系和生长速度快的家系入选KD系，选留64个GK家系和60个KD家系，用于下一代育种。

2017年采用留种的F_1 GK系和F_1 KD系，分别构建GK系和KD系的家系100个。经上述5次标准化选择，选留70个GK家系和65个KD家系。进行F_2 GK系和F_2 KD系完全双列杂交，测试配合力和分析杂交优势。

2018年采用留种的F_2 GK系和F_2 KD系，分别构建GK系和KD系的家系100个。经上述5次标准化选择，选留62个GK家系和61个KD家系。根据配合力测试结果，选择最优的GK母系和KD父系组合进行配组杂交，获得GKKD杂交种，命名为凡纳滨对虾“海茂1号”。

2019年采用留种的F_3 GK系和F_3 KD系，分别构建GK系和KD系的家系100个。经上述5次标准化选择，选留62个GK家系和60个KD家系。选择性状最优的6个GK母系和6个KD父系进行配组杂交，用于凡纳滨对虾“海茂1号”扩繁生产、生产性对比试验和中间试验。

2020年采用留种的F_4 GK系和F_4 KD系，分别构建GK系和KD系的家系100个。经上述5次标准化选择，选留60个GK家系和62个KD家系。分别选择性状最优的6个GK母系和6个KD父系进行配组杂交，用于凡纳滨对虾“海茂1号”规模化扩繁生产、生产性对比试验和中间试验。

（三）品种特性和中试情况

1. 品种特性

凡纳滨对虾“海茂1号”的主要形态特征符合凡纳滨对虾的生物学特征，与母本PRIMO和父本SIS也没有明显差别。性成熟个体的可数性状如下：上额角齿数8～9齿，常为8齿；下额角齿数为1～2齿，常为2齿；额角齿式：8～9/1～2，在胃上齿前（图2）。

图2　凡纳滨对虾“海茂1号”

凡纳滨对虾“海茂 1 号”具有抗哈氏弧菌感染能力强和生长速度快的高抗、快大特性。在相同养殖条件下，与 PRIMO 品系相比，110 日龄虾体重提高 18.5%，成活率无显著差异；与 SIS 品系相比，成活率提高 15.8%，体重无显著差异。适合在我国水温为 18～32 ℃和盐度为 2～35 的人工可控水体中养殖。

2. 中试情况

2019—2020 年，海茂种业科技集团有限公司在广东、广西、福建、浙江、河北、山东和天津等 7 个省份的凡纳滨对虾养殖地区开展了凡纳滨对虾“海茂 1 号”的中试养殖试验，中试地区代表了我国凡纳滨对虾养殖区域的主要养殖模式和环境。中试总面积 26 200 亩，放苗总量 7.428 亿尾，总产量 8 429.505 吨，总产值 3.884 亿元。

（1）*土池中试养殖情况* 2019—2020 年，土池中试共设 9 个点，分别为广东广州和中山、广西防城港、福建龙海、浙江宁波、河北唐山、山东东营和青岛、天津，中试总面积 10 980 亩，累计投放凡纳滨对虾“海茂 1 号”虾苗 3.837 亿尾，总产量 4 395.695 吨，总产值 2.014 亿元。全程按照海茂种业科技集团有限公司提供的《凡纳滨对虾“海茂 1 号”养殖技术规范》进行养殖管理，放苗密度为 3 万～4.5 万尾/亩，养殖周期 89～125 天，收获规格 50～66 尾/千克，平均亩产 400.34 千克，平均成活率为 70.9%，平均利润为 0.88 万元/亩。

（2）*高位池中试养殖情况* 2019—2020 年，高位池中试试验共设 5 个点，分别为广东湛江、江门和茂名，福建漳浦，浙江杭州，试验面积 3 220 亩，累计投放凡纳滨对虾“海茂 1 号”虾苗 2.691 亿尾，总产量 3 085.21 吨，总产值 1.397 亿元。全程按照海茂种业科技集团有限公司提供的《凡纳滨对虾“海茂 1 号”养殖技术规范》进行养殖管理，放苗密度为 6.5 万～15 万尾/亩，养殖周期 92～99 天，收获规格 68～76 尾/千克，平均亩产 958.14 千克，平均成活率 83.7%，平均利润 1.96 万元/亩。

（3）*盐汪子中试养殖情况* 2019—2020 年，在北方滨海盐碱地区的盐汪子养殖地区推广凡纳滨对虾“海茂 1 号”的养殖，在河北黄骅设立 1 个点开展中试试验。试验面积 12 000 亩，累计投放凡纳滨对虾“海茂 1 号”虾苗 0.9 亿尾，产量 948.6 吨，产值 0.474 亿元。放苗密度为 0.7 万～0.8 万尾/亩，养殖周期 140～149 天，收获规格 60～64 尾/千克，平均亩产 79.05 千克，平均成活率 65.0%，平均利润 0.26 万元/亩。

作为比对，中试地区同期放养其他凡纳滨对虾苗，其在高位池养殖成活率不足七成，土池养殖成活率不足六成。凡纳滨对虾“海茂 1 号”增产幅度在 15%～25%，两者养殖效益差距明显。中试地区的养殖实践证明，凡纳滨对虾

“海茂 1 号”具有抗病能力强、养殖成活率高、生长速度快、产量高、适应能力强等优点，经济效益增加 15%以上，是适合我国推广养殖的凡纳滨对虾新品种。

二、人工繁殖技术

（一）亲本选择与培育

1. 亲本选择

凡纳滨对虾“海茂 1 号”是以抗哈氏弧菌感染能力强的高抗系（GK 母系）为母本，生长速度快的快大系（KD 父系）为父本，杂交获得的兼具母本高抗和父本快大优势性状的新品种。

凡纳滨对虾“海茂 1 号”的亲本只用于繁殖商品虾苗和养成商品虾，养成的性成熟虾不能用作亲虾。

亲本要求：雌虾≥240 日龄，雄虾≥270 日龄；雌虾体长≥15.0 厘米，体重≥43 克，雄虾体长≥14 厘米，体重≥35 克；体色有光泽、晶莹透亮、呈淡青色或浅青灰色；体表光洁，无附着物；对外界刺激反应灵敏，活动有力；甲壳、附肢完好，无红肢、烂鳃、烂尾等症状；肝胰脏棕黑色；胃肠饱满；经 PCR 抽检不携带 WSSV、TSV、IHHNV、YHV、BPV、CMNV、SHIV、HPV、IMNV、PVNV、EMS 和 EHP 等凡纳滨对虾易感病原。

2. 亲本培育

培育车间应具备良好的通风、透光及照明条件，安装有温控及供气设施；培育池 30 米^2 左右，池深 1.2～1.5 米，池底靠走道一边中间设排水管，池底向排水口倾斜。每个培育池上方设 40 瓦的日光灯 1 只。暂养密度 15～20 尾/米^2。暂养池水温≥18 ℃，盐度保持在 26～35。每天换水 1/3～2/3，必要时可加大换水量。日投喂量为虾体重的 10%～20%，饵料为鲜活饵料如沙蚕、鱿鱼等。暂养 15 天左右，待虾活力及摄食稳定且经病原检测不携带上述易感病原后转至亲虾培育池进行催熟培育。

（二）人工繁殖

雌雄亲虾分开催熟培育，雌雄比例为 1∶(1～1.5)。从亲虾暂养池转至培育池后，每天统计蜕壳数量，待一轮蜕壳完毕且亲虾状态稳定后开展眼柄摘除手术，用烧红的止血钳镊烫雌虾单侧眼柄，眼柄被烫灼至扁焦方可。将性腺成熟的雌虾移至雄虾培育池中进行自然交配，交配期间不要惊扰亲虾，以免影响交配活动；及时转移已交配的雌虾，避免雄虾追逐多次后精荚脱落。待产亲虾移入产卵池前需要用 20 毫克/升聚维酮碘液浸泡消毒 15～30 秒，密度 4～6 尾/

米^3。保持微充气，保持安静。将产过卵及未产卵的雌虾放回原培育池，并将产卵池中的污物清除。

（三）苗种培育

受精卵孵化后，将幼体移入200目手抄网，使用聚维酮碘液（20毫克/升）消毒30～60秒，之后用干净海水冲洗，然后移入育苗池中。投放密度一般为20万～30万尾/米^3。无节幼体无口和消化器官，靠自身的卵黄营养，故无需摄食。溞状幼体Ⅰ期指数生长期投喂单胞藻3～6次/天，10万～20万个/毫升/次；溞状幼体Ⅱ期及Ⅲ期，单胞藻搭配配合饲料，6次/天，0.5～1.2克/米^3/次。糠虾幼体阶段虾片仍作基本饲料，同时必需逐渐辅以投喂卤虫无节幼体。配合饵料6次/天，1.2～2.5克/米^3/次；卤虫无节幼体3～6次/天，6～20个/天/尾。仔虾阶段应明显加大投饵量，饲料仍以虾片为主，辅以卤虫、桡足类等动物饵料。仔虾Ⅰ期至仔虾Ⅻ期，配合饲料6次/天，2.5～4克/米^3/次；卤虫无节幼体3～6次/天，20～100个/天/尾；仔虾Ⅰ期至仔虾Ⅳ期可投喂单胞藻（2～3次/天）。

培育至仔虾Ⅴ期即可出苗至标粗场进行标粗（标粗7天左右），虾苗体长达0.7～1.0厘米、健康状况良好、经检疫合格方可出池。放入事先调好盐度的黑桶中，并放入适量的卤虫，注意保持充气，之后进行打包、计数。

具体操作方法参照《凡纳滨对虾“海茂1号”繁殖制种技术操作规程》（海茂种业科技集团有限公司企业标准Q/HMY01～2021）进行。

三、健康养殖技术

（一）健康养殖（生态养殖）模式和配套技术

凡纳滨对虾“海茂1号”适合在全国沿海海水、咸淡水和内陆淡化养殖区养殖，可用各种已有的养殖模式进行养殖。按照通常的养殖模式分类，主要有集约化、半集约化和粗放式三种养殖模式，但三种模式间并没有严格的区分界限，主要与单产和养殖设施装备有关。

1. 高位池集约化养殖

指利用先进的养殖工程设施和养殖技术开展的对虾高密度高产量养殖方式，单茬养殖产量可达1 000千克/亩或以上。集约化养殖模式既适合于海水养殖，也适合于咸淡水养殖和淡化养殖，还可在虾池上加盖越冬保温棚进行越冬养殖。可根据养殖地的自然环境条件灵活运用。

放苗密度为6.5万～15万尾/亩，养殖周期90～100天，收获规格68～76尾/千克。

2. 土塘半集约化养殖

指利用自然开挖的普通池塘（俗称土塘）开展的养殖方式，单茬产量在100～1 000千克/亩。既可选用现有的普通养鱼、养虾池塘，也可以重新选点建池，要求交通方便，电力供应充足，水源清洁、无污染，排灌方便，水质符合《渔业水质标准》。底质为沙质或沙泥质，池底坚实，应尽量避免在酸性土壤或烂泥地处建池。每口虾池面积以5～10亩为宜，池底应平坦无淤泥，每口池塘有完整的进、排水系统。建池还应考虑保护生态环境，必须建造污水处理池，养殖污水须经沉淀过滤达到排放标准后排放，不宜直接排入临近海域；淡化养殖污水含有一定的盐分，不宜直接排入农作物灌溉水沟，以免影响农田土质。

放苗密度为4万～5万尾/亩，养殖周期90～120天，收获规格50～66尾/千克。

3. 粗放式养殖

指利用水体较大的盐汪子、不能自然排干的大水面池塘或鱼塭，或者是与鱼、蟹、贝、参等其他养殖生物混养且凡纳滨对虾不占主要养殖产量的养殖方式。一般选择能利用潮汐自然进、排水的大水面池塘或鱼塭进行养殖，利用水闸自然排水收捕。

放苗密度为0.7万～0.8万尾/亩，养殖周期140～150天，收获规格60～64尾/千克。

（二）主要病害防治方法

凡纳滨对虾常见的病害有：病毒性疾病、细菌性疾病、寄生虫病和附着生物污着症等。

1. 病毒性疾病

病毒性病原主要包括对虾白斑综合征病毒（WSSV）、桃拉综合征病毒（TSV）、传染性皮下及造血组织坏死病毒（IHHNV）、对虾黄头病毒（YHV）、对虾杆状病毒（BPV）、偷死野田村病毒（CMNV）、对虾血细胞虹彩病毒（SHIV）、肝胰脏细小病毒（HPV）、传染性肌肉坏死病毒（IMNV）、凡纳滨对虾诺达病毒（PVNV）。对于对虾病毒病，目前尚无有效的治疗手段，必须对亲本、苗种和生物饵料进行病原PCR或RT－PCR检测，预防病毒感染和传播。

2. 细菌性疾病

细菌性疾病主要有早期死亡综合征（early mortality syndrome，EMS），也称急性肝胰脏坏死综合征（acute hepatopancreas necrosis disease）。EMS的

病原主要是携带 *PirA*/*PirB* 基因的副溶血弧菌和哈氏弧菌。防治细菌性疾病的主要措施包括：保持良好水质；适时使用水质改良剂；发病虾池全池泼洒含氯或含碘消毒剂；有针对性地使用“水产养殖用药明白纸 2020 年 2 号”中的口服抗细菌药物，并在饲药后有足够的停药期。

3. 寄生虫病

寄生虫病主要是对虾肝肠胞虫病，病原是微孢子虫类的虾肝肠胞虫（*Enterocytozoon hepatopenaei*，EHP）。对于虾肝肠胞虫病的防控，主要是通过对亲本、苗种和饵料进行 EHP 的 PCR 检测，切断病原传播途径，也可以使用对虾肝肠胞虫专杀药物或其饲料添加剂（中国发明专利 ZL202010006084.5）进行防治。

4. 附着生物污着症

附着生物污着症是由附着性生物污着对虾鳃区和体表引起的疾病。附着生物通常以附着纤毛虫为主，常见的有聚缩虫、单缩虫和钟形虫等。在对虾养成中、后期，池水含有大量有机碎屑，水质过肥，或虾体感染细菌、病毒等原发性病原生物，进而促使附着生物大量繁殖并附于虾体，常见于鳃区、附肢、腿及体表，全身各处呈灰黑色的绒毛状。虾浮游于水面，离群独游，反应迟钝，食欲不振至停止吃食，不能蜕壳。池水溶解氧低于 3 毫克/升时，常因呼吸困难而死。污着症防治措施主要包括：养殖中、后期要适量换水，合理投饵，降低虾池有机物含量；采取增氧措施，保持池水溶解氧不低于 5 毫克/升；检测虾体是否有细菌或病毒感染，如有应对症防治；茶籽饼全池泼洒，浓度为 10～15 毫克/升，促使对虾蜕壳，蜕壳后换水；使用“水产养殖用药明白纸 2020 年 2 号”对症药物全池泼洒，并及时换水。

具体操作方法按照海茂种业科技集团有限公司制定的《凡纳滨对虾“海茂 1 号”养殖技术规范》（海茂种业科技集团有限公司企业标准，Q/HMY 02—2021）进行。

四、育种和种苗供应单位

（一）育种单位

1. 海茂种业科技集团有限公司

地址和邮编：广东省湛江市霞山区人民大道南 5 号，524001
联系人：苏伟盛
电话：18022623899

2. 中国科学院南海海洋研究所

地址和邮编：广东省广州市海珠区新港西路 164 号，510301

联系人：胡超群
电话：13609001978

3. 广东金海角水产种业科技有限公司

地址和邮编：广东省湛江市徐闻县龙塘镇青安管区排尾角，524145
联系人：陈江波
电话：13828248198

4. 青岛卓越海洋集团有限公司

地址和邮编：山东省青岛市黄岛区琅琊镇曹家溜，266408
联系人：陈世波
电话：15165323216

（二）种苗供应单位

海茂种业科技集团有限公司

地址和邮编：广东省湛江市霞山区人民大道南 5 号，524001
联系人：林肇剑
电话：13827178155

五、编写人员名单

胡超群，陈廷，任春华，陈国良，王艳红，罗鹏，江晓，陈国强，刘永奎，周腾，刘云峰，陈世波

长牡蛎“海大4号”

一、品种概况

（一）培育背景

长牡蛎作为我国北方的主要牡蛎养殖品种，其养殖产业现已是北方海水贝类养殖的支柱产业之一，为带动沿海渔民致富增收、保障动物蛋白供给和国家食品安全作出了重要贡献。近年来，在我国山东和辽宁沿海养殖的长牡蛎夏季死亡率高达40%以上，对牡蛎养殖业造成重大损失。长牡蛎夏季大规模死亡可能是由温度和溶解氧等环境因素、糖原代谢和生殖状态等生理因素及病原体等生物因素共同作用引起。因此，培育生长快、抗逆性强的长牡蛎新品种，提高养殖牡蛎存活率，已成为北方长牡蛎养殖产业健康发展的迫切需求。通过不同选育系间杂交方法培育的长牡蛎“海大 4 号”，显著提高了杂交子代的生长速度和存活率，为我国长牡蛎养殖业的可持续发展提供了保障。

（二）育种过程

1. 亲本来源

长牡蛎“海大 4 号”是以长牡蛎“海大 1 号”选育系为父本，以长牡蛎壳橙选育系为母本，采用杂交育种的方法培育出的具有杂种优势的 F_1 品种。

母本来源：长牡蛎壳橙选育系。该品系是自 2011 年，在紫壳色与黑壳色长牡蛎（均选自山东沿海长牡蛎养殖群体）杂交后代中发现的橙壳色突变体，经由连续 3 代家系选育和 5 代群体选育后构建的品系。

父本来源：长牡蛎“海大 1 号”选育系。该品系是自 2014 年，以长牡蛎“海大 1 号”新品种为基础群体，经由 6 代群体选育后构建的品系。

2. 技术路线

长牡蛎“海大 4 号”的培育技术路线见图 1。

3. 培育过程

（1）母本选育（长牡蛎壳橙选育系）

2011 年：以 2010 年构建的紫壳色与黑壳色长牡蛎杂交家系中出现的 10

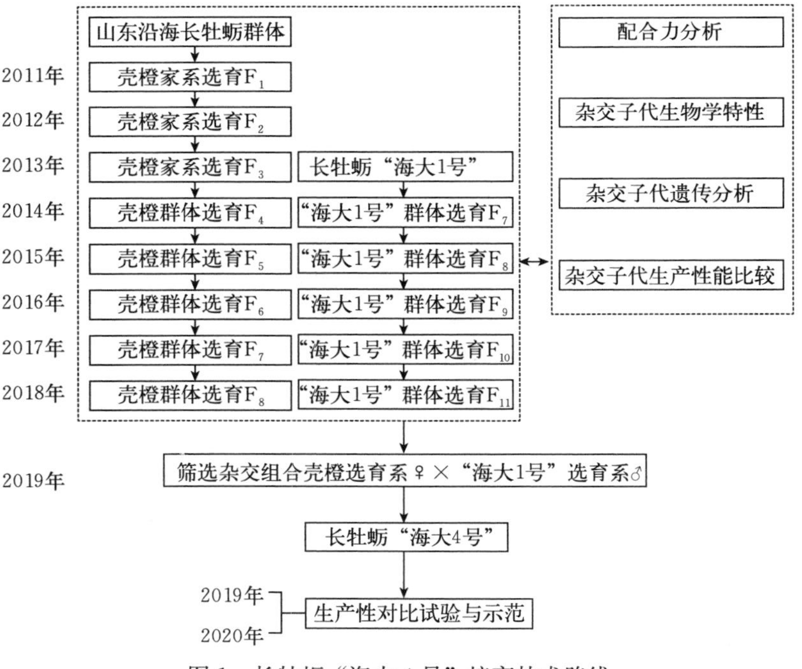

图1　长牡蛎“海大4号”培育技术路线

个橙色突变体为亲贝，构建第一代长牡蛎壳橙家系4个（F_1）。

2012年：以2011年构建的第一代长牡蛎壳橙家系为亲贝，挑选其中左右壳均为橙色的个体，构建第二代长牡蛎壳橙家系4个（F_2）。

2013年：以2012年构建的第二代长牡蛎壳橙家系为亲贝，挑选其中左右壳均为橙色的个体，构建第三代长牡蛎壳橙家系2个（F_3）。

2014年：以2013年构建的第三代长牡蛎壳橙家系中的橙色个体为亲贝，以壳高为选育指标，按10%的留种率，挑选83个亲贝构建第四代长牡蛎壳橙选育系（F_4）。

2015—2018年：继续以壳高为选育指标，连续构建了第五至第八代长牡蛎壳橙选育系（F_5～F_8）。

（2）父本选育（长牡蛎“海大1号”选育系）　2007年以采自山东乳山海区自然采苗养殖的长牡蛎为基础群体，以生长速度和壳形作为选育指标，进行群体选育，构建了第一代长牡蛎选育群体。2008—2012年，继续以生长速度和壳形为选育指标，进行了第二至第六代的群体选育，2013年申报新品种并获批，命名为长牡蛎“海大1号”（品种登记号：GS-01-005-2013）。2014年以第6代长牡蛎“海大1号”为基础群体，以壳形、壳高为选育指标，开展了第七代长牡蛎“海大 1 号”群体选育。2015—2018 年，继续以壳形、壳高为选育指标，构建了第八至第十一代长牡蛎“海大 1 号”选育系。

（3）*新品种形成* 2019 年以第八代壳橙选育系为母本，以第十一代长牡蛎“海大 1 号”选育系为父本，采用杂交制种的方法，培育出存活率高、生长速度快的杂交子代 F_1，命名为长牡蛎“海大 4 号”。

（4）*生产性对比实验* 为评估长牡蛎“海大 4 号”的生产性状，2019—2020 年在荣成市荣金牡蛎养殖专业合作社和大连经济技术开发区国泰兴海珍品育苗场进行了连续两年生产性对比养殖试验。两年累计养殖长牡蛎“海大 4 号”700 亩，取得了良好的生产性对比养殖效果。由于不同年份海区环境有所不同，长牡蛎“海大 4 号”新品种的壳高、总体重、软体部重和存活率等方面有差异，但新品种在生产性状方面都显著地优于同期同法养殖的长牡蛎商品苗种对照组。根据抽样测试，同对照组相比，成体长牡蛎“海大 4 号”的壳高、体重、软体部重、出肉率和存活率分别提高 32.05%～33.43%、32.74%～38.04%、59.48%～60.99%、23.66%～24.90% 和 20.94%～21.53%。

（三）品种特性和中试情况

1. 品种特性

长牡蛎（*Crassostrea gigas*）俗称太平洋牡蛎，隶属软体动物门、双壳纲、珍珠目、牡蛎科、巨蛎属，广泛分布于西北太平洋海区，在我国主要分布于长江以北，从辽宁到江苏等沿海省份。长牡蛎“海大 4 号”是以 2011 年从紫壳色与黑壳色长牡蛎杂交后代中获得的橙色突变体并以橙壳色和壳高为指标经连续 3 代家系选育和 5 代群体选育获得的壳橙选育系为母本，以 2014 年长牡蛎“海大 1 号”为基础群体并以壳高为选育指标经连续 6 代群体选育获得的选育系为父本，杂交获得的 F_1。在相同养殖条件下，与父本相比，10 月龄贝体重提高 12.2%，存活率提高 16.6%；与母本相比，10 月龄贝体重提高 62.5%，存活率提高 11.5%。

2. 中试情况

2019—2021 年，分别在山东荣成、海阳、乳山和辽宁长海等长牡蛎主要产区进行了长牡蛎“海大 4 号”的示范，中试期间累计生产“海大 4 号”苗种 20 余亿粒，养成 2.9 亿粒，养殖总面积 2 360 亩，平均亩产达 5.56 吨，新增产值 1 876.8 万元，取得了良好的中试养殖效果，为当地的牡蛎养殖产业带来显著的经济效益。

二、人工繁殖技术

（一）亲本选择与培育

1. 亲本选择

长牡蛎“海大 4 号”母本壳橙选育系及父本“海大 1 号”选育系应保存在特定的良种保持基地，均为经遗传稳定、适合扩繁推广的群体。长牡蛎“海大 4 号”亲本应符合以下要求：父母本亲贝壳形规则，次生壳明显、有厚重感，母本壳橙选育系左右壳需呈橙色；父母本壳面完整、洁净，附着物少；父母本贝壳开闭有力，生殖腺肥大、呈乳白色；父母本规格：壳高≥80.0 毫米，湿重≥50 克。

2. 亲本培育

（1）蓄养方式　亲贝（图 2）经洗刷除去污物和附着物后，在室内水泥池中采用网笼或浮动网箱蓄养。蓄养密度视个体大小而定，一般 60～80 个/米^3；入池时间为 3 月末至 4 月初，水温 8～10 ℃。

图2 “海大 4 号”长牡蛎母本壳橙选育系（左）和父本“海大 1 号”选育系种贝（右）

（2）亲贝管理　在暂养过程中每天换水 2～3 次，每次 1/3～1/2，并及时清除池底粪便。隔天倒池清洗一次，临近采卵时不倒池。亲贝暂养期间可投喂硅藻、金藻或扁藻等单胞藻饵料，也可投喂螺旋藻粉、酵母等人工代用饵料以促进性腺成熟，投饵量以硅藻、金藻计，每天 15 万～40 万细胞/毫升，分 4～8 次投喂。每隔 6～7 天解剖观察一次亲贝的性腺发育状况，以决定催产时间。

另外，采用人工升温海水提早进行亲贝室内暂养是促进牡蛎亲贝性腺成熟的有效方法。每天以 1 ℃水温升温，升至 15 ℃左右稳定 2～3 天，然后再以每天 0.5～1 ℃水温升至 22 ℃左右，稳定数日，等待产卵。

（二）人工繁殖

1. 精、卵的获得

亲贝的精、卵可以通过人工解剖的方法获得。用牡蛎开壳器分别开壳“海大 4 号”父母本亲贝，先后获取壳橙选育系的卵子及“海大 1 号”选育系的精子。鉴别亲贝雌雄时，取少量性腺物质，涂于载玻片上的水滴中，呈颗粒状散开的为雌贝，烟雾状散开的为雄贝。采卵时，用解剖刀刮取卵巢盛放于容器中，搅碎，先用 150 目的筛绢网初滤，滤除大块组织及杂质，再用 300 目筛绢网过滤，使之呈细胞悬液状，最后用 500 目的筛网冲洗过滤除去组织液。用同样的方法采集精子。最后进行人工授精获得受精卵。

2. 授精与孵化

为增加遗传多样性，尽可能避免近交衰退，要求雌雄比例 1∶1，雌雄个体各 50～60 个；待卵细胞熟化 15～20 分钟后，加入精液中，搅拌 3～5 分钟。受精卵孵化密度为 80～100 个/毫升，为防止受精卵沉积影响胚体发育，可每隔 30 分钟用耙轻搅池水一次，也可采用一直充气孵化，但气量不要太大。一般在水温 22～23℃下，长牡蛎的受精卵经 22 小时左右发育为 D 形幼虫，此时即可选优，并进行分池培育。

3. 选优

发育至 D 形幼虫时，采用拖网和虹吸法，用 300 目筛绢制成的筛网将浮游于池水表面、活力好的 D 形幼虫移入刚注入新鲜过滤海水的培育池中。为防止杂质随幼虫进入新池中，应用网目稍大（100 目）的筛绢做成网箱，将幼虫倒入网箱中，让幼虫疏散到池水中，而杂质留在网箱里。

（三）苗种培育

1. 幼虫培育

苗种培育指从 D 形幼虫到幼虫附着变态为稚贝这一阶段的培育过程。幼虫培育期间管理如下：

（1）*幼虫密度*　D 形幼虫分池后在一般育苗池中培育密度以 8～12 个/毫升为宜，在整个幼虫培育过程中应根据大小适当稀疏幼虫培育密度。

（2）*饵料投喂*　对牡蛎幼虫适宜的饵料主要有叉鞭金藻、角毛藻、等鞭金藻、扁藻及小球藻等。D 形幼虫选育后即应开始投饵。幼虫培育前期，金藻效果较好；扁藻是壳顶幼虫期以后的良好饵料，幼虫壳长达 130～150 微米时，就能大量摄食扁藻，生长速度也加快。叉鞭金藻饵料效果好，与扁藻混合投喂效果更佳。投饵量应根据幼虫的摄食情况及不同发育阶段进行调整，适当增减，表 1 可供参照。一般日投饵量 2～3 次，在换水后投喂。

表1　长牡蛎“海大4号”人工育苗的日投饵量

发育阶段	幼虫壳长（微米）	日投饵量（万细胞/毫升）	
		叉鞭金藻	扁藻
D形幼虫	80～100	1.5～2	—
壳顶初期	100～150	1.5～2	0.2～0.3
壳顶中期	150～200	2～2.5	0.4～0.6
壳顶后期	200～300	3～3.5	1～1.5
附着稚贝	＞300	4～5	1～2

（3）换水　刚选育的D形幼虫个体较小，约80微米，可使用300目筛绢制成的滤鼓或网箱换水（图3），每天早晚换水两次，每次换水量1/3～1/2，随着幼虫的生长发育，不断增加换水量。

图3　网箱换水方式

（4）倒池与清底　在幼虫培育过程中还可采用倒池的方法，以保证水质清新。一般每隔3～4天倒池1次，将幼虫的粪便和其他有机碎屑彻底清除。

（5）充气　在培育过程中均可连续微量充气。每平方米放置1个气石，每分钟的充气量达到总水体的1%～1.5%。充气可以增加水体中的氧气，使幼虫和饵料分布均匀，有利于代谢物质的氧化。

（6）选优　牡蛎幼虫培育过程中，幼虫发育速度差别很大，可以通过一定网目的网具，将大小整齐、游动活跃的优质幼虫筛选出来进行培育。牡蛎幼虫有上浮习性，故可用拖网将中、上层的幼虫选入另池培育；也可采用虹吸法，用较大网目的筛绢筛选个体较大的幼虫进行选优培育。

（7）抗生素的利用　必要时，为防止有害微生物的繁生，可以利用1～2毫克/升的氟苯尼考抑菌，以提高幼虫的成活率。一般情况下，要优化育苗水体，创造有利于有益微生物繁殖和幼虫发育生长的条件。

（8）日常观测　在幼虫培育过程中，应每天测量幼虫的生长发育情况，一般壳顶幼虫阶段壳长每天平均增长 8～15 微米为正常。若增长过慢应及时查找原因（如投饵不足、水温过低、水质败坏等）；若增长过快可能是投喂金藻量过多等。另外，每天早晚应观察池中幼虫上浮活动情况，镜检摄食状况以及池底有无下沉、死亡个体等。每天定时测量水温，分析溶解氧、pH、氨氮、化学需氧量等水质指标，以便发现问题，及早处理。

2. 采苗

（1）采苗器制作　室内人工育苗时的采苗器多采用牡蛎壳、扇贝壳等制成的贝壳串采苗器，垂挂在池内进行采苗。用聚乙烯线将壳高 8 厘米以上的牡蛎壳片或 6～8 厘米的扇贝壳片串成串，每串 100 片（图 4）。采苗器必须处理干净，要严格除去贝壳上的闭壳肌及附着物，反复冲洗。投放之前，用 0.05%～0.1%的氢氧化钠溶液或 0.2%的漂白粉溶液浸泡 24 小时，再用沙滤海水冲洗干净。每立方米水体投放 3 000～6 000 片采苗器。

图 4　扇贝壳采苗器垂挂池中

（2）采苗时间　投放采苗器的时间应在幼虫即将变态之时，水温 20～23 ℃条件下，长牡蛎的幼虫培育 20 天左右、壳长达 330～350 微米时，有 60%幼虫出现眼点，即可投放采苗器。或者筛选牡蛎眼点幼虫，移入另外池中，再投放采苗器进行采苗。

（3）采苗密度　以 2～3 个/厘米^2 为宜。以贝壳为采苗器时，一般每壳附苗 15～20 个即可（图 5）。为防止附苗密度过大，可将密度较大的幼虫分为多池采苗，或者多次采苗，即将采苗器分批投入并及时出池。

3. 异地采苗

异地采苗即将牡蛎幼虫运往他地进行采苗的方法。眼点幼虫的运输方法如下：将眼点幼虫过滤出来，用筛绢包裹，外放吸水纸保持一定的湿度，置于泡沫塑料箱中，利用双层塑料袋在箱内分置高盐度低温水（水温－4 ℃左右）或

图5　长牡蛎“海大4号”新品种扇贝壳附苗情况

冰块，再进行干法运输。也可利用保温箱，使幼虫在低温、高湿度条件下干法运输。只要容器内保持一定的湿度和4～8℃低温，一般经过12小时左右的运输，成活率可达100%。

异地采苗可以充分利用某些单位的对虾育苗池或贝类育苗池；就地采苗不仅减少了亲贝蓄养、幼虫培育过程，而且减少了采苗器的长途运输，提高了异地育苗池的利用率，能够充分发挥生产单位的潜力，优势互补。此外，眼点幼虫的运输简便易行且成本低廉，是一项很有推广潜力的苗种生产方法。

4. 稚贝培育

幼虫附着变态后即成为稚贝。这期间可加大换水量及充气量，日投喂单胞藻饵料密度为（1～2）×10^5细胞/毫升（以叉鞭金藻为例）。稚贝附着后立即移到室外土池暂养6～10天，壳长生长到500～800微米时就可以出售。具体出售时间的确定，除根据天气预报外，还应考虑避开藤壶、贻贝等附着生物的附着高峰期。稚贝出池后挂在海区筏架上暂养，此时稚贝生长速度很快，在海区水温25℃左右条件下，出池1个月的稚贝，平均壳长可达24～30毫米。因此，适时出池对加快稚贝生长、早日分散养成是有利的。

5. 升温人工育苗

升温人工育苗生产的牡蛎苗种，可以充分利用适温期，助苗快长，从而缩短养殖周期。升温人工育苗的获卵、授精孵化、选幼、幼虫培育以及采苗等方法基本上与常温人工育苗相同。其不同点在于亲贝需提前升温促熟，在幼虫培育过程中，也需要加温，使幼虫处于最适宜的温度条件下发育生长。

在升温人工育苗中，使用人工升温海水提早进行亲贝室内暂养，以促进牡蛎亲贝性腺成熟。每天以1℃升温，升至15℃左右稳定数天，然后再以每天0.5～1℃升温至22℃左右，稳定数日，等待采卵。以长牡蛎“海大4号”父母本为例，升温促熟可从2—3月开始，可以提前育肥、提前获卵。在幼虫培育过程中，由于自然海区水温较低，还必须进行加温，长牡蛎“海大4号”幼虫培育的水温一般在22～23 ℃。

三、养殖技术

（一）适宜养殖的环境条件要求

长牡蛎“海大4号”属广温广盐性养殖种类，可在温度0～32 ℃、盐度10～36的海区存活，适宜在我国江苏及以北沿海养殖。

（二）养殖模式和配套技术

将牡蛎苗种培养成商品规格的过程，即为养成阶段。长牡蛎“海大4号”一般需要1～2年的养成期。一般采用筏式养殖方式进行养成。

浮筏式养殖是一种深水垂下式养殖方法，是指在潮下带设置浮动式筏架，将附有蛎苗的养殖绳垂挂在筏架上进行养成。这种方法不受海区底质限制，能充分利用水体。由于牡蛎不露空，昼夜滤水摄食，生长迅速，养殖周期短。

1. 养殖海区条件

浮筏养殖应选择风浪较小，干潮水深在4米以上的海区；水温周年变化稳定，冬季无冰冻，夏季不超过32 ℃；泥底、泥沙底或沙泥底均可，海区表层流速以0.3～0.5米/秒为宜，海区中浮游植物量一般不低于40 000细胞/升。此外，养殖海区应尽量避开贻贝、海鞘等大量繁殖附着的海区，不应有工业污染源。

2. 养殖筏

养殖筏是一种设置在海区并维持在一定水层的浮架。

（1）养殖筏的类型与结构　养殖筏基本上分为单式筏（又称大单架）和双式筏（又称大双架）两大类，有的地区又因地制宜改进为方框架、长方框架等。长期实践证明，单式筏比较好，抗风能力强、牢固、安全，特别适用于风浪较大的海区。单式筏养殖是我国目前贝类养殖的主要方式，其他各种类型的筏子很少使用。

单式筏由1条浮绠、2条橛缆、2个橛子（或石砣）和若干个浮子组成。浮绠的长度就是筏身长，一般净长60米左右。橛缆和木橛是用来固定筏身的。橛缆的一头与浮绠相连，一头在木橛上。水深是指满潮时从海平面到海底的深度。从安全的角度考虑，橛缆的长度一般是水深的2倍。

（2）养殖筏的主要器材及其规格

① 浮绠和橛缆。现在各地都使用化学纤维绳索，如聚乙烯绳和聚丙烯绳。浮绠和橛缆的直径可根据海区风浪大小而定。一般在风浪大的海区使用直径

1.5～2 厘米的聚乙烯绳，风浪小的海区使用直径 1～1.5 厘米的聚乙烯绳。

② 浮子。现在都使用塑料浮子。浮子呈圆球形，还设有 2 个耳孔，以备穿绳索绑在浮绠上。它比较坚固、耐用、自身重量小、浮力大，可提供 12.5 千克的浮力。与聚乙烯浮绠配合使用，大大提高了养殖生产的安全系数。

③ 橛子或石砣。橛子有两种，一种是木橛，一种是竹橛。一般海区，木橛的长度应在 100 厘米左右，粗 15 厘米左右。木橛打入海底前就要将橛缆绳绑好，其绑法有两种：一种是带有橛眼的木橛，将橛缆穿入橛眼后固定在橛上；另一种是在橛身中下部横绑 1 根木棍，用“五字扣”或其他绳扣将橛缆绑在木橛上，或者在橛身中部砍一道“沟槽”，将橛缆绑在“沟槽”处。

在不能打橛的海区，采取下石砣的办法来固定筏身。石砣的大小一般不能小于 1 000 千克。其高度为长度的 1/5～1/3，使重心降低，增加固定力量。石砣的顶端安有铁棍制成的铁鼻，铁鼻的直径一般为 12～15 毫米。

（3）养殖筏的设置

① 海区布局。筏子设置不要过于集中，要留出足够的航道、区间距离和筏间距离，保证不阻流，有一定的流水条件。筏子的设置要根据海区的特点而定，一般 30～40 台筏子划为一个区，区与区间呈“田”字形排列，区间要留出足够的航道。区间距离以 30～40 米为宜，平养的筏距以 8～10 米为宜。

② 筏子设置的方向。筏子的设置方向关系到筏身的安全。在考虑筏向时，风和流都要考虑，但两者往往有一个为主。比如风是主要破坏因素，则可顺风下筏；流是主要破坏因素，则可顺流下筏；如果风和流的威胁都比较大，则应着重解决潮流的威胁，使筏子主要偏顺流方向设置。

③ 打橛。打橛是一项比较艰苦的劳动，现在各地已试制成功了各种型号的打橛机，大大减轻了养殖工人的劳动强度。

④ 下石砣。下石砣的工具很简单，只需 2 只养殖用的小船、几根下砣用的粗木杠及 1 条下砣大缆即可。

⑤ 下筏。木橛打好或石砣下好后，就可以下浮筏。橛缆或下砣缆在打橛或下石砣时，就要绑在橛或石砣上，并在其上端系 1 只浮漂。下筏时，先将数台或数十台筏子装于舢板上，将船划到养殖区内，顺着风流的方向开始将第一台筏子推入海中，然后将筏子浮绠的一端与系有浮漂的橛缆或砣缆用“双板别扣”或“对扣”接在一起，另一端与另一根橛缆或者砣缆，用相同的绳扣接起来。这样一行一行地将一个区下满后，再将松紧不齐的筏子整理好，使整行筏子的松紧一致，筏间距离一致。

3. 养成方式

（1）筏式吊绳养殖　养殖绳的长度可根据设置浮筏的海区深度而定，一般 2～4 米。一般选用直径 0.6～0.8 厘米的聚乙烯绳或直径 1.2～1.5 厘米的聚丙烯绳做夹苗绳。将附有 10～20 个稚贝的扇贝壳夹在苗绳中间，间距 20～30 厘米，牡蛎长到一定大小时互相挤插形成朵后，可较牢地固定在夹苗绳上（图 6）。养殖绳也可以采用 14 号半碳钢线或 8 号镀锌铁线，将采苗时的贝壳串采苗器拆开，重新把各个贝壳附苗器的间距扩大到 20 厘米，串在养殖绳上。养殖绳制成后，即可垂挂在浮筏上。养殖绳上的第一个附苗器在水面下约 20 厘米，各串养殖绳之间的距离应大于 50 厘米。

图 6　牡蛎吊绳养殖

（2）筏式网笼养殖　山东、辽宁等地的筏式养殖牡蛎，常采用类似扇贝养殖的方法，即将附在贝壳上的蛎苗连同贝壳一起装在扇贝网笼内，再吊挂到筏架上进行养成。每层网笼一般养殖牡蛎 40 粒左右，每亩可放养 12 万～15 万粒。

筏式养殖的最大特点是把平面养殖改为立体垂养，牡蛎生长环境从潮间带滩涂改为水流畅通的潮下带深水海区，这对加快牡蛎的生长、提高单位面积产量都有着积极意义。但筏式网笼养殖容易造成污损生物大量附着，而且养殖的器材设施一次性投资大，成本高；在深水外海养殖，还必须提高抗风浪能力，以防台风侵袭。

4. 分苗与养成时间

常温培育的长牡蛎“海大4号”苗种出库时间在6—7月，由于气温高，运苗时要防高温暴晒。一般在气温24℃以下时，途中不浇水不致死亡。蛎苗运至养殖海区后，需要装于网包内挂于海上暂养。每包8～10串，每串100片。暂养15～20天，蛎苗长到2～3毫米时进行分苗。分苗时，选择每片具有8个以上蛎苗的附着基进行夹苗。

蛎苗的养成周期，各地不尽相同。我国山东省养殖长牡蛎“海大4号”，第一年7月采苗，至第二年年底或第三年1—3月收获，从采苗至收获的养殖周期16～20个月。

5. 日常管理

（1）保证浮筏安全　勤检查浮绠、橛缆与吊绳，发现问题及时修复，风浪过后要及时出海检查。

（2）调整浮力　要随着牡蛎的生长、浮筏负荷量的增加而及时调整浮子数量，避免浮筏下沉，增强抗御风浪的能力。

（3）防止吊绳绞缠　吊绳要挂得均匀，防止吊绳绞缠在一起，造成脱落，影响产量。

四、育种和种苗供应单位

（一）育种单位

中国海洋大学

地址和邮编：山东省青岛市鱼山路5号，266003
联系人：李琪，徐成勋
电话：0532-82061622
E-mail：qili66@ouc.edu.cn

（二）种苗供应单位

1. 广东佰斯特生物科技有限公司烟台分公司

地址和邮编：山东省莱州市仓北村，261442
联系人：李鹏飞
电话：15306455691

2. 烟台海宝水产有限公司

地址和邮编：山东省海阳市留格庄镇前山村，2651114
联系人：刘春阳
电话：13963859999

五、编写人员名单

李琪，徐成勋

长牡蛎“前沿1号”

一、品种概况

（一）培育背景

牡蛎，又称蚝、海蛎子等，肉质鲜美，具有较高的营养价值和经济价值，是全球性重要的养殖水产动物之一。牡蛎也是我国的大宗养殖贝类，其产量居贝类首位。

长牡蛎（*Crassostrea giga*）、福建牡蛎（*C. angulata*）以及香港牡蛎（*C. hongkongensis*）是我国的主养种。其中长牡蛎，又称太平洋牡蛎，适合在我国黄渤海地区养殖。三倍体化既可提升牡蛎的品质，也可解决夏季销售空窗期问题，被国内外产业界高度认可。四倍体与二倍体杂交产生三倍体的牡蛎多倍体育种技术首先在美国获得突破，并在美欧澳逐步实现产业化。中国是世界牡蛎养殖第一大国，但三倍体牡蛎产业化起步较晚。本育种项目的主要目标是通过细胞工程育种技术、群体选育技术和杂交育种技术相结合，对国内牡蛎种质进行遗传改良，以获得生长快速、品质优良的三倍体长牡蛎，提升我国牡蛎的产品品质和国际竞争力。

（二）育种过程

1. 亲本来源

2011 年，从青岛鳌山湾海域收集 2 150 粒长牡蛎野生群体作为基础群体，利用 SNP 标记进行群体分型鉴定，发现该群体的杂合度处于较高水平，具有选育的潜力。

2. 技术路线

长牡蛎“前沿 1 号”培育技术路线见图 1。

3. 培（选）育过程

2011 年开始，利用细胞工程技术开展三倍体的诱导工作，并进一步在三倍体的基础上自主制备四倍体后，以壳高为选育指标，对四倍体群体进行了连续 6 代的定向选育，并与同源同步同法选育的二倍体群体杂交（二倍体母本×

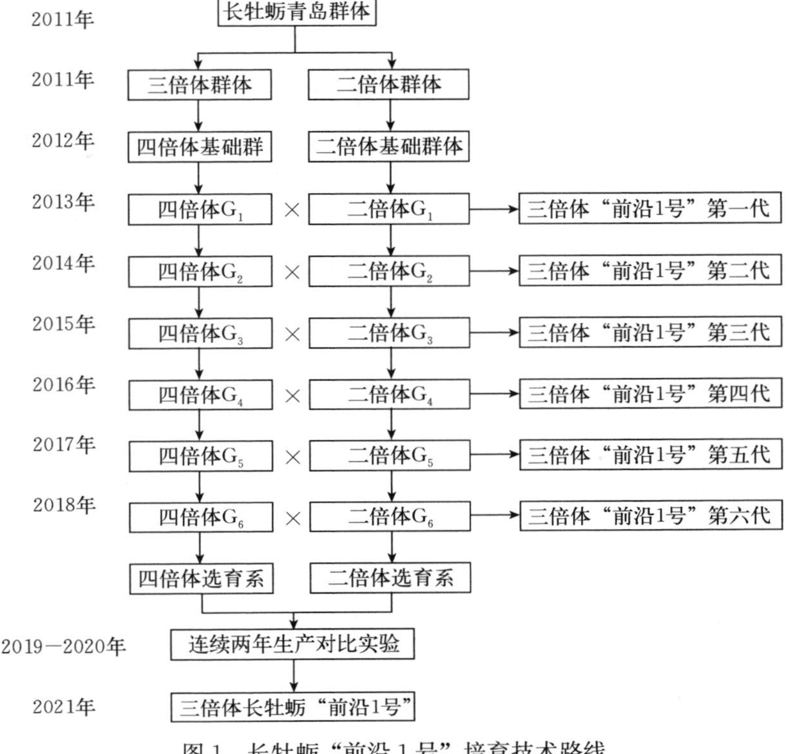

图 1　长牡蛎“前沿 1 号”培育技术路线

四倍体父本)，育成全三倍体长牡蛎新品种“前沿 1 号”。

(1) 四倍体群体构建和二倍体基础群体自繁

2011 年：从收集的基础群体中，随机选择壳形规整、性腺发育成熟的 60 粒雄性和 60 粒雌性个体，通过解剖授精和利用 CB (细胞松弛素 B) 抑制受精卵第二极体排放的方式构建了三倍体群体。从收集的基础群体中，随机选择性腺发育成熟的 60 粒雌性和 60 粒雄性个体，通过群体自繁的方式构建了二倍体群体。

2012 年：采用活体检测技术，利用流式细胞仪检测 2011 年构建的三倍体群体倍性，随机选择性腺发育成熟的 60 粒三倍体雌贝和 2011 年构建的青岛二倍体群体的 60 粒雄贝，通过抑制三倍体受精卵第一极体排放的方法，构建青岛群体的四倍体群体。随机选取性腺发育良好的 2011 年构建的青岛二倍体群体雌雄各 60 粒，通过群体自繁的方式构建了 2012 年二倍体群体。

(2) 群体选育　2013 年，采用活体检测技术鉴定四倍体基础群体的倍性，从随机鉴定出的四倍体中上选 10%壳高最大的 130 粒个体，采用群体繁育的方式构建四倍体群体第一代。之后采用同样的方法继续进行群体选育，每一世代选择压力为10%，通过持续开展群体选育，2018年四倍体群体选育至第六代，命名为四倍体选育系。

2013年，以壳高为选择指标从二倍体基础群体中选择10%壳高最大的130粒个体，采用群体繁育的方式构建二倍体群体第一代。之后采用同样的方法继续进行群体选育，每一世代选择压力为10%，通过持续开展群体选育，2018年二倍体群体选育至第六代，命名为二倍体选育系。

2013年，从二倍体基础群体中，随机选取性腺发育成熟的120粒个体采用群体交配的方式构建对照组，后续第一代到第六代的对照组均为该群体连续传代的自繁群体。

（3）*新品种形成*　2013—2018年，利用构建的每一代四倍体群体为父本和构建的每一代二倍体群体为母本，经杂交获得三倍体群体，即长牡蛎“前沿1号”。在相同养殖条件下，与对照组相比，长牡蛎“前沿1号”第六代成贝阶段壳高较对照组提高40.36%，体重提高42.55%，软体重提高88.48%。

（三）品种特性和中试情况

1. 品种特性

长牡蛎“前沿1号”是利用经6代选育的四倍体选育系为父本，与经6代选育的二倍体选育系为母本，杂交育成的三倍体长牡蛎，具有3套染色体组，育性差。在相同养殖条件下，与父本相比，14月龄贝壳高提高20.2%、体重提高22.4%；与母本相比，14月龄贝壳高提高15.4%、体重提高16.8%；与普通商品长牡蛎（二倍体）相比，14月龄贝壳高提高39.07%、体重提高41.03%；三倍体倍化率100%。长牡蛎“前沿1号”具有生长快速、育性差、度夏适应力强等显著优势。

2. 中试情况

2019—2020年在大连、荣成、乳山和海阳等4个长牡蛎主养海区的试验点开展连续两年的生产性对比养殖试验，累计试养面积15 600亩。结果显示，长牡蛎“前沿1号”在养殖过程中表现出较高的生长优势，较父本（四倍体群体）壳高提高20.24%～22.85%，体重提高22.35%～26.56%，软体重提高43.26%～48.44%；较母本（二倍体群体）壳高提高15.37%～19.99%，体重提高16.81%～20.68%，软体重提高25.59%～30.63%；较对照组壳高提高39.07%～42.09%，体重提高41.03%～44.44%，软体重提高86.96%～89.88%。“前沿1号”遗传改良效果十分显著，壳高、体重、软体重的变异率均低于10%，表型特征一致性良好；经过连续两年繁育，表型的一致性和稳定性较理想，说明遗传稳定性较为可靠（图2）。

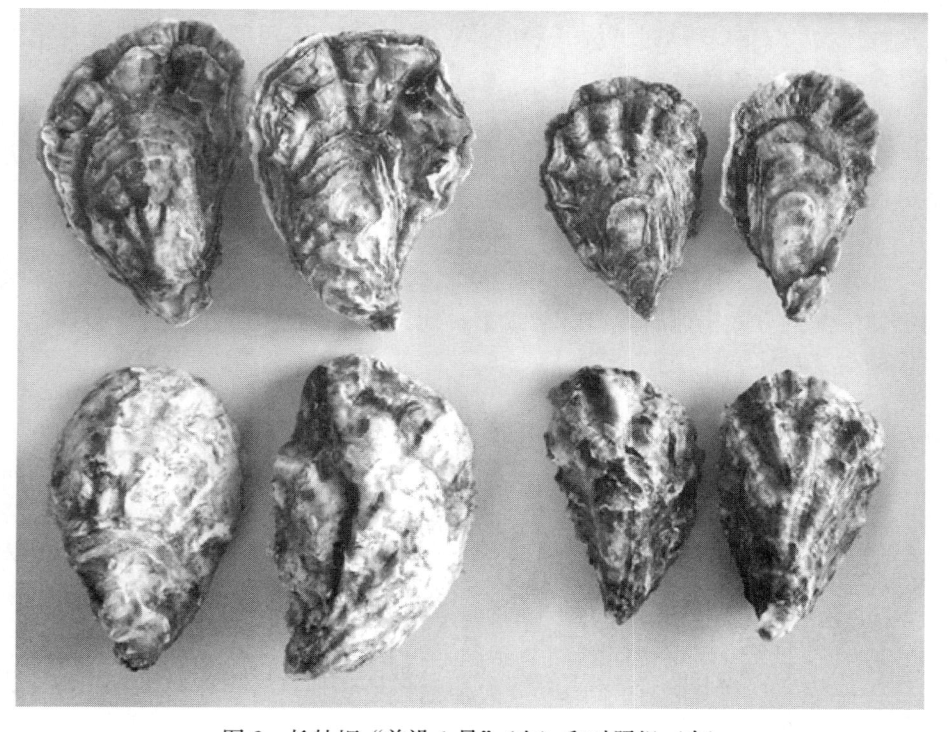

图2 长牡蛎“前沿1号”（左）和对照组（右）

二、人工繁殖技术

（一）亲本选择与培育

1. 亲本选择

长牡蛎“前沿1号”亲贝保存在特定的良种保存基地，为经过多代选育后性状优良、遗传稳定、适合规模扩繁推广的群体。长牡蛎“前沿1号”父本和母本应符合以下要求：贝龄2～3龄，壳高10厘米以上，壳形规整美观，生殖腺肥满并覆盖大部分内脏囊，不携带细菌、病毒等特异性病原；四倍体父本需用流式细胞仪检测倍性，确定为$4n$。

2. 亲本培育

长牡蛎“前沿1号”亲本一般采用室内培育方式。将长牡蛎“前沿1号”亲贝从养殖保种海区取回剥离为单体后，洗刷干净，在室内水泥池中用多层网笼或单层浮式网箱蓄养（图3），二倍体亲本群体和四倍体亲本群体分池隔离培养。培育密度为5～6千克/米^3。早期每天换水100%，倒池1次，中量充气；中期每天换水 200%，倒池 2 次，中量充气；临近采卵时每天换水 50%，不倒池但应每天吸污两次，微量充气。投喂硅藻、扁藻等单胞藻或酵母粉、淀粉、藻粉等代用饵料；日投饵次数前期 6～8 次，每次投喂量 2×10^5 细胞/毫升，后期 10～12 次，每次投喂量 8×10^5 细胞/毫升（以硅藻为例）。每天升温不超过 1 ℃，至 20～22 ℃恒温，待有效积温达到 230 ℃左右（15 ℃算起）待产。

图 3　单层浮式网箱蓄养亲本

A. 四倍体亲本　B. 二倍体亲本

（二）人工繁殖

1. 精、卵的获得

一般采用解剖法获得二倍体亲贝的卵，以及四倍体亲贝的精子。

（1）二倍体雌贝获得、采卵　二倍体种贝用淡水清洗干净后，撬开牡蛎盖，切断闭壳肌，开壳时应尽量避免性腺破损，每开一个牡蛎都要用淡水清洗开壳工具和双手。鉴别雌雄时，用吸管取淡水于载玻片上，用牙签蘸取少量性腺物质，涂于载玻片的淡水水滴中，强光手电照射下呈颗粒状散开的为雌贝、烟雾状散开的为雄贝，粗检后保留雌贝，淘汰雄贝；将保留的雌贝进一步放于显微镜下精检，用吸管取 20～23 ℃海水于载玻片上，用牙签蘸取少量性腺物质，涂于载玻片的海水水滴中，观察后淘汰雄性和雌雄同体的个体。

用淡水对每个鉴定好的二倍体雌贝进行冲洗，去掉鳃、外套膜等部分，将性腺取出，撕破生殖腺，挤出卵子。卵先用 100 目、200 目筛绢过滤，以便除去较大颗粒，再用 500 目筛绢过滤，除去较小杂质和组织液。用计数枪定量获取的卵子，用 23 ℃清洁海水稀释卵细胞的密度至 4×10^7～8×10^7 粒/升，泡卵30～60 分钟后，倒掉上层组织液以备授精（图 4）。

图 4　二倍体母本卵子获得

A. 解剖备检　B. 粗检　C. 精检　D. 采卵

（2）四倍体雄贝获得、采精　四倍体种贝用淡水清洗干净后开壳，开壳时应尽量避免性腺破损，取其组织放到流式细胞仪检测，确定是四倍体后，用牙签蘸取少量性腺物质放于显微镜下观察鉴别出雄贝。采用采卵同样方法，将四倍体雄性亲本个体挤出精子并过滤备用。按雌雄贝数量 20∶1 分别收集卵细胞和精子。

2. 授精与孵化

三倍体长牡蛎“前沿 1 号”苗种生产的授精方式有集中授精和分开授精两种方法。

（1）集中授精　将泡好的卵子收集到有刻度的容器中，用 23 ℃海水调整卵子密度到 3×10^4～5×10^4 粒/毫升，将精子加入泡卵活化的卵细胞液中，搅拌 5～10 分钟，精卵比例控制在（1×10^6～1×10^8）∶1；3～5 分钟后用显微镜观察授精情况。15 分钟后加入和容器等体积的 23 ℃海水，45 分钟后倒入孵化池。

（2）分开授精　卵子定量后，泡好活化后的卵子按 50～100 粒/毫升的密度倒入孵化池内，将四倍体精子均匀泼洒到孵化池内，持续搅拌 15 分钟，用显微镜观察授精情况。

将受精卵移入培育池中孵化。采取人工刺激法原池孵化，受精卵入池后，每小时搅池一次，捞取水面泡沫，定时观察胚胎发育情况（图 5）。

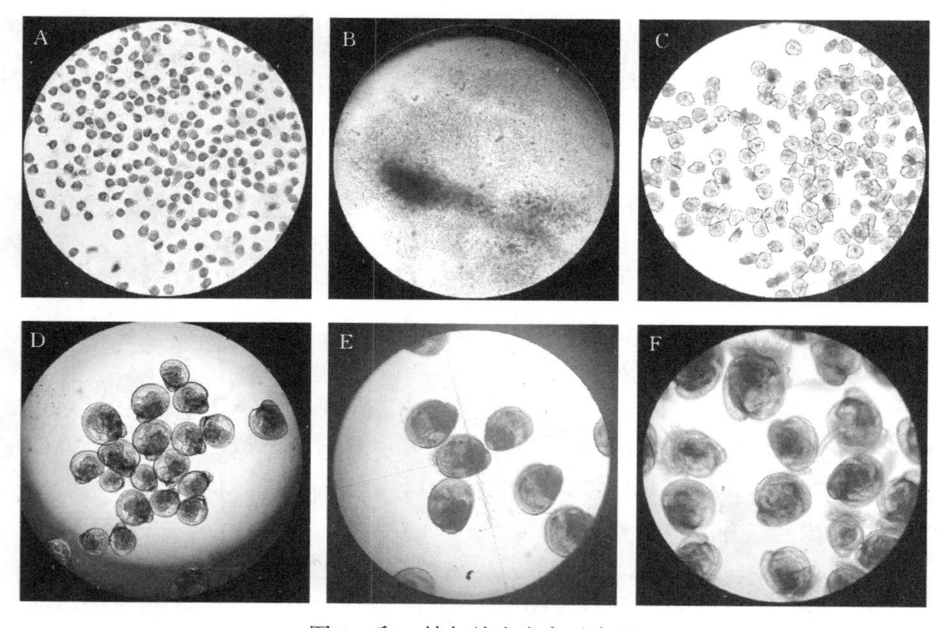

图5　卵、精与幼虫发育示意图

A. 二倍体母本卵子　B. 四倍体父本精子　C. D形幼虫

D. 壳顶幼虫　E. 眼点幼虫　F. 眼点幼虫后期（伸足附着阶段）

（三）苗种培育

1. 幼虫培育

牡蛎幼虫培育是指从D形幼虫培育至幼虫附着变态为稚贝这一阶段。幼虫培育期间日常管理如下：

（1）幼虫倍性检测　为进一步获得100%三倍体苗种，需在幼虫培育的2天（D形幼虫）、12天（壳顶期幼虫）、20～30天（眼点幼虫）以及稚贝期用流式细胞仪进行倍性检测，三倍体率≥99.8%，则样品合格；如果样品三倍体率小于<99.8%，则样品不合格。

（2）投饵　幼虫选优后，以金藻为开口饵料，日投喂饵料密度达到1×10^4～2×10^4细胞/毫升，分4～6次投喂。随着幼虫生长，饵料投喂量应逐渐增加。幼虫壳长120微米以上，可投喂角毛藻、扁藻等。幼虫发育至壳顶后期，日投喂饵料密度达到5×10^4～8×10^4细胞/毫升（以金藻为例），分6～8次投喂。

（3）换水、倒池、充气　每天早、晚各换水1次，初期每次换水20%～30%，后期逐渐增加到50%～100%。每隔3～5天倒池一次，池底铺设100

号或 120 号散气石，每平方米 1 个，连续微量充气。

2. 采苗

（1）采苗器制作与处理　长牡蛎采苗器一般选用冲洗干净、无附着物的壳高 8 厘米以上的牡蛎壳片或 6～8 厘米的扇贝壳片等；用聚乙烯线将壳片串成串，每串 100 片，串长 100 厘米左右。采苗器必须处理干净，在反复冲洗后，用 0.05%～0.1%的氢氧化钠溶液或 0.2%的漂白粉（含氯量 35%）溶液或稀盐酸浸泡 24 小时，再用沙滤海水冲洗 2～3 遍。投放密度为每立方米水体 50～80 串（5 000～8 000 片）。

（2）采苗时间　眼点幼虫比例达 30%以上时，对眼点幼虫进行筛选，并移入已投放采苗器的水池中，密度控制在 2～3 个/毫升。

（3）采苗后管理　附苗初期水位不应低于采苗器，采用流水方式换水，减少充气量。固着后 24 小时，可加大换水量及充气量。经常检查幼体附着情况及附着后的变态情况；及时调整投饵量，日投喂单胞藻饵料密度为 20×10^4～40×10^4 细胞/毫升（以金藻为例）。

3. 稚贝培育

幼虫附着变态后即为稚贝（图 6）。稚贝附着后出池至室外暂养。出池前培育池水温应缓慢降至与围塘水温相近，温差≤2 ℃。苗种运输采用干运法，气温在 20 ℃以下，运输时间控制在 8 小时以内。稚贝暂养环境要求为风平浪静、潮流较小、饵料丰富的海区或水深 1.5 米以下的围塘；水质应符合 NY 5052 的规定；水温 15～26 ℃；盐度 18～33；溶解氧≥5 毫克/升，透明度>30 厘米。稚贝海区或围塘暂养一般采用浮筏网包吊养方式，每包放置扇贝串 10～20 串，网包间距大于 100 厘米。暂养期间，围塘内应每天泼洒单胞藻饵料，以保证苗种的正常生长。同时，要及时捕捉清除肉食性腹足类、甲壳类以及壳上附着物。附着物大量繁殖季节，适当加深吊养水层；暂养一段时间后，可进行分苗疏养，每包放置扇贝串 5～10 串。

一般苗种出池暂养 7～15 天，壳高可达到 1 毫米及以上。三倍体苗种的每片附着苗种数量≥20 枚，规格不小于 1 毫米，且苗种变黑、不脱落、无附着物，可达到出售标准。

4. 单体牡蛎的人工培育

牡蛎具有群聚固着的生活习性，壳形受生长空间的限制极易不规则，影响牡蛎外观品相。单体牡蛎即为游离的、无固着基的牡蛎，不受生长空间的限制，壳形规整美观，可以提升牡蛎品相和价值。三倍体长牡蛎因生长优势而个头大、肉质肥满，适合中高端市场，单体牡蛎的培育可以进一步提升其价值。

单体牡蛎苗的生产原理是对眼点期幼虫进行适当的物理或化学处理，使之

图6 长牡蛎“前沿1号”新品种附壳苗（稚贝）

单独附着在不同基质或不附着就变态为稚贝。常用方法如下：

（1）*先固着后脱离* 用打包带或波纹板等有一定结构强度和韧性的无毒塑料材质作为采苗器，控制适当的附着密度，室内完成采苗后将采苗器放置到风浪较小、饵料丰富的池塘进行中间培育，当稚贝生长到2厘米左右时，弯曲塑料表面使稚贝脱离成为单体牡蛎。

（2）*肾上腺素和去甲肾上腺素化学诱导法* 用80目的筛绢筛选幼虫，选取眼点成熟度好、足开始伸出壳外的幼虫作为处理材料，参考浓度为10摩尔/升，处理时间为1～3小时，使其面盘、足丝退化，实现无附着基变态。

（3）*颗粒物采苗法* 在幼虫出现眼点时，投放直径为300～500微米的贝壳粉或石英砂颗粒等为固着基，通过充气和上升流系统使附着基颗粒均匀分布于水体中，通常每个颗粒附着一个稚贝较为理想。颗粒物增大有利于变态率提高，但单体率会下降，即一个颗粒固着2个以上稚贝的比例增大；颗粒直径过小，单体率升高，但附苗量降低。

除以上方法外，也可以利用高密度反应器采用上升流与下降流培育技术生产单体牡蛎苗种（图7）。

图 7　三倍体长牡蛎“前沿 1 号”单体牡蛎苗种

三、健康养殖技术

（一）健康养殖（生态养殖）模式和配套技术

三倍体长牡蛎“前沿 1 号”属于广温广盐性养殖种类，适宜在我国黄渤海区域水温为 5～28 ℃和盐度为 20～35 的人工可控的水体中养殖。长牡蛎“前沿 1 号”的养殖以浮筏养殖模式为主，分为筏式吊绳养殖和筏式吊笼养殖。在养殖过程中，需注意捕捉清除肉食性腹足类及甲壳类，洗刷清除附着生物等。附着物大量附着的季节，应适当下降水层；大风浪来临前，应将整个筏架下沉，以减少损失。随着牡蛎的生长，体重增加，应及时增补浮漂，防止筏架下沉，使浮漂保持在水面呈将沉而未沉状态。

1. 筏式吊绳养殖模式

该模式一般用于稚贝养殖（图8），适用于大潮低平潮时水深4米以上近海养殖区，风浪、潮流适中。

图8　牡蛎筏式吊绳养殖（以半成品养殖为主）

（1）养殖设施及设置　吊绳式浮筏由聚乙烯绳索组成，80米×4米为一养殖单体，纵向每隔1.5～1.7米挂一根吊苗绳，每筏47～53根。每两根吊苗绳间平挂附苗器7～9串（附苗器长2.5米，每串贝壳18～20片），每一养殖单体挂苗400串，也可沿吊苗绳直接垂挂（附苗器长4米，每串贝壳25～30片）。构建筏架时，需划分海区并确定位置，留出航道。吊绳式浮筏应顺风浪、潮流设置，四角用竹桩、桩绳固定。在养殖区的航道一侧，每隔200～300米设一盏航标灯。一般50个单体为一养殖单元（80米×200米），养殖单体间纵主绳可共用，每养殖单元纵横向间隔30米以上。

（2）养殖密度　每公顷水面可设置10～15个养殖单体。

2. 筏式吊笼养殖模式

该模式一般用于牡蛎半成品至育肥阶段养殖和单体牡蛎养殖（图9），适用

图9　牡蛎筏式吊笼养殖（以成品育肥养殖、单体养殖为主）

于大潮低平潮时水深3米以上、风浪小的内湾，或水深1.5米以上的海水池塘。

（1）养殖设施及设置　筏架式吊笼养殖设施由浮绠、浮漂、固定橛、橛缆、养殖笼等部分组成。构建筏架时需划分海区并确定位置，留出航道。筏架应顺风浪、潮流设置，筏架两端用铁锚或混凝土砣固定。在养殖区的航道一侧，每隔200～300米设一盏航标灯。一般2筏架为1组，每组间距纵横各20米以上，行向与流向垂直，行距10～20米，笼间距为0.5～0.7米，一根60米的浮绠可挂80～100笼。

（2）养殖密度　每公顷水面可养殖10～15筏架，每公顷水面放养7×10^6～10×10^6粒（航道等空置水面积计算在内）；直径30厘米的养殖笼每层25～35粒。

（二）主要病害防治方法

长牡蛎“前沿1号”养殖过程中，应注意防止复海鞘、柄海鞘、贻贝、野生牡蛎等的附着，附着物可影响牡蛎的生长及品质，严重时可导致牡蛎死亡，因此在附着物大量附着季节，应适当下降水层，并定期洗刷清除附着生物。

四、育种和种苗供应单位

（一）育种单位

1. 青岛前沿海洋种业有限公司

地址和邮编：山东省青岛市崂山区王哥庄街道返岭社区，266105

联系人：郭希瑞

电话：18669798988

2. 中国科学院海洋研究所

地址和邮编：山东省青岛市市南区南海路7号，266071

联系人：李莉

电话：0532－82896728

2. 乳山市海洋经济发展中心

地址和邮编：山东省青岛市乳山市府前路4号，264599

联系人：谭林涛

电话：13255671789

（二）种苗供应单位

青岛前沿海洋种业有限公司

地址和邮编：山东省青岛市崂山区王哥庄街道返岭社区，266105

联系人：郭希瑞
电话：18669798988

五、编写人员名单

李晓喻，纪右康，李莉，李雅林，郭希瑞

翘嘴鳜“武农1号”

一、品种概况

（一）培育背景

翘嘴鳜（*Siniperca chuatsi*），亦称鳜，隶属鲈形目、鳜亚目、鮨科，是我国传统的淡水名贵鱼类。鳜肉质细嫩，无肌间刺，味道鲜美，营养丰富，富含人体多种必需氨基酸，是市场需求量很大的水产品种之一。2020年，我国鳜养殖产量37.7万吨，产值300亿元左右，产业链价值千亿元以上，其产量和市场价值位居海淡水经济鱼类前列。在长江中下游地区，受气候及饵料鱼资源的影响，周年上市价格波动较大，其中9—10月价格高达80～100元/千克，是冬季价格的1～2倍，为全年最高，呈现典型的上市时间和价格反向剧烈波动的规律。研究资料表明，鳜生长存在雌雄二态性，即雌性鳜比同胞雄鱼的生长速度在当年快18.6%以上。鉴于此，通过群体选育和性控育种等技术方法，培育生长快、整齐度高、养殖周期短的全雌单性品种，要求能在当年9月中旬至10月上旬上市（养殖100天左右），是鳜养殖获得高收益的重要途径之一。

（二）育种过程

1. 亲本来源

以2010年从湖北嘉鱼长江白沙洲江段捕捞到的2千克以上野生纯正翘嘴鳜200尾（F_0）作为基础群体，要求亲本无病无伤，体质健壮。通过4代群体选育和1代人工雌核发育选育，最终获得翘嘴鳜“武农1号”。

2. 技术路线

翘嘴鳜“武农1号”培育技术路线见图1。

3. 培（选）育过程

（1）*基础群体构建*　2008—2010年，通过对湖北、广东、湖南、黑龙江不同地理野生群体的生长比较和遗传分析，发现湖北长江野生群体具备生长快和遗传多样性高的优良品性。2010年11月，项目组从湖北嘉鱼长江白沙洲段收集到优良野生个体200尾，规格2千克以上，以此建立基础群体。

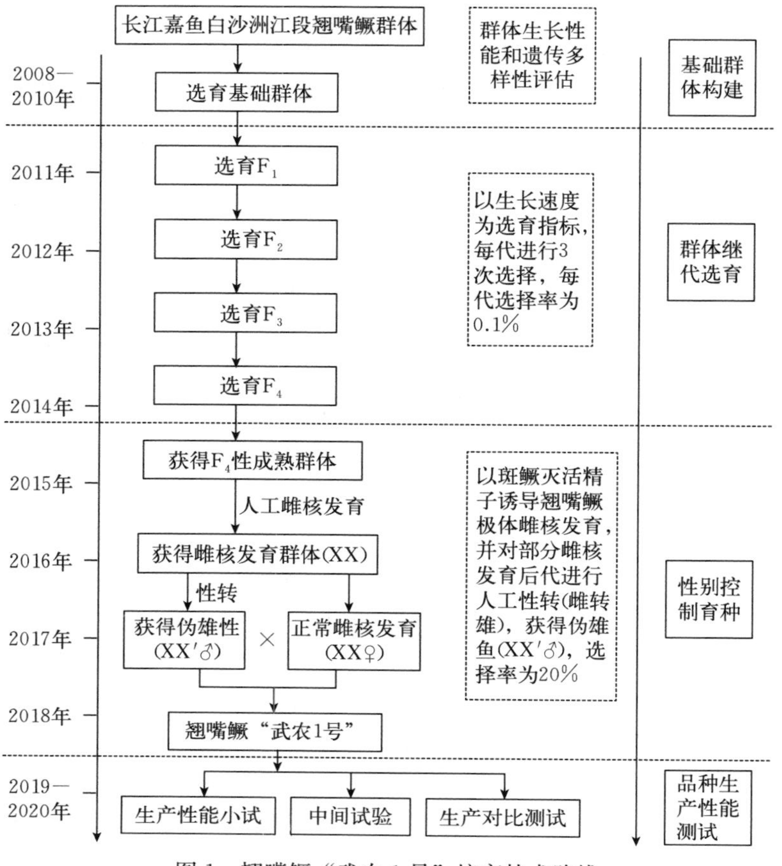

图 1　翘嘴鳜“武农 1 号”培育技术路线

（2）群体选育　以体重增长快为育种目标，对基础群体 F_0 进行了 4 代群体选育，每代选育周期为 1 年，经 3 次选择，选育时间分别为 1 月龄、5 月龄及 12 月龄，对应的选择率分别为 20%、10%、5%，总选择率为 0.1%。具体选育过程如下：

2011 年 5 月 25 日，挑选具备生长优势的 29 组翘嘴鳜（F_0）作为亲本，按 29♀×29♂配组方式建立混合选育群体，繁殖种苗在同一环境中培育至 1.5 厘米左右后随机取 10 万尾下塘培育至 4 厘米，按照 20%的选择率，挑选 20 000 尾放入一口 20 亩池塘中养殖；养至 5 月龄时，按照 10%的选择率，留取具备生长优势的个体 2 000 尾，取样测量后作为 F_1 群体放入一口 5 亩池塘继续养殖；养殖至 12 月龄时，按照 5%的选择率，挑选生长快的优势个体作为 F_2 繁殖亲本。同时，随机取 F_0 亲本繁殖种苗培育至 4 厘米后，随机取

20 000尾放入相同面积池塘中作对比试验养殖，同样养至5月龄时，随机取2 000尾进行生长指标测量，比较F_1选育群体与基础群体F_0的生长差异。养殖期间，同时投放同规格的麦鲮，规格为鳜体长的50%左右，每3天投喂一次，试验期间池塘的水质情况基本稳定。结果表明，F_1选育组的生长速度比F_0提高了6.09%。

2012年5月20日，选取具备生长优势的翘嘴鳜F_1雌雄个体各23尾，按23♀×23♂配组方式建立混合选育群体，按上述F_1的方法进行定向选择和生长比较，试验结果表明，F_2选育组的生长速度比F_0提高了9.21%。

2013年5月10日，选取具备生长优势的翘嘴鳜F_2雌雄个体各20尾，按20♀×20♂配组方式建立混合选育群体，按上述F_1的方法进行定向选择和生长比较，试验结果表明，F_3选育组的生长速度比F_0快了11.51%。

2014年5月2日，选取具备生长优势的翘嘴鳜F_3雌雄个体各20尾，按20♀×20♂配组方式建立混合选育群体，按上述F_1的方法进行定向选择和生长比较，试验结果表明，F_4选育组的生长速度比F_0快了14.11%。

（3）性控育种　主要包括鳜人工雌核发育选育及伪雄鱼的制备。

2015—2016年，以F_4选育群体为亲鱼，以斑鳜异源精子进行人工雌核发育诱导，连续2年共获得雌核发育后代20 000尾。按照20%的标准，挑选出4 000尾性状良好、具备生长优势的个体作为“武农1号”的雌性亲本。

2017年，对获得的雌核发育鳜个体5 000尾进行甲睾酮激素人工诱导转性（转性过程中出现死亡，存活3 625尾），按20%的选择率，获得伪雄鱼亲本725尾，即为“武农1号”的雄性亲本。

（4）制种与小试　2018—2019年，进行了翘嘴鳜“武农1号”的制种及小试。在4月下旬水温达到20～24℃时，采用人工半干法授精，孵化缸、孵化桶和孵化环道均可以进行孵化，2年的受精率和孵化率均达75%以上。项目组在武汉市佳恒水产有限公司进行了翘嘴鳜“武农1号”的养殖对比小试，养殖周期120天。采用面积为6亩、水深2.5米的标准化池塘3口，同时同池放养4.5厘米的翘嘴鳜基础群体（长江野生群体）和“武农1号”各3 000尾，养殖期间采用相同养殖管理策略。试验结果表明，翘嘴鳜“武农1号”生长速度比基础群体提高23.65%，全雌率为99.9%。

（三）品种特性和中试情况

1. 品种特性

（1）表型特征　口大，斜裂。背鳍鳍式：D. Ⅻ-13～14，臀鳍鳍式：A. Ⅲ-9～10，鳃耙数：左侧第一鳃弓外侧鳃耙数6～7，侧线鳞数：119～130。具发达的口腔齿，颌齿斜锥状，腭齿、犁齿、舌齿、咽齿均为绒毛状。

脊椎骨总数：28，幽门垂：214～403。肉食性。群体雌性率为99.74%。

（2）生产性能指标　生长快，规格整齐，养殖周期短，风险大大降低。在相同养殖条件下，与未经选育的翘嘴鳜相比，7月龄鱼体重提高22.0%，雌性率较高，平均雌性率为99.7%。适宜在我国人工可控的水温为22～30℃的淡水水体中养殖。

2. 中试情况

2019—2020年，分别在湖北武汉及黄冈、安徽池州及江西抚州3个省8个示范点进行主养和套养中试养殖。选取武汉兴德宜水产养殖有限公司、武汉新洲区涨渡湖渔场、黄冈蕲春县赤东湖渔场、安徽东至县润友鳜鱼养殖专业合作社、安徽东至县大渡口镇友平家庭农场、安徽池州市俊超农业发展有限公司、江西省华洋水产有限公司和江西南城华旺种养殖专业合作社，进行翘嘴鳜“武农1号”与当地养殖群体的生产性对比试验及中试对比试验，累计试验示范面积1 261.5亩。试验结果显示：在同一养殖条件下，翘嘴鳜“武农1号”具有显著生长优势，比本地翘嘴鳜品种生长速度提高23.81%～73.57%，全雌率为99.74%，体重变异系数为7.92%～9.96%，商品率达96.7%以上，养殖周期短，提早上市30天以上，增产增收效果明显。

二、人工繁殖技术

（一）亲本选择与培育

1. 亲本来源

雌鱼：湖北嘉鱼长江白沙洲江段野生翘嘴鳜经4代群体选育和1代雌核发育获得的雌鱼（XX）；雄鱼：性别控制技术诱导雌核发育翘嘴鳜子代获得的生理雄鱼（XX′）。选择成熟个体中体格健壮、无伤无病的个体作为亲鱼。

2. 亲本培育

（1）培育环境　池塘面积在5～10亩，水深为1.5～2.0米，每口池塘配备增氧机一台。放养亲本密度65～75千克/亩，配养少量鲢、鳙控制水质。亲鱼放养前采用生石灰或者漂白粉进行清塘消毒。

（2）饲养管理

① 饵料鱼品种。以体形细长的健康鱼，如鲮、鲫、草鱼、鲢、鳙、鲴等较好。饵料鱼的规格为鳜全长的50%左右。在放养鳜亲鱼前，将饵料鱼消毒后投入。

②饵料鱼投放量。首次投放量为亲鱼重量的2倍，以后每隔10天或15天，视池中饵料鱼的存量情况，适时调整投饵量，保持池中饵料鱼与翘嘴鳜“武农1号”亲鱼重量之比为（1.5～2）∶1。

③水质调控。4 月初至催产前每 10 天换水一次，每次换水 10～20 厘米。6 月中旬至入冬前每月换水一次，每次换水 20～30 厘米。饲养期间，每 15 天用生石灰水全池泼洒一次，生石灰用量 15～20 克/米^3。

④日常管理。早晚巡视，观察亲鱼的摄食、活动及水质、水位变化情况，检查进出水口设施和池埂，发现问题及时采取措施，发现病鱼及时处理，并做好记录，建立档案。产卵前 1 个月，亲鱼养殖池塘应每隔 3～5 天冲水一次，保持池塘水质清新及刺激亲本性腺发育。适时开启增氧机，水温高于20 ℃、晴天下午 2:00—3:00 开机 1 小时；连续阴雨天或闷热天气，适时观察，视具体情况，调整开机时间。

（二）人工繁殖

1. 催产期

根据亲鱼性腺发育情况和水温确定催产期，一般每年 4 月中旬至 5 月中下旬为亲本的繁殖期，催产适宜水温为 20～24 ℃。亲鱼性腺发育良好、水温上升快，在 4 月中下旬进行催产；亲鱼性腺发育一般、水温上升缓慢，在 5 月上旬进行催产。

2. 催产亲鱼挑选

雌亲鱼：腹部膨大，卵巢轮廓明显，生殖孔松弛，手压腹部柔软而略有弹性，腹中线下凹，卵巢下坠后有移动状，肛门红肿。挖卵检查，卵粒大小整齐、有光泽，饱满或略偏塌，大部分核偏位。

雄亲鱼：腹部膨大，肛门中间内凹处呈微红色。

3. 雌雄配组

伪雄鱼不能正常排挤精液，故人工繁殖时不宜采用自然产卵受精，只能采用人工采卵、杀鱼采精的方式进行人工授精，精液用 hanks 液保存，雌、雄亲鱼的比例为（7～10）：1。

4. 催产药物及剂量

催产药物的配组有以下两种，可根据具体情况任选其一：①促黄体素释放激素类似物（LRH－A_2）5 微克/千克＋绒毛膜促性腺激素 1 000 国际单位/千克；②多潘立酮 5 毫克/千克＋绒毛膜促性腺激素 1 000 国际单位/千克＋促黄体素释放激素类似物（LRH－A_2）2.0 微克/千克。以上为雌鱼用量，雄鱼用量减半。

5. 注射方法

用生理盐水（0.9％）溶解稀释，每千克亲鱼注射剂量为 0.5～1.0 毫升，可采用一针或两针注射。如采用两针注射，第一针注射量为总剂量的 1/3。

6. 效应时间

效应时间与水温呈负相关，不同水温下的效应时间见表1。

表1　不同水温条件下的效应时间

水温（℃）	22～23	24～25	25～27	26～28	29～32
效应时间（小时）	26～29	23～26	22～25	22～24	20～23

7. 产卵、人工催产授精

根据水温、亲鱼发情情况，在采卵前，先将伪雄鱼腹部剖开，取出完整精巢并吸干体液，放置于烧杯中剪碎，置于组织匀浆器中磨碎后，冷冻保存在精子保存液中。轻挤发情雌鱼腹部，将卵子全部挤入干燥盆中，用吸管吸取适量精液加入盛卵盆中搅匀后，加水充分搅拌，清水漂洗2～3次，计数后将受精卵放入孵化槽或孵化环道中孵化。授精过程中避免阳光直射。

8. 孵化

（1）孵化用水　符合NY 5051的规定，并用24孔/厘米的尼龙或乙纶网布制成密网过滤，严防敌害生物侵入。

（2）孵化设备　可使用孵化槽或孵化环道，水深0.8～1.0米，容积为1～15米^3。

（3）孵化密度　放卵10万～30万粒/米^3。

（4）脱膜时间与水温关系　不同温度下的脱膜时间见表2。

表2　不同温度下的脱膜时间

水温（℃）	20～22	23～25	25～29	30～32
脱膜时间（小时）	57～62	36～45	29～32	23～25

（5）孵化管理

水流控制：流水孵化，保证鱼卵漂浮不沉积，水交换量10～15米^3/小时。

水霉控制：向孵化水中泼洒复方甲霜灵粉，使其在孵化水中的浓度达到15克/米^3，并停水3～5分钟，每天早晚各一次。

加强日常管理，注意清洗孵化设备，保持滤水畅通。

（三）苗种培育

1. 水泥池培育

待孵出的苗种能平游时将其从环道转出，转入苗种培育池，采用分级培育，各级培育放养密度及培育方法见表3。

表 3　翘嘴鳜“武农 1 号”苗多级培育设施及放养密度

多级培育阶段	鳜苗全长（厘米）	培育设施	放养密度（万尾/米^3）	培育时间（天）
一级培育	开口至 1.0	一级育苗池	2.0～3.0	5～6
二级培育	1.0～1.5	二级育苗池	0.7～1.0	5～6
三级培育	1.5～3.5	三级育苗池	0.3～0.4	8～10

2. 土池培育

鱼苗经过二级培育长至全长 1.5 厘米后，转至面积为 2～5 亩的池塘中进行规模化生产，放养量为 5 万尾/亩。

饵料鱼配套：在鱼苗下塘前 10 天，选择麦鲮或鲢进行原池配套，按照 200 万尾/亩的密度放养；待原池饵料鱼出现跑边后，从饵料鱼池补充投喂，规格为鳜全长的 1/2 左右，每次投喂量是翘嘴鳜“武农 1 号”数量的 30～50 倍，平均每 3～5 天投喂一次。

三、健康养殖技术

（一）健康养殖（生态养殖）模式和配套技术

1. 池塘主养

（1）鳜秋季上市养殖模式　将 4 月中下旬至 5 月上旬繁育的鳜苗，强化培育至 4～5 厘米，在 5 月中下旬至 6 月上旬放入池塘养殖，放养密度 1 000～1 200 尾/亩，投喂充足的饵料鱼，用 3～4 个月将鳜苗快速养成商品鳜，于 9 月中旬至 10 月上旬上市销售，获取高效益。该模式产量指标一般设定在 450～550 千克/亩，亩产值在 25 000～30 000 元，亩效益 6 000～10 000 元。主要技术要点：

① 放养前清塘消毒。在鱼苗放养前 7～12 天，用生石灰或漂白粉带水全池泼洒进行清塘消毒，彻底杀灭池塘中的杂鱼、小虾及其他有害生物。

② 鳜放养前同池饵料鱼的投放。鳜苗放养前 10～15 天培肥水质，选择鲮、鲢、草鱼等其中的一种水花作为鳜下塘时的基础饵料鱼，密度按 100 万～200 万尾/亩。

③ 鳜下塘前池塘水的处理。加注新水至水深 1.0 米以上，使用氯制剂消毒池水，杀死水中有害细菌和寄生虫。

④ 鳜苗放养。鳜苗养至 4～5 厘米时拉起，放养至池塘，放养苗种要求规格整齐、无病无伤，入池前进行消毒，放养密度 1 000～1 200 尾/亩。

⑤ 饵料鱼配套养殖及投喂。鳜主养池与饵料鱼养殖池按 1：(2～4) 的比

例设置面积。饵料鱼品种：5月上旬可以用本地鲢、鲫、草鱼作为饵料鱼，5月下旬以后均以广东麦鲮作为配套饵料鱼。麦鲮养殖密度：按50万～100万尾/亩进行高密度养殖，随着鳜的生长需要逐渐稀疏，一般为一次放足多次投捕。6—9月生长旺季，每隔3～5天拉网投喂一次。饵料鱼投喂适口规格见表4，不同月份的饵料鱼投喂比例见表5。

表4　不同规格鳜的适口饵料鱼规格（厘米）

鳜全长	3.0～7.0	8.0～14.0	15.0～20.0	21.0～25.0	26.0～35.0
饵料鱼全长	2.0～4.0	4.5～7.0	7.5～10.0	10.0～13.0	13.0～16.0

表5　不同月份的饵料鱼投喂比例

月份	6	7	8	9	10
投喂量占比（%）	5～10	20～25	35～40	25～30	0～5

⑥ 水质管理。鳜主养池水质要求“肥、活、嫩、爽”，水体溶解氧5毫克/升以上，pH 7.5～8.0，非离子氨浓度<0.02毫克/升，硫化氢浓度<0.01毫克/升，亚硝酸盐浓度<0.1毫克/升。每3～5亩安装1.5千瓦增氧机一台，晴天下午2:00—3:00开机1～2小时；气压低、天气闷热时在晚上12:00开机至次日凌晨。每隔10～15天，用生石灰15～25千克/亩化浆全池泼洒，或用微生态制剂调节水质，保证池塘水质良好。

（2）*鳜冬春季上市养殖模式*　将5月中下旬至6月上旬繁育的苗种，强化培育至4～5厘米，在6月中下旬至7月上旬放养至池塘，放养密度1 000～1 500尾/亩，养殖6～7个月上市，即12月底至次年初春上市销售。其主要养殖技术及管理要点同鳜秋季上市养殖模式，不同点是饵料鱼投喂量在6—9月比例略低，且在10—12月要适度增加饵料鱼投喂量。该模式产量指标设定在550～650千克/亩，由于销售时间主要集中在冬春，市场价格相对较低，亩产值在20 000～24 000元，亩效益在3 000～6 000元。

2. 池塘生态养殖

根据不同鱼类的生态习性或者食物链关系，充分利用水体空间，达到互利共生的目的，鳜以池中丰富的野杂鱼虾为食，一方面降低了野杂鱼与主养品种争食争氧争空间的矛盾，另一方面廉价的野杂鱼转化为商品价值高的鳜，从而整体提高了单位经济效益。目前比较常见的池塘混养模式有三种。

（1）*池塘鳜-鲢、鳙、草鱼鱼种混养模式*　主要技术要点如下。

放养：5—6月将当年鳜鱼种与鲢、鳙、草鱼鱼种混养于同一口池塘中。放养4～6厘米鳜苗50～80尾，经180～200天饲养，即起捕鳜上市。

养殖管理：以鱼种培育为主。放水花后前20天内，每天投喂豆浆3～5次；之后每天投喂颗粒饲料3～5次。

水质调节：6月下旬至9月高温季节，水深控制在2米左右，保持水质肥而爽，透明度30厘米左右，溶解氧5毫克/升以上。根据天气变化和水质情况灵活掌握增氧机开机时间和次数，闷热或有雷雨时及时开机增氧，以防鳜缺氧浮头。

（2）蟹-鳜池塘混养模式　主要技术要点如下。

苗种放养：2月底至3月底，放养规格为100～150只/千克的优质扣蟹，放养密度为900～1 200只/亩；6月上中旬，放养5～7厘米鳜苗30～40尾/亩，配套鲢鱼苗2万～3万尾/亩。

投放螺蛳：投放密度为100～150千克/亩。

饵料鱼补充：鳜配套养殖中饵料鱼不足时，适量补充饵料鱼，以鲫和鲮为主，并补充投喂配合饲料。

水质管理：按常规蟹池养殖管理办法执行，多种沉水植物。

（3）虾-鳜轮养模式　小龙虾与鳜的放养情况见表6，主要技术要点如下。

表6　小龙虾与鳜放养情况

种类	放养时间	规格（厘米）	放养密度（尾/亩）	起捕时间
小龙虾	2月中旬	2.5～3.5	12 000	5月下旬至6月上旬
鳜	6月上旬	5.5～6.5	300	10—11月

饵料鱼的放养：小龙虾起捕时就可以投放当年繁殖的“四大家鱼”鱼苗和麦鲮，放苗以鲢为主，放苗量50万尾/亩，麦鲮150万尾/亩，鱼苗投放后可以根据水色情况投喂豆浆。

鳜苗的放养：在6月上旬，投放5厘米左右的鳜苗，放养量为200～300尾/亩。经过4个多月的精心养殖，在10月鳜就可以达到0.6千克/尾左右。

水质管理：无论是龙虾，还是鳜，对水质的要求都比较高，需保持池水“肥、活、嫩、爽”，透明度保持在30～40厘米。

（二）主要病害防治方法

1. 车轮虫病、斜管虫病

【主要症状】鳃、体表、鳍条等寄生部位黏液分泌增多，病鱼呼吸困难，体色发黑、消瘦，离群独游，镜检发现虫体。

【流行季节】流行季节为4—7月，阴雨天或水温在18～28℃易高发。

【防治方法】用0.7毫克/升硫酸铜与硫酸亚铁合剂（5∶2）全池均匀

泼洒。

2. 指环虫病

【主要症状】鳃上可以观察到肉眼可见的白色虫体，并有蠕动感。病鱼鳃丝黏液增多，全部或部分充血发紫，鳃丝腐烂并附着淤泥。

【流行季节】流行于春末夏初和秋季，水温在 20～25 ℃易高发。

【防治方法】10%的甲苯咪唑溶液 0.1～0.15 毫克/升全池遍洒，杀虫后用一次聚维酮碘，避免继发细菌感染。

3. 细菌性烂鳃病

【主要症状】病鱼吃食明显减少，甚至不食。有时在池边水底静卧或缓游。发病初期，鳃丝上有腐烂的发白斑点，鳃上常附着污泥和黏液；晚期病情严重时，鳃盖骨内表皮常被腐蚀掉一块，从外面看似透明的小窗。病鱼常上浮独游，行动缓慢，体色变黑，体形消瘦。因该病的症状表现易与车轮虫病混淆，须通过镜检采取排除法确诊。

【流行季节】每年的 4—9 月为发病期，以夏季最为严重。

【防治方法】用 1 毫克/升漂白粉溶液全池泼洒，隔天 1 次，连泼 3 次。

4. 细菌性暴发性出血病

【主要症状】3—4 月，病鱼体表发炎充血，以头部、嘴、鳃盖、眼眶、体表两侧、腹鳍下和尾柄处为甚，有的病鱼可见突眼、鳃贫血，内脏器官伴有不同程度的发炎，有时也可见肠道内充气肿胀。5 月后，病鱼多鳃盖下缘、鳍基和内脏充血发炎，有时口腔、肌肉也充血发炎。

【流行季节】每年 3—9 月均可发病，夏季高温时最为严重。

【防治方法】首先检查有无寄生虫，若有寄生虫应首先杀死寄生虫。用强氯精 0.3～0.4 毫克/升全池泼洒，连用 2～3 天。同时，每千克饲料拌恩诺沙星 8 克和维生素 C 5 克投喂。这样内外联合用药效果较好。

四、育种和种苗供应单位

（一）育种单位

1. 武汉市农业科学院

地址和邮编：湖北省武汉市江夏区郑店街联合村，430207

联系人：杨凯

电话：18062012653

2. 中国科学院水生生物研究所

地址和邮编：湖北省武汉市武昌区东湖南路 7 号，430064

联系人：童金苟

电话：13437121937

（二）种苗供应单位

武汉渔博士水产科技有限公司

地址和邮编：湖北省武汉市江夏区郑店街联合村，430207

联系人：杨凯

电话：18062012653

五、编写人员名单

杨凯，高银爱，魏辉杰等

虹鳟“全雌1号”

一、品种概况

（一）培育背景

虹鳟（*Oncorhynchus mykiss*）肉多、刺软、少腥味，属高端水产品，是最早开展养殖的鲑鳟鱼类之一，在欧美各国是游钓主要品种，也一直都是联合国粮食及农业组织向世界重点推广的高端养殖鱼类。据《2020 中国渔业统计年鉴》，我国虹鳟年产量为 3.9 万吨，主养区为三北和西南。

虹鳟的雌雄性成熟年龄不同，一般雄性 1.5～2 龄性成熟，而雌性最早 3 龄性成熟，所以雌性虹鳟的生长周期更长、商品鱼规格更大、肌肉品质更好，并且繁殖期雌性较雄性死亡率更低，使得雌性在养殖成本和存活率方面的优势更加显著，因此，培育全雌品种对提高虹鳟养殖产量和经济效益具有重要意义。

由于虹鳟雌性个体规格大、养殖成本低，并且可有效解决繁殖期高死亡率难题，所以综合运用家系选育、雌核发育、性逆转诱导等育种技术，培育雌性率高、生长速度快的新品种是虹鳟养殖产业可持续发展的根本，利用商品代全雌特性，全面保障种源可控，在实现种质资源保护的同时，可推动种业健康有序发展。

（二）育种过程

1. 亲本来源

虹鳟“全雌 1 号”亲本是以中国水产科学研究院黑龙江水产研究所保种的朝鲜和美国道氏虹鳟种质为原始亲本，通过连续两代家系选育获得的后代，再经过遗传灭活的日本金鳟精子进行雌核发育诱导，从而连续构建两代雌核发育家系，培育获得的虹鳟子代为母本。

上述育成的雌核发育鱼，经过性逆转培育获得的伪雄鱼为父本。

2. 技术路线

虹鳟“全雌 1 号”选育技术路线见图 1。

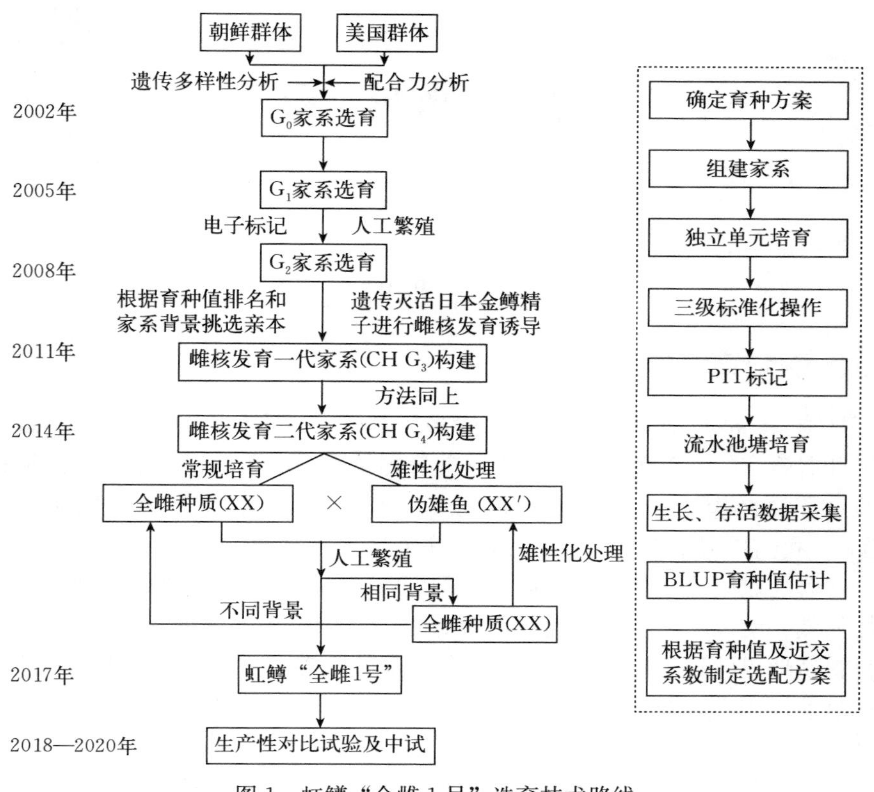

图 1　虹鳟“全雌 1 号”选育技术路线

3. 选育过程

（1）虹鳟基础选育群体（G_0）构建　2002 年 1 月，在渤海冷水性鱼类试验站，利用美国道氏和朝鲜虹鳟群体，采用双列杂交的配组方式，建立 G_0 60 个全同胞家系，其中包括 25 个美国（♀）×朝鲜（♂）家系、25 个朝鲜（♀）×美国（♂）家系、5 个美国（♀）×美国（♂）家系和 5 个朝鲜（♀）×朝鲜（♂）家系。每个家系随机选取 50 尾进行 PIT 标记，所有个体都有清晰的系谱和表型记录。将标记好的所有个体放入流水池塘进行同塘饲育，获得了 2 750 尾个体的表型数据，运用 MTDFREML 软件估算育种值，之后依据家系平均育种值排名和系谱信息，筛选出 67 对亲本用于 G_1 家系构建。

（2）G_1 家系构建　2005 年 1 月，在渤海冷水性鱼类试验站，构建了 G_1 67 个全同胞家系，每个家系均在独立单元进行培育，从受精卵培育至 50 克幼鱼，其间经 3 次标准化，在体重达到约 50 克时，每个家系随机选取 50 尾进行 PIT 标记。将标记好的所有鱼放入流水池塘进行同塘饲育，每年对所有个体进行 3 次表型数据采集。运用 MTDFREML 软件对得到的 3 022 尾存活个体进行育种值估计，筛选出 71 对亲本用于 G_2 家系构建。

(3) G_2 家系构建　2008 年 1 月，在渤海冷水性鱼类试验站，构建了 G_2 71 个全同胞家系，按照上述方法在体重达到 50 克时进行 PIT 标记，运用 ASREML软件对得到的 3 244 尾存活个体进行育种值估计，筛选出 100 尾雌鱼用于雌核发育一代家系构建。

(4) 雌核发育一代家系（CH G_3）构建　2011 年 1 月，在渤海冷水性鱼类试验站，利用日本金鳟体色标记验证精子灭活效果，将遗传灭活的精子作为激活源，对受精卵进行热休克处理，最终获得雌核发育一代家系 63 个，培育的苗种按上述方法进行标记、饲育、数据测量，运用 ASREML 软件对得到的 2 939 尾存活个体进行育种值估计，筛选出 100 尾个体用于构建雌核发育二代家系。

(5) 雌核发育二代家系（CH G_4）构建　2014 年 1 月，在渤海冷水性鱼类试验站，利用日本金鳟体色标记验证精子灭活效果，将遗传灭活的精子作为激活源，对受精卵进行热休克处理，最终获得雌核发育二代家系 69 个。每个雌核发育家系一部分个体进行常规培育获得全雌种质，另一部分个体通过投喂含有 17α-甲睾酮的饲料进行伪雄鱼培育。

(6) 虹鳟“全雌 1 号”的制种及苗种扩繁　2017 年 1 月，在渤海冷水性鱼类试验站，利用性成熟雌核发育鱼与伪雄鱼进行人工繁殖获得的子代，即为虹鳟“全雌 1 号”。随后进行小试、生产性对比试验和中试推广。

（三）品种特性和中试情况

1. 品种特征和优良性状

(1) 雌性率高　养殖测试过程中的雌性率为 100%，历年小试与生产性对比试验过程中平均雌性率为 98.2%。

(2) 生长速度快　养殖至商品鱼阶段，虹鳟“全雌 1 号”比普通虹鳟生长速度提高 19.28%以上，增产效果显著。

(3) 规格整齐　不用频繁分苗，减轻了鱼苗的应激反应，苗种成活率高。同时，也减小了劳动强度，进而降低人工成本。

2. 中试情况

(1) 选点情况　根据我国虹鳟养殖区域特点，于 2018—2020 年在我国云南、四川等主要虹鳟主养地区开展了虹鳟“全雌 1 号”与虹鳟“水科 1 号”和普通虹鳟商品鱼养殖阶段的连续两年生产性对比试验。为了进一步了解虹鳟“全雌 1 号”的生产性能优势和经济效益情况，2018—2020 年，课题组在云南、四川、甘肃、辽宁、新疆、湖南等省份选择了 10 家冷水鱼养殖企业，采用委托测试的办法开展了中试生产性试验，并且全程提供养殖技术指导。

（2）*试验方法*　随机采样测定放养入池前和出池时的个体体重；生产生长性能比较采用净增重、变异系数、日增重等指标；试验用的鱼苗下塘前均进行药浴，各池塘在日常养殖管理中投喂时间、次数及投饵率相同，在鱼种不同生产阶段投喂适宜规格的颗粒饲料，使各池养殖条件尽量相同。饲料转化率根据试验期间各塘所用的饲料量与增重量进行计算。饲养成活率根据试验测定的放养数量和出池数量计算。试验结束后，各试验池塘随机抽取30尾鱼（每组90尾鱼）进行雌性率测定。

（3）*试验结果*　连续两年生产性对比试验表明：养殖至商品鱼阶段，虹鳟“全雌1号”比普通虹鳟生长速度提高21.23%～26.77%，平均提高23.34%；成活率提高5.75%～7.57%，平均提高6.52%；平均雌性率为99.7%，规格均匀。虹鳟“全雌1号”有较好的生产性能。

中试试验结果表明：3年累计中试养殖面积160.5亩，合计产值3 872.03万元，平均单产7 405.29千克/亩，平均提高22.39%。根据中试单位反馈结果，虹鳟“全雌1号”雌性率高达100%，生长速度快，规格较为均一，同时，该品种的抗逆性较强，产量和经济效益大幅提高。

二、人工繁殖技术

（一）亲本选择与培育

1. 亲本来源

亲本均为黑龙江水产研究所或授权单位利用家系选育技术生产的有明确系谱记录的种质。母本（XX）为经2代家系选育和2代雌核发育的虹鳟子代雌鱼，父本为以雌核发育的虹鳟子代经性别控制技术诱导获得的生理雄鱼（XX′），要求体重均在2千克/尾以上，体质健壮、无病、无伤、无畸形。

2. 亲鱼培育

亲鱼培育水温4～13℃，产卵期间不得超过8℃；溶解氧应保持在7毫克/升以上。放养前10～15天用75～150千克/亩的生石灰带水或干塘消毒，放养量5～10千克/米^3，雌雄按3∶1混养，产卵前1个月分池饲养。饲料投喂要及时、充足，过于饱食不利于亲鱼的成熟和卵质的提高。通常按照鱼体重的1%计算出每日投饲量，以此为投喂基数。亲鱼进入产卵期前1个月按照投喂基数的50%进行投饲；进入产卵期后，按照投喂基数的30%进行投饲；产卵结束后1个月按照投喂基数的70%进行投饲。但对初产鱼不宜限制投饲，特别是在卵黄形成期之前，否则会使怀卵量减少。

（二）人工繁殖

1. 亲鱼检查

进入繁殖期后，每10天对雌鱼进行一次成熟情况检查，检查时动作要轻，防止对鱼体的机械损伤和冻伤，对已成熟的雌鱼应及时采卵，防止过熟。将成熟雌鱼移入室内暂养池，池内要保持水流畅通，尾水的溶解氧保持在6毫克/升以上，防止亲鱼从暂养池跳出。伪雄鱼按照每10尾雌鱼3尾伪雄鱼进行储备。准备干燥脸盆、干燥毛巾、羽毛、麻醉剂。配制生理盐水（BSS：7.5克NaCl、0.2克KCl、0.2克$CaCl_2 \cdot 2H_2O$、0.02克$NaHCO_3$溶于1 000毫升蒸馏水中），并将其温度调整到和产卵水温一致。

2. 人工繁殖与孵化

（1）*人工采卵* 向干燥好的采卵盆加入约1/3的BSS，将采卵盆放在采卵台上。将亲鱼放在麻醉剂中麻醉3分钟。采卵人员一只手戴线手套，另一只手戴光滑手套。用戴线手套的手抓住已经麻醉好的亲鱼尾柄，拿到采卵台前，先用干毛巾擦掉生殖孔及鱼体上的水，用戴光滑手套的手进行采卵操作，动作要轻柔，避免鱼体受伤，采卵完成后要对鱼体挤压部位用70%～75%的酒精或红汞溶液消毒。每个采卵盆可用于5尾鱼产卵（15 000～30 000粒）。

（2）*伪雄鱼精液的制备* 伪雄鱼经过2～3年的养殖，可以达到性成熟。将伪雄鱼的腹部剪开后，用镊子取出两侧精巢，用0.9%的生理盐水反复冲洗，洗净血水和污渍，用纱布或滤纸擦干。将取出的精巢用剪刀剪成小块后，放入精子激活液中，在4℃下激活4小时以上，然后进行精子活力镜检，将培养好的不同伪雄鱼精液进行混合，在4℃下避光保存。

（3）*人工授精* 每个采卵盆中的卵需用BSS反复清洗，BSS要沿着盆壁缓慢倒入、倒出，将破损卵、体腔液、粪便洗净即可。加入BSS，使其刚刚淹没鱼卵。用吸管加入10～15毫升精液。用羽毛轻轻搅拌1分钟后静置4分钟。加入少量清水（沿着盆壁缓慢倒入），静置5分钟。用清水冲洗2～3次（沿着盆壁缓慢倒入、倒出），静置60～90分钟。在受精卵膨胀有硬度后，放入孵化器或孵化桶中，每个桶放4～5升，盘式孵化器放1.5～2升。

（4）*孵化* 采用桶式或盘式流水孵化，在孵化过程中，受精卵要避免光线直射、振动，用溴硝基丙二醇每天消毒1次，每次持续15分钟，浓度为500毫克/千克。10℃水温条件下，18天后卵可到发眼阶段，65天可出苗，进入苗种培育阶段。

（三）苗种培育

1. 设施消毒

鱼苗投放前5～7天，平列槽用500毫克/千克聚维酮碘浸泡消毒，水泥池用生石灰进行消毒。

2. 密度与水量

饲育水温10℃，上浮苗种可在平列槽中饲养2周移入稚鱼池中，亦可直接放入稚鱼池中饲养。稚鱼池应设置在水流上游，鱼池宽1.5～2.5米，长15米或20米，池高0.5～0.6米。尾重0.5克前在平列槽内的饲养密度为0.5万～1万尾/米^2，注水量为每10万尾1升/秒；尾重2克前在水泥苗种池内的饲养密度为1 200～5 000尾/米^2，注水量为每10万尾2～3升/秒。

3. 饲养管理

（1）*投饲管理*　在饲育水温度10℃，鱼体规格为0.1～0.5克时，每日投喂次数不少于10次，每日投喂配合饲料量为鱼体重的7%～8%；鱼体规格为0.5～2克时，每日投喂次数不少于8次，每日投喂配合饲料量为鱼体重的4%～5%；鱼体规格为2～10克时，每日投喂次数为4次，每日投喂配合饲料量为鱼体重的2%～3%；鱼体规格为10克以上时，每日投喂次数为2次，每日投喂配合饲料量为鱼体重的1%～2%。每次投喂完毕后要及时清理剩料。

（2）*日常管理*　每天巡塘，早晚各一次，观察和记录天气、水温、水质等信息。每2周测量一次鱼的生长情况，根据鱼的大小进行筛选、分养，更换大粒径饵料，确定投饵率。注意观察鱼的摄食和游泳情况，发现病情及时处理。

三、健康养殖技术

（一）健康养殖（生态养殖）模式和配套技术

1. 养殖模式

可采取流水池塘养殖、网箱养殖和循环水养殖等设施养殖模式。大多企业均采用直流水池塘养殖模式，即由水源将水引入，经进水通道（可采用渠或管道进水）注入养殖池，尾水经处理后排入后部排水渠。水源为泉水、河水或溪流水，一般在上游修筑拦河水坝，把水位提高后经进水渠注入养殖池，用过的水经处理后由排水渠返回河水中。网箱养殖主要是将用网片围成的箱笼放置在有一定水流、水质清澈、溶解氧量高的湖、河、水库等水域中，包括浮式、固定式和下沉式，一般浮式使用较多。循环水养殖模式是一种新型模式，通过一系列水处理单元将养殖池中产生的废水处理后再次循环回用，可以解决水资源利用率低的问题，为高密度养殖提供有利条件，但由于前期投资和基础设施费用较高，并且需要训练有素的工作人员监测和操作该系统，目前国内仅有个别上市企业使用。无论哪种养殖方式，鱼种饲育管理都是一致的，主要通过优良品种、优质饲料结合健康管理模式来实现。在养殖过程中，不滥用对环境有害的添加剂，尽可能不使用抗生素。放养前做好生态预防与消毒工作，保持良好的水质环境，保证水中溶解氧充足，并用3%～4%的食盐水浸泡5～10分钟进行消毒，或采用生石灰进行杀菌消毒。

2. 养殖技术

（1）仔鱼培育（隔离室，体重0.1～0.5克） 从破膜孵出经积温达340℃后，卵黄囊逐渐吸收80%，体表黑色素增多，游动能力增强，可以浮上平游，此时称其为虹鳟“全雌1号”上浮仔鱼，通常需要2周饲养期，放养密度为1万尾/米^2（平列槽），每日投喂率7%，保持养殖设施卫生，及时清理粪便残饵，水流1～2厘米/秒，水温8～10℃，溶解氧不低于7毫克/升。

（2）稚鱼培育（隔离室，体重0.5～1克） 在平列槽中饲养2周后移入稚鱼池中，亦可直接放入稚鱼池中饲养。稚鱼池应设置在上水流，鱼池宽1.5～2.5米，长15米或20米，池高50～60厘米。在排列上以并联为好，可保证注入的清新水一次利用。若上浮稚鱼数量多，稚鱼池不足，亦可直接移入成鱼池中饲养。池水深度控制在20厘米左右，饲养密度为5 000尾/米^2，注水量为每10万尾1升/秒。

（3）鱼苗放养前处理（室外） 鱼苗放养前应干塘晾晒10天以上。鱼苗放养前10天加水，每亩水面用生石灰150千克化浆后全池泼洒。鱼苗应游动活泼，集群，体质健壮，无损伤、无疾病、无畸形，不得带有传染性疾病和寄生虫。鱼苗下塘时水温差应控制在2℃以内，选择在晴天进行，下塘地点在池塘的进水口处。

（4）鱼苗室外培育（体重1～2克） 鱼苗下池后，建议投喂进口饲料，以提高仔鱼的成活率，而且饵料系数均低于0.8。在稚鱼培育过程中，需每2周进行一次测定采样。每口池随机选取200～300尾稚鱼，测定平均体重，然后计算日投饵量。整个苗种培育期间，生产中所用的工具应定期用10%的聚维酮碘溶液200～300毫克/升浸泡消毒，不同池塘的工具禁止交叉使用。定期清除池底的残饵、鱼粪，减少病原体的滋生。按时测量鱼的生长情况，根据鱼的大小进行筛选、分养，更换大粒径饵料，确定投饵率。注意观察鱼的摄食和游泳情况，发现病情及时处理。

（5）鱼种培育 选择虹鳟鱼种专用配合饲料，且必须符合《无公害食品 渔用配合饲料安全限量》的要求。不得投喂受潮、发霉、生虫、污染、腐败变质的饲料。每次投喂鱼达到八分饱即可，鱼体规格为2～10克时每天喂4次，10克以上每天喂2次。同时还应对鱼类吃食情况进行检查。在7—8月高温季节或阴雨低气压天气，应注意饲养水体溶解氧变化，如发现水中溶解氧低于6毫克/升或发现鱼有浮头征兆，应减少投饵量，加注新水，开增氧机增氧。每天坚持巡塘，观察鱼的摄食和活动情况，测量水温、水质。每2周检查一次鱼体生长情况，调整一次日投饵量。

（6）**商品鱼养殖** 虹鳟的商品鱼饲养是指将 50 克左右鱼种在适宜环境条件下，培育成体重为 600～1 000 克的成鱼。鱼种放养前需进行消毒处理，如用 1.5%～2%的食盐水浸浴 15～30 分钟，同时剔除病鱼、伤残鱼。操作时水温温差应控制在 2 ℃以内。所投配合饲料中动物性饲料占 30%～40%，植物性饲料占 60%～70%。投喂量应根据水温及水体中饲养的鱼体总重量来计算。每天投喂 2 次，水温低于 6 ℃时日投喂 1 次。经一段时间的饲养，特别是在密度接近饱和的饲养条件下，对于成长快、已达到商品鱼规格的个体，及时筛选出售。每日观察水质变化、鱼的摄食情况和天气状况，及时调整饲料投喂量，发现问题迅速采取加注新水、启用增氧机等措施。

（二）主要病害防治方法

1. 小瓜虫病

【症状】多子小瓜虫寄生于鱼体表、口腔、眼球和鳃。寄生于眼球，可使眼球混浊、发白。侵入鱼的皮肤或鳃组织后，剥取寄主组织作营养，引起组织增生和发炎并产生大量的黏液。形成肉眼可见的小白点，故又叫“白点病”，严重时体表似覆盖一层白色薄膜，鳞片脱落，鳍条裂开、腐烂，鳃上黏液增多，鳃小片被破坏，影响呼吸。病鱼反应迟钝，游于水面，不久即死亡。

【防治方法】

（1）鱼池要用生石灰彻底清塘，以杀死小瓜虫包囊。

（2）发病鱼塘，每亩每米水深用辣椒粉 210 克、生姜干片 100 克煎成 25 克药水，全池泼洒，每天 1 次，连泼 2 天。

（3）用 5%的食盐水洗 1 分钟，或 1%的食盐水洗 1 小时，效果良好。

2. 三代虫病

【症状】三代虫寄生于虹鳟的体表、鳍、嘴、头部和鳃，用锚钩和边缘小钩钩住表皮组织，损伤表皮和鳃组织，使鱼极度不安。虫体大量寄生时，病鱼的皮肤上出现一层灰色的黏液，鱼体失去光泽，游动极不正常，食欲减退，鱼体消瘦，呼吸困难。

【防治方法】用 0.05%的甲醛溶液药浴 10～15 分钟。

3. 弧菌病

【症状】患病鱼体色发黑，各鳍基部充血，鳃贫血略发白，有的眼球突出；躯干部的皮下和肌肉发生脓疡，体表形成一个较大肿起，肿起处皮肤出血；如脓疡形成在深部肌肉，则往往在体表不显出肿起，肌肉各处有小出血点。有时经表皮感染，引起表皮糜烂、变白、竖鳞、鳞片脱落，发生溃疡，鳍出血。肝、肠和生殖腺上可见弥漫性出血和点状出血，肠管内有带血的黏液状物，肛门红肿，排出黄白色黏液状粪便。

【防治方法】

（1）避免饲养过密；不要投喂氧化、变质的饲料。

（2）发现病鱼，应及时捞出深埋。

（3）用二氧化氯全池泼洒，使池水的二氧化氯浓度为0.4～0.5毫克/升。

（4）每100千克鱼用2～4克盐酸恩诺沙星，拌入饲料投喂，每天1次，连用3～5天。

4. 疖疮病

【症状】病鱼离群独游，活动缓慢。体色发黑，在鱼体躯干部，通常在背鳍基部两侧的肌肉组织上出现数个小范围的红肿脓疮向外隆起，柔软浮肿。隆起处逐渐出血坏死，溃烂而形成溃疡口。肠道充血发炎。肾软化，肿大呈淡红色或暗红色。肝褪色，脂肪增多。一般分为3型：急性型，尚无外部症状，病鱼已开始死亡；亚急性型，病情发展较慢，表现出疖疮症状后开始死亡；慢性型，表现出肠炎、鳍基部出血症状，病鱼死亡较慢。

【防治方法】

（1）建立检疫制度，避免将病原菌带入养殖场。

（2）池塘和输入的鱼卵、鱼苗都应进行消毒处理。

（3）尽量避免鱼体受伤、放养密度适当、经常注意换水保持良好水质可减少此病发生。

（4）注射或口服杀鲑气单胞菌疫苗，可起到积极的预防作用。

（5）治疗方法：口服磺胺药，通常每100千克鱼用10克，拌入饵料中投喂，每天1次，连用7天。

5. 传染性胰腺坏死病（IPN）

【症状】该病的潜伏期为6～8天。感染初期生长发育良好，外表正常的鱼苗死亡率骤然升高，并出现离群独游，常作垂直回转游动，或在接近水面处作无规律的疯狂游动，不久便沉入水底逐渐死亡。发病鱼的体色发黑或暗茶褐色，眼球突出，腹部膨大，腹部及鳍基部充血，鳃贫血，肛门处常常拖着一条线状黏液便。剖开鱼腹，有时可见腹水，幽门垂出血。肝、脾、肾、心脏贫血发白。消化道内通常没有食物，而充满乳白色黏液，肠壁变薄而松弛。

【防治方法】目前对此病尚无有效的治疗方法。主要采取预防措施。

（1）加强综合预防措施，严格执行检疫制度，防止将带有IPN病毒的鱼卵、鱼苗、鱼种及亲鱼输出和运入。

（2）发现疫情，应果断地将病鱼池中的苗种销毁。在8～10℃下，孵化设备、工具用2%～5%的甲醛溶液消毒20分钟。

（3）发眼卵用浓度为50毫克/升的有效碘溶液药浴15分钟。

（4）有条件的养殖场，可以通过降低水温（10℃以下）或提高水温

（15 ℃以上）来控制病情发展。

（5）发病早期将聚维酮碘粉拌在饲料中投喂，每千克鱼每天用有效碘1.64～1.91克，连续投喂15天，可控制病情发展。

6. 传染性造血器官坏死病（IHN）

【症状】发病初期，病鱼表现为昏睡状态，摇晃摆动游动，继而突然旋转式疯狂游动，随即死亡。发病鱼体色发黑，眼球突出，腹部膨大，背鳍、胸鳍、肛门附近、体侧、口腔出血，肛门口常拖有一条较粗而长的白色黏液便；刚孵出的鱼苗卵黄囊肿胀并有出血斑；鳃贫血，肝、脾、肾颜色浅，而肌肉、脂肪、鳔、心包膜、腹膜上可见出血斑点。

【防治方法】

（1）加强综合预防措施，严格执行检疫制度。

（2）发眼卵用碘水药浴15分钟消毒，浓度为有效碘50毫克/升（即10升水中加入50毫升聚维酮碘液）。

（3）鱼卵孵化及苗种培育阶段将水温提高到17～20 ℃，可预防此病发生。

7. 水霉病

【症状】在鱼体受伤处，霉菌的幼孢子侵入，向内、外生长，深入肌肉蔓延扩展，向外生长成棉毛状菌丝，俗称“白毛病”。菌丝与伤口处细胞组织缠绕黏附，致使组织坏死。由于霉菌能分泌大量蛋白质分解酶，鱼体受到刺激后分泌大量黏液，病鱼开始焦躁不安，食欲减退，行动迟缓，久而久之身体瘦弱而死。在鱼卵孵化过程中，死卵或表面有损伤的卵易寄生水霉菌，并长出菌丝侵害周围的健康卵，可引起鱼卵大批死亡。

【防治方法】

（1）鱼池和孵化设施用生石灰或含氯药物彻底消毒。

（2）操作时尽量勿使鱼体受伤，并注意越冬鱼种密度不宜过高。

（3）成鱼或亲鱼患病，可用0.02%的甲醛溶液浸洗30分钟。

（4）用0.5%～0.6%的食盐水浸泡病鱼1小时。

四、育种和种苗供应单位

（一）育种单位

中国水产科学研究院黑龙江水产研究所

地址和邮编：黑龙江省哈尔滨市道里区河松街232号，150070

联系人：徐革锋

电话：15663899083

（二）种苗供应单位

中国水产科学研究院黑龙江水产研究所

地址和邮编：黑龙江省哈尔滨市道里区河松街232号，150070
联系人：徐革锋
电话：15663899083

五、编写人员名单

徐革锋，王炳谦，谷伟

图书在版编目（CIP）数据

2022水产新品种推广指南 / 全国水产技术推广总站编 .—北京：中国农业出版社，2022.9
ISBN 978-7-109-30085-9

Ⅰ.①2… Ⅱ.①全… Ⅲ.①水产养殖—指南 Ⅳ.①S96-62

中国版本图书馆CIP数据核字（2022）第174987号

中国农业出版社出版
地址：北京市朝阳区麦子店街18号楼
邮编：100125
责任编辑：王金环　　文字编辑：蔺雅婷
版式设计：王　晨　　责任校对：刘丽香
印刷：三河市国英印务有限公司
版次：2022年9月第1版
印次：2022年9月河北第1次印刷
发行：新华书店北京发行所
开本：700mm×1000mm　1/16
印张：17.25　　插页：2
字数：331千字
定价：78.00元
